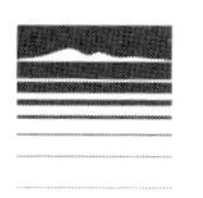

SKYLINE

天 际 线

望远 知新

星座的故事

Star Tales

起源与神话

[英国] 伊恩·里德帕思 著　王燕平　张超 译

译林出版社

图书在版编目（CIP）数据

星座的故事：起源与神话 /（英）伊恩·里德帕思（Ian Ridpath）著；王燕平，张超译. — 南京：译林出版社，2024.5
（“天际线”丛书）
书名原文：Star Tales
ISBN 978-7-5753-0053-7

Ⅰ.①星… Ⅱ.①伊… ②王… ③张… Ⅲ.①星座 - 普及读物 Ⅳ.①P151-49

中国国家版本馆 CIP 数据核字（2024）第 020180 号

星座的故事：起源与神话 [英国] 伊恩·里德帕思 / 著 王燕平 张 超 / 译

责任编辑 杨雅婷 徐琼玉
装帧设计 韦 枫
版式设计 吴 悠
校 对 梅 娟
责任印制 董 虎

原文出版 The Lutterworth Press, 2018
出版发行 译林出版社
地 址 南京市湖南路 1 号 A 楼
邮 箱 yilin@yilin.com
网 址 www.yilin.com
市场热线 025-86633278
排 版 南京展望文化发展有限公司
印 刷 苏州市越洋印刷有限公司
开 本 718 毫米 ×1000 毫米 1/16
印 张 21.5
插 页 4
版 次 2024 年 5 月第 1 版
印 次 2024 年 5 月第 1 次印刷
书 号 ISBN 978-7-5753-0053-7
定 价 98.00 元

卷首图

在约翰·拜尔的《测天图》中，猎户座被描绘成一个威猛的猎人形象。出版于1603年的《测天图》是世界上第一本大型印刷星图集。拜尔的这本星图集涵盖了托勒密的《天文学大成》中收录的48个古希腊星座，每一页绘制一个星座，另有一页绘制的是几年前荷兰航海家新发现的南天星座，即航海12星座。拜尔在星图中引入了一套标记法，用希腊字母标记星座中的亮星。位于猎户座肩头的参宿四，被记为猎户座α星；位于猎户座脚部的参宿七，则被记为猎户座β星。猎户座另一侧肩头上的参宿五，被记为猎户座γ星；组成猎户座腰带的三颗星，从右到左分别被记为猎户座δ星、猎户座 ε 星和猎户座ζ星；猎户座宝剑上的那颗星，被记为猎户座θ星。拜尔描绘的猎户座形象，与以往相比有所不同，他描绘的视角位于猎户的身后，猎户在图中面朝左边，背对着金牛座（金牛座位于这幅图的右边）。对猎户座更为常见的描绘视角，参见第195页的约翰·波德星图。（美国海军天文台收藏）

目　录

前 言

讲故事是最引人入胜的人类艺术之一，对讲故事的人来说，还有什么比夜晚的星星更能激发想象力的呢？我对星座故事的兴趣，源于我和伟大的荷兰天体制图师威尔·提里奥共同制作的一系列观星指南。当我开始描述每个星座时，我发现自己很想知道星座的起源，还想知道古人是如何在神话里将星座拟人化的。

天文学书籍中并没有令人满意的答案；那些书要么根本不讲神话，要么讲了一些我后来发现与希腊原型并不相符的故事。此外，许多作者似乎并不知道从古希腊时代引入的那些星座真正的起源到底是什么。因此，我决定自己写一本书，讲讲星座的历史与神话故事。事实证明，这件事真是令人着迷。

我的主题始终是希腊和罗马的文化如何塑造了如今我们对星座的认识——因为21世纪科学界所认可的星座，竟然主要还是来源于古希腊星座，再加上后来新增的一些星座。为此，我尽可能找到星座原初的希腊文和拉丁文源头，有关的资料来源和参考文献列表，参见第318—319页。虽然我试图重述每个神话的主要变体，并确定相关作者，但我们也要认识到，并不存在所谓“正确的”神话；对有些故事来说，有多少位神话学家，就有多少个版本。

我还要明确一下这本书不讲什么：我并没有尝试将希腊和罗马的星座与其他文化中所想象出的星座进行比较，只有一个例外——中国的星座。如今，现代研究让我们对古代中国星座有了更好的了解，所以我添加了有关中国星座的注解。然而，与西方星座相比，中国星座在大小、形状和位置上，可塑性都要强得多。它们并非来自神话，而是来自现实生活的方方面面，因此，随着中国社会的发展和统治朝代的更迭，星座的名称与其象征含义也发生了历时的变化；这样一来，某个特定的星座可能有多种释义，有时一个星座名称可能用来指代若干完全不同的星星。

我也没有深入研究“最早的星座起源于何时何地”这个令人困惑的问题。事实上，从现有的零碎信息中，我们可能永远无法找到这个问题令人信服的答案。

在古代天文学家眼里，每个星座所代表的是神话中的人物或动物，而现代天文学家将星座简单地定义为一片天区，因此，古老的星图用一幅图呈现一个星座似乎也是很自然的事情。这些星图本身就是艺术品，是过去的天文学家留给我们的最精美的宝藏之一。星座让我们与最古老的文明之间建立起非常真实的联系。每当仰望夜空，我们都可以共享这份遗产。

伊恩·里德帕思

第一章

星星与讲故事的人

每天夜晚，我们头顶上方都盘旋着一场希腊神话的盛会。珀修斯飞去营救安德洛墨达，俄里翁迎对喷着鼻息冲撞而来的公牛，牧夫把熊赶到北极附近，阿尔戈号扬起风帆踏上寻找金羊毛之旅。这些传说和其他许多传说一起，都谱写于被天文学家称作星座的星星图案之中。

星座是人类想象力的产物，而非大自然的发明。星座表达了人类想在看似混乱的夜空中建立起秩序的愿望。对于那些在视野中看不见陆地的航海者、那些在沙漠中需要路标指引的旅人，或者需要日历的农民和需要夜间时钟的牧羊人来说，对天空中的星星进行成群的划分具有非常实际的作用。但人类设立星座的初衷，或许仅仅是想把令人生畏的黑夜变得人性化而已。

刚接触天文学的人很快就会失望地发现，绝大多数星座和它们的名称所代表的形象之间几乎没有相似之处，如果抱有这样的预期，就是误解了星座真正的含义。星座形象并非要人们按字面意思来理解。相反，它们是一种象征，一种天空寓言。夜空就是一块幕布，人类的想象力可以在这块幕布上投射出神灵的行为与化身、神圣的动物以及寓言故事。在人类学会书写之前，夜空已然是

图1　德国艺术家阿尔布雷希特·丢勒于1515年制作的一对木刻版画，展示了希腊天文学家托勒密整理的48个星座，左图展示的是北天，右图展示的是南天。这些星座形象是从背后被描绘的，就像我们站在天球（转下页）

一本图画书。

每天夜晚，当太阳回到自己的夜间巢穴，星星就会像魔法精灵一样出现。现代科学告诉我们，那些散布在天空中的闪烁光点就像我们的太阳一样，实际上是一个个发光的气体球，只是距离我们非常遥远。

夜空中星星的亮度，取决于它们自身发射的能量以及与我们的距离。这些星星离我们如此遥远，连最近的星星发出的光也要历经数年才能到达地球。人眼能看见这些微弱的星光，实际上跨越了难以想象的时空鸿沟。

我们应该把如今认识的星座图案归功于古希腊人和他们的前辈，但他们并不知道上面所说的那些事实。他们不知道，除了少数几个例外，一个星座里的

（接上页）外面所看到的那样。请注意，南天位于地平线以下的区域尚有大片空白。根据这片空白区域的大小，可以推知星座创立者所在地的地理纬度信息。（苏富比拍卖行收藏）

星星彼此之间相距甚远，没有任何关联。它们只是偶然组合出我们熟悉的形状，如仙后座的W形、飞马座大四边形、狮子座的镰刀，或南天星空中的十字形。

天空中的图画

公元150年前后，古希腊科学家托勒密推出了一本极富影响力的著作，名为《天文学大成》。在这本书中，托勒密列出了48个星座，如今我们使用的星座系统就是基于这个列表（见第9页表1）发展而来。之后，多位天文学家又陆续增设了40个星座，填补了托勒密星座间的空白，以及位于希腊人地平线下的南天极附近天区的空白。

最终，天文学家们达成国际协议，确定将全天划分为88个连续的星座。本书讲述的就是这88个星座以及另外24个被废弃的星座的故事。

托勒密列出的那些星座并非由他自己创立。那些星座出现的年代，比托勒密所处的年代要古老得多，不过星座被创立的确切时间和地点早已消失在时间的迷雾中。早期的希腊作家荷马和赫西俄德（约公元前700年）曾经提到过几个星群，例如大熊、猎户和昴星团（当时昴星团被视作一个独立的星座，而不像如今那样被划归到金牛座天区中）。

重大进展显然发生在更加遥远的东部——底格里斯河和幼发拉底河附近，即如今伊拉克所在的地方。那里住着巴比伦人，在荷马和赫西俄德那个年代，他们就已经拥有了完善的黄道星座系统。太阳、月亮和行星，都在黄道带上运行。

我们能够获知这一信息，借助的是一块来自公元前687年的泥板，那上面用楔形文字记录了一份星表。学者们根据星表里记录的第一个名称，将星表命名为MUL.APIN。巴比伦星座与我们如今所知的星座相比有许多相似之处，但不完全相同。根据其他文献记载，历史学家已经确定，巴比伦人所知的星座实际上起源更早，源于公元前2000年之前他们的祖先苏美尔人。

欧多克索斯、阿拉托斯和《物象》

荷马和赫西俄德时代的古希腊人如果知道巴比伦的黄道星座，肯定会把它们记录下来。我们所掌握的有关大量希腊星座的第一个明确证据，来自天文学家欧多克索斯（约公元前390—前340）。据说，欧多克索斯从埃及祭司那里学习了星座，并将它们引入希腊，由此对天文学做出了重要的贡献。

在《镜》和《物象》这两部作品中，欧多克索斯对星座做了描述。这两部作品都已失传，但《物象》存在于另一个希腊人阿拉托斯（公元前315—前245）的一首同名诗中。阿拉托斯的《物象》为我们提供了一份有关古希腊人所知星座的完整指南，因此，他是我们研究星座传说所涉及的主要人物。

阿拉托斯出生于奇里乞亚的索利，即如今的土耳其南部海岸。在前往希腊北部马其顿国王安提柯的宫廷之前，他曾在雅典学习。在那里，他应国王要求，于公元前275年前后创作了欧多克索斯《物象》的诗歌版。

阿拉托斯在《物象》中确定了48个星座，但这些星座与后来的托勒密48星座并不完全相同。阿拉托斯的星座包括水座（现在被认为是宝瓶座的一部分）和昴星团座，而南冕座被描绘为一只藏在人马座脚下的无名花环，显然，那时南冕座还没有成为一个单独的星座。阿拉托斯也没有提及小马座，这个星座名首次出现是在《天文学大成》这本著作中。

阿拉托斯还命名了以下六颗单独的星星：大角星（Ἀρκτοῦρος）；五车二，他称之为Aix（Aἴξ）；天狼星（Σείριος）；南河三（Προκύων），这颗星自己构成一个星座；角宿一，他称之为Stachys（Στάχυς）；还有太微左垣四（Προτρυγητήρ）。给最后这颗星星命名真是一件令人惊讶的事，因为它比其他星星暗得多；但希腊人将它作为一颗日历星，原因是每当它在8月的黎明时分升起，就标志着葡萄收获的季节到来了。

证认星座创立者

《物象》中的星座，实际上既不是希腊人创立的，也不是埃及人创立的。具体证据不仅存在于书面记录中，也存在于天空之中。

要想粗略推算出欧多克索斯和阿拉托斯的星座是在哪里创立的，并不难。线索是阿拉托斯没有描述过南天极附近的星座，因为那片天区对星座创立者来说位于地平线下，永远看不见。根据没有设立星座的天区的范围，我们可以得出结论：星座创立者一定生活在北纬35度至36度，也就是希腊以南、埃及以北的某个地方。

第二条线索来自这样一个事实：没有设立星座的天区的中心，并不是阿拉托斯时代的南天极，而是几个世纪前南天极所在的位置。由于地球绕着其自转轴摆动，天极的位置会随时间发生缓慢的变化，这种效应被称为岁差。原则上，利用岁差效应，我们可以根据任意一组星星的位置，推算出它们对应的时期。

然而，其中也包含不确定性，人们尝试对阿拉托斯所描述的星座进行年代测定，但形成了一系列比较宽泛的结果。推断出的年代可以追溯到近公元前3000年，多数人倾向于认为是公元前2000年前后。

更新、更全面的分析，来自路易斯安那州立大学的布拉德利・谢弗，他的结论是，阿拉托斯的描述对应着公元前1130年的天空。目前，我们最多只能说，欧多克索斯和阿拉托斯所知的星座，可能是在公元前2000年由居住在北纬36度以南的人创立的。

这个年份对希腊人来说太早了，纬度对希腊人来说也太靠南了；埃及文明足够古老，但纬度不够靠北。然而，在时间和地点上都比较吻合的，是居住在美索不达米亚地区的巴比伦人和他们的祖先苏美尔人；正如我们所看到的，他们在公元前2000年已经拥有了完善的天文学知识。因此，这两条独立的证据表明，巴比伦人和苏美尔人是我们星座系统的创始人。

米诺斯连接

但是，后来的人为什么没有根据天极位置的变化，对欧多克索斯引入的星座系统进行更新呢？

正如我们所看到的，根据天极的位置推算年代，由欧多克索斯引入并由阿拉托斯在《物象》中描述的星座，大约对应于那时的1 000年之前。到阿拉托斯时代，天极位置发生变化，意味着《物象》中提到的某些星星，在那时已经永远处于北纬36度的地平线之下了，而阿拉托斯没有提到的其他星星，则已经出现在地平线上。奇怪的是，欧多克索斯本人即使注意到了这些异常，似乎也没有因此受到困扰；但著名的希腊天文学家喜帕恰斯（活跃于公元前146年至公元前127年）注意到了这些差异，毫无疑问，这一点至关重要。

格拉斯哥大学的阿奇・罗伊教授认为，巴比伦星座是通过其他文明的连接才到达了埃及（也因此到达了欧多克索斯那里）；他提出，“中间人”是米诺斯人，他们居住在克里特岛和希腊海岸附近包括锡拉岛（也称圣托里尼岛）在内的岛屿上。克里特岛位于北纬35度至36度之间，纬度符合；米诺斯帝国在公元前3000年至公元前2000年进行扩张，年代也符合。

更重要的是，米诺斯人很早就通过叙利亚与巴比伦人来往。因此，他们一定很熟悉古巴比伦星座，他们很可能已经将巴比伦的星群改编成了一个实用的导航系统。

但是，公元前1550年前后，克里特岛以北大约120公里处的锡拉岛上，一座火山爆发，导致米诺斯文明消亡。这是文明史上最大的自然灾害之一，亚特兰蒂斯的传说可能就起源于此。罗伊教授认为，火山爆发后，米诺斯难民将他们对星星的了解带到了埃及，最终，这些知识在1 000多年后原封不动地被欧多克索斯遇见。

罗伊教授的这篇论文很吸引人，我们很容易想象米诺斯人以他描述的这种方式使用巴比伦星座系统。而且许多星座神话都围绕着克里特岛而展开。但是，我们也必须承认，并没有像壁画或巴比伦星表等那样的直接证据，能够表明米诺斯人对天文学有兴趣。因此，就目前而言，关于米诺斯人是我们星座系统“中间人”的理论，还只是一种引人入胜的猜想。

神话作家们

阿拉托斯的《物象》非常流行，在希腊时代以及之后的好几个世纪里都是希腊文化的重要组成部分。它被多次翻译成拉丁文，译者和编辑们通常会添加大量的评论，中世纪的版本还被配上了很多插图。

对我们来说，最有用的版本是改编自格马尼库斯·恺撒（公元前15—公元19）的拉丁文版本，它比阿拉托斯的原版包含更多有关辨识某些星座的信息。根据古典学者戴维·B. 盖恩的说法，《物象》的拉丁文版本可能是格马尼库斯本人写的，或者也可能是他叔叔（和养父）提比略·恺撒写的，在本书中，我就用格马尼库斯来指代这本书的作者。

在阿拉托斯之后，我们研究希腊星座知识所涉及的下一个里程碑式人物，是埃拉托色尼（公元前276—前194），他写了一篇名为《星座》的文章。埃拉托色尼是一位希腊科学家、作家，曾在尼罗河河口的亚历山大港工作。《星座》给出了42个独立的星座神话（昴星团被当作单独的星座处理），并在每幅图中列出了主要的星星。

如今幸存下来的《星座》只是原作的摘要版，也不知是什么年代制作的，我们甚至无法确定原作是否真是埃拉托色尼所写；因此，《星座》的作者通常被称为伪埃拉托色尼。尽管如此，可以肯定的是他的资料来源确实非常古老，因为他在某些地方引用了赫西俄德失传已久的天文学著作。

星座神话另一个比较有影响力的来源是罗马作家希吉努斯所著的一本书，名为《诗情天文》，这本书写于公元2世纪。我们不知道希吉努斯是谁，甚至不知道他的全名是什么——显然不是公元前1世纪的罗马作家尤利乌斯·希吉努斯。《诗情天文》以埃拉托色尼列出的星座为基础（希吉努斯的不同之处，仅在于将昴星团划归到金牛座中），但也包含许多额外的故事。希吉努斯还写了一本通俗神话纲要，名叫《传说集》。与阿拉托斯的《物象》一样，希吉努斯天文学著作的许多插图版本，都是在中世纪和文艺复兴时期制作的。

罗马作家马库斯·马尼利乌斯几乎不为人知，他在公元15年前后写了一本名为《天文学》的书，显然是受到了阿拉托斯《物象》的影响。马尼利乌斯的书主要讲占星术，而非天文学，但书里包含许多对星座知识的见解，所以我会在这本书中多次提到他。

后文还会经常出现另外三位神话作家的名字，他们不是天文学家，但在我们回顾星座历史前必须先介绍一下他们。其中最重要的一位是罗马诗人奥维德（公元前43—公元17），他在著作《变形记》和《岁时记》中讲述了许多著名的神话，前者论述了各种关于变形的神话，后者是罗马历法专著。第二位是希腊人阿波罗多洛斯，他在公元前1世纪晚期或公元1世纪的某个时期编纂了一部几乎是百科全书式的神话摘要，名为《书藏》。第三位是希腊作家——罗得岛的阿波罗尼俄斯，他于公元前3世纪创作了《阿尔戈英雄纪》，这是一部介绍伊阿宋和阿尔戈英雄航行的史诗，其中包含大量的神话信息。这些都是本书星座故事的主要来源。

托勒密48星座

托勒密（约100—178）在埃及亚历山大港工作时，使希腊天文学达到了顶峰。公元150年前后，托勒密出版了一部介绍希腊天文学知识的综述，这本书后来以其阿拉伯名*Almagest*广为人知（中文名《天文学大成》），其意思是“最伟大的”。这本书的核心内容是一份星表，其中列出了1 000多颗星星组成的48个星座（见表1），对于星星亮度的估计，主要基于三个世纪前希腊天文学家喜帕恰斯的观测结果。

表 1

希腊天文学家托勒密在公元2世纪的《天文学大成》中
列出的48个星座（现代拉丁名）

Andromeda
仙女座

Aquarius
宝瓶座

Aquila
天鹰座

Ara
天坛座

Argo Navis
南船座（如今被分成船底座、船尾座和船帆座）

Aries
白羊座

Auriga
御夫座

Boötes
牧夫座

Cancer
巨蟹座

Canis Major
大犬座

Canis Minor
小犬座

Capricornus
摩羯座

Cassiopeia
仙后座

Centaurus
半人马座

Cepheus
仙王座

Cetus
鲸鱼座

Corona Australis
南冕座

Corona Borealis
北冕座

Corvus
乌鸦座

Crater
巨爵座

Cygnus
天鹅座

Delphinus
海豚座

Draco
天龙座

Equuleus
小马座

Eridanus
波江座

Gemini
双子座

Hercules
武仙座

Hydra
长蛇座

Leo
狮子座

Lepus
天兔座

Libra
天秤座

Lupus
豺狼座

Lyra
天琴座

Ophiuchus
蛇夫座

Orion
猎户座

续　表

Pegasus 飞马座	Sagittarius 人马座	Ursa Major 大熊座
Perseus 英仙座	Scorpius 天蝎座	Ursa Minor 小熊座
Pisces 双鱼座	Serpens 巨蛇座	Virgo 室女座
Piscis Austrinus 南鱼座	Taurus 金牛座	
Sagitta 天箭座	Triangulum 三角座	

托勒密并没有像如今的天文学家那样用希腊字母标识星表中的星星，而是描述了它们在每个星座图中的位置。例如，金牛座有颗星被托勒密称为“靠南的那只眼睛上的红色星星”，这颗星如今被称为毕宿五。有时，这个系统也很麻烦：托勒密艰难描述南船座中一颗星星的文字为“船尾的小盾牌上方，两颗紧邻的星星中最靠北的那颗”（如今这颗星被称作船尾座ξ星，中文名为弧矢增十七）。

埃拉托色尼和喜帕恰斯建立了这样一种传统：通过星星在星座中的位置来描述星星。显然，希腊人不仅将星座视为星星的组合，还将其视为天空中的真实图画。如果他们给星星单独命名，辨识起来会更加容易，但托勒密只在阿拉托斯四个世纪前命名的星星中增加了四颗星：牛郎星，托勒密称之为Ἀετός，意思是鹰；心宿二，托勒密称之为Ἀντάρης；轩辕十四，托勒密称之为Βασιλίσκος；织女星，托勒密称之为Λύρα，与它所在的天琴座同名。

对于托勒密对天文学的影响，怎么强调也不为过。我们如今使用的星座系统，本质上就是对托勒密的系统做了一些修改和扩展。欧洲和阿拉伯的制图师使用托勒密的星座图已有1 500多年的历史，正如英国第一位皇家天文学家约翰·弗拉姆斯蒂德在1729年出版的《弗拉姆斯蒂德星图》序言中所说：

从托勒密时代到我们的时代，他（托勒密）所使用的名字一直被各国聪明而博学的人所沿用。阿拉伯人总是使用托勒密的星座形式和名称，旧的拉丁文星表也是如此，哥白尼的星表和第谷·布拉赫的星表也是如此，以德文、意大利文、西班牙文、葡萄牙文、法文和英文出版的星表也是如此。古人和现代人的所有观测，都使用托勒密的星座形式和星名，因此有必要遵守它们，以免我们因改变或偏离它们而使过去的观测变得难以理解。

阿拉伯的影响

在托勒密之后，希腊天文学进入了永久的黑暗时期。到公元8世纪，天文学的中心已经从亚历山大港向东转移到了巴格达，在那里，托勒密的作品被翻译成阿拉伯文，并获得了我们后来所知的名字《天文学大成》。阿尔·苏菲（903—986）是阿拉伯最伟大的天文学家之一，他根据《天文学大成》里的星表，在《恒星之书》中制作出了自己的星表版本，其中介绍了许多阿拉伯星名。

贝都因阿拉伯人给每颗亮星都起了自己的名字，例如Aldebaran（中文名毕宿五）就是从他们那里继承来的星名。他们也有和希腊人截然不同的星星传说，而且他们通常认为单颗星星代表动物或人。例如，现在我们所知的蛇夫座α星和蛇夫座β星，被阿拉伯人视为牧羊人和他的狗，而旁边的星星构成了一片有羊的田野。在天空中的其他地方，我们还可以找到骆驼、瞪羚、鸵鸟和鬣狗家族。

到了阿尔·苏菲的时代，一些阿拉伯星名已有好几个世纪的历史了，以至于这些名称的含义并不为他和同时代的其他人所了解，直到今天仍不为人知。阿尔·苏菲和其同胞们使用的其他星名，都是直接译自托勒密的描述。例如，星名Fomalhaut（中文名北落师门）来自阿拉伯语，意思是“南方的鱼的嘴巴”，这是托勒密在《天文学大成》中使用的描述。

阿拉伯星名的另一个丰富来源是星盘，这是希腊人发明的一种寻星装置，类似于一个平面的天球，后来由阿拉伯人发展到很复杂的程度。每个星盘都有一个带装饰性指针的旋转圆盘，指示每颗亮星的位置；指针上刻有它们的名称，以助识别。

从10世纪起，托勒密的阿拉伯文译作因阿拉伯人入侵而重新传入欧洲。在那里，人们将阿拉伯文重新翻译成当时的科学语言——拉丁语。特别是西班牙的托莱多市，据说在12世纪已成为名副其实的翻译工厂，西欧各地的学者们蜂拥而至，研究那些奇妙的新作品——不仅是天文学作品，还有数学和其他科学分支的作品。

正是通过这种迂回路线，古老的希腊文字经过阿拉伯人之手传播，然后又在中世纪的欧洲被译为拉丁语，使我们最终得到了一个多语种的希腊星座系统，星星的拉丁名中包含了阿拉伯名与希腊名的混合体。

阿尔·苏菲的《恒星之书》

阿尔·苏菲也以其拉丁化的名字Azophi而闻名，他是一位阿拉伯天文学家，在公元964年制作了《恒星之书》，这是托勒密《天文学大成》星表的修订和更新版。除了翻译托勒密的星表外，这本书还包含阿拉伯人自己的星名列表、由阿尔·苏菲本人确定的星等，以及每个星座的两幅图，一幅是在天空中看到的星座，另一幅是左右翻转图，就像我们在天球仪上看到的那样。现存最古老的副本，据说是由他的儿子在1010年前后制作的，存于英国牛津大学博德利图书馆，手稿编号为“马什144”。

扩展托勒密48星座

尽管阿拉伯天文学家增加了星名的数量，但星座的数量保持不变。首次对托勒密48星座进行扩展的，是德国数学家、制图师卡斯帕·沃佩尔（1511—1561）。1536年，他在一座天球仪上将安提诺俄斯座和后发座描绘为两个独立的星座。托勒密在《天文学大成》中提到它们时，将它们描述为星群，分属于天鹰座和狮子座的局部。1551年，著名的荷兰制图师赫拉尔杜斯·墨卡托（1512—1594）在制作天球仪时效仿了沃佩尔的做法。

丹麦天文学家第谷·布拉赫（1546—1601）在其发表于1602年的颇具影响力的星表中，将安提诺俄斯座和后发座单独列出，确保了它们后来被广泛采用。如今，后发座依然是一个公认的星座，但安提诺俄斯座却被重新合并到天鹰座中。

第谷时期正值欧洲的探索时代，航海家和天文学家们将注意力转向了南半球尚不为人所知的天区，那些天区对古希腊人来说处于地平线下。在那个时代，有三个人的名字脱颖而出。

第一个是荷兰神学家、制图师彼得鲁斯·普兰修斯（1552—1622），他的名字Petrus Plancius是Pieter Platevoet（字面意思是彼得·平足）拉丁化之后的写法。另外两个是荷兰航海家彼得·德克松·凯泽（约1540—1596）和弗雷德里克·德豪特曼（1571—1627），凯泽亦称彼得鲁斯·特奥多鲁斯或彼得·西奥多。令人惊讶的是，这三个人尽管都曾做出长久的贡献，如今却鲜为人知。

表 2

1596年至1603年，根据彼得·德克松·凯泽和弗雷德里克·德豪特曼的观测引入的12个南天星座

Apus 天燕座	Hydrus 水蛇座	Phoenix 凤凰座
Chamaeleon 蝘蜓座	Indus 印第安座	Triangulum Australe 南三角座
Dorado 剑鱼座	Musca 苍蝇座	Tucana 杜鹃座
Grus 天鹤座	Pavo 孔雀座	Volans 飞鱼座

侦察南天星空

普兰修斯指示凯泽进行观测，以填补南天极附近那些没有星座的天区。凯泽是“霍兰迪亚”号和后来的“毛里求斯”号的首席领航员，这两艘船属于1595年荷兰第一次远征东印度群岛时发出的四船舰队。

探险队在马达加斯加停留了几个月，凯泽的大部分观测都是在那里进行的。荷兰历史学家、地理学家保罗·梅鲁拉（1558—1607）在《宇宙志》（1605）中写道，凯泽使用普兰修斯送给他的仪器，从乌鸦巢中进行观测。他使用的仪器可能是十字星盘或通用星盘（有时也称天主教星盘），因为那时还是望远镜发明之前的时代。

凯泽于1596年9月去世，当时舰队在班塔姆（现在的万丹，靠近爪哇西部的塞朗）。当舰队于次年返回荷兰时，凯泽的观测结果被送到了普兰修斯的手上。令人遗憾的是，关于凯泽的生平和成就，人们似乎知之甚少，但他在天空中留下的印记是不可磨灭的。

凯泽观测的星星被划分为12个新创立的星座，1598年，这些星座首次出现在普兰修斯的天球仪上，两年后又出现在荷兰制图师约多克斯·洪迪厄斯（1563—1612）的天球仪上。当德国天文学家约翰·拜尔将这些新星座纳入其1603年的著作《测天图》（当时的大型星图集）时，这些新星座的接受度有了保证。凯泽的观测结果最终被约翰内斯·开普勒以表格的形式发表在1627年的《鲁道夫星表》中。不幸的是，凯泽的原始手稿早已丢失，所以我们无从得知，把观测到的星星划分成12个新的南天星座这件事，究竟是他自己做的，还是后来由别人做的。

如果南天这12个星座的创立者不是凯泽，那么可能的候选人之一是弗雷德里克·德豪特曼，他是前往东印度群岛的荷兰舰队指挥官科内利斯·德豪特曼（1565—1599）的弟弟。弗雷德里克也是船员之一，他独立于凯泽，自己进行了天体观测。

凯泽死后，弗雷德里克·德豪特曼可能会看到凯泽的记录，并很可能在返航的漫长旅程中接管这些记录。我们很容易想象，弗雷德里克将两份观测结果合并起来进行整理，将它们组合为星座，以此来代表他们见到的奇妙事物，并计划在不久后的下一次南下航行中开展更广泛的观测活动，以消磨海上时间。

第二次向南航行

1598年，德豪特曼兄弟第二次前往东印度群岛。在这次航行中，科内利斯被杀，弗雷德里克被苏门答腊岛北部的阿特杰苏丹监禁了两年。弗雷德里克充分利用自己被囚禁的时间，学习当地的马来语，并进行天文观测。

1603年，弗雷德里克返回荷兰后，将观测结果作为附录发表在自己编纂的一本马来语和马达加斯加语词典中——这是历史上最不可能出现的天文出版物之一。他在引言中写道："添加了我在第一次绕南极航行时观察到的几颗星的赤纬；第二次航程中，在苏门答腊岛，经过更加勤勉的改善，观测到的星星数量也增加了。"

英国天文学家爱德华·鲍尔·克诺贝尔对该星表的一项研究表明，德豪特曼将凯泽观测过位置的星星数量增加到了303颗，不过其中107颗是托勒密已知的星星。德豪特曼并没有标注凯泽的功劳——事实上，虽然他们对天空有共同的兴趣，但两人的友谊似乎在一起航行的过程中发生了破裂。

德豪特曼星表

现存最古老的南天星表，是由来自苏门答腊的荷兰海员弗雷德里克·德豪特曼（1571—1627）制作的，1603年在阿姆斯特丹出版。目前仅存的副本大约有六份，其中一份在牛津大学博德利图书馆。1927年，英国天文学家赫伯特·霍尔·特纳和爱德华·鲍尔·克诺贝尔私下出版了一份摹本。

在德豪特曼的星表中，他列出了304颗星星，但其中一颗（在天蝎座尾部）没有给出坐标。德豪特曼在书的引言中说，他在1595年至1597年首次前往东印度群岛时，对南天的星星做了一些观测，并在1598年至1602年的第二次航行中进行了修正，这一次星星的数量也有所增加。

德豪特曼的111颗星星分布在12个新的南天星座中。不过，他的星表的大部分，都致力于填充现有的托勒密星座——他给出了南船座中56颗星星的位置，其中52颗是新的星星，他还给出了半人座中48颗星星的位置。德豪特曼还首次把南十字列为一个单独的星座。1603年，威廉·扬松·布劳首次在天球仪上展示了德豪特曼的观测结果。

德豪特曼列出的12个新的南天星座如下，括号中为它们现在的名称：Den voghel Fenicx（凤凰座）；De Waterslang（水蛇座）；Den Dorado（剑鱼座）；De Vlieghe（苍蝇座）；De vlieghende Visch（飞鱼座）；Het Chameljoen（蝘蜓座）；Den Zuyder Trianghel（南三角座）；De Paradijs Voghel（天燕座）；

De Pauww（孔雀座）；De Indiaen（印第安座）；Den Reygher，字面意思是“苍鹭”（天鹤座）；Den Indiaenschen Exster, op Indies Lang ghenaemt，字面意思是“印度喜鹊”，在印度被命名为Lang（杜鹃座）。此外，德豪特曼还列出了以前已有的一些星座中的星星，这些星座包括天坛座、南船座、半人马座、南冕座、南十字座、豺狼座、天鸽座（他称之为De Duyve met den Olijftak，字面意思是“衔着橄榄枝的鸽子”）、天蝎座的尾巴和波江座的南部（被他称为den Nyli，意思是尼罗河）。

在书的引言中，德豪特曼表示，自己进行第二次观测并出版星表的动机，是“为所有在赤道以南航行并对天文学或数学艺术感兴趣的海员服务”。四分之三个世纪后，大致与此相同的精神激励了年轻的埃德蒙·哈雷对圣赫勒拿南部的天空进行后续观测。

普兰修斯的星座

彼得鲁斯·普兰修斯没有留下任何书面记录，因此，我们对于他在星座系统发展中所起的作用的了解，是基于对他留存下来的地图和天球仪的研究。

普兰修斯首次涉足天体制图是在1592年，他绘制了一张地图，顶角的小插图展示了北天和南天的星图。这些星座中有两个是他自己创立的，它们是天鸽座和南极守护者座，其中，南极守护者座的意思是“南天的牧夫”（希腊人称牧夫座为北极守护者，意思是“看守熊的人”）。天鸽座是由托勒密在《天文学大成》中列出的大犬座南部的星星组成的，这个星座最终被保留到如今的星座系统中。南极守护者座则没有保留下来，从有关南天恒星的粗略信息来看，它位于南鱼座和南天极之间，这片区域如今属于天鹤座和杜鹃座。

1598年，普兰修斯与荷兰人约多克斯·洪迪厄斯一起制作了一座天球仪，这是星座历史上的一座里程碑。这座天球仪基于1597年彼得·德克松·凯泽去世后从东印度群岛被带回的观测结果，首次展示了12个新的南天星座（见第13页表2）。不久后，普兰修斯的竞争对手威廉·扬松·布劳，使用了由弗雷德里克·德豪特曼编制的相同星座的星表（见下文）。

1612年，普兰修斯在天球仪中引入了鹿豹座、麒麟座以及其他一些在南天和北天都未被承认的星座——约旦河座、底格里斯河座、蜜蜂座、公鸡座、小蟹座和南箭座。除了最后两个星座，其他星座最早出现在印刷星表上，是在1624年雅各布·巴尔奇出版的《恒星平面天球图的天文学应用》中，这导致一些人误将这些星座的设立归功于巴尔奇。

德豪特曼星表中那些位于南天的星星，被划分成12个星座，与普兰修斯和洪迪厄斯的天球仪上的12个星座是一样的，荷兰制图师威廉·扬松·布劳（1571—1638）从1603年起将它们用于天球仪上。如今人们认为，这12个南天星座是凯泽和德豪特曼共同创立的，它们至今仍在使用（见第13页表2）。然而，荷兰历史学家埃利·德克尔认为，将新观测到的星星划分为12个星座，真正的功劳应属于彼得鲁斯·普兰修斯，他在1597年收到了凯泽的观测结果。

不管怎么说，普兰修斯创立了其他的一些星座，这些星座无疑是他自己的，其中包括天鸽座，它是由托勒密列出的围绕大犬座的九颗星星组成的。他还从托勒密未描绘的暗星里，创立了听起来不太可能存在的麒麟座和鹿豹座。普兰修斯的这三个星座至今仍被天文学家所接受，但他创立的其他星座就被搁置一旁了。

填补剩余的空白

随着天文观测精度的提高，以及描绘暗星的精度的提高，创新者开始有机会在古希腊人已知的天区中引入新的星座。

17世纪后期，波兰天文学家约翰内斯·赫维留（1611—1687）又引入了10个星座，填补了北天星空中剩余的空白区域。赫维留把这些星座都列在1687年的星表中，并在随附的星图集《赫维留星图》中对它们进行了描述；他去世后，星表和星图集在1690年出版。尽管赫维留拥有用于观测月球和行星的望远镜，但他仍坚持用肉眼观测恒星位置；他的许多星座都刻意设置得很暗，仿佛是在炫耀他自己的眼力。

在赫维留创立的星座中，有7个（见表3）被后来的天文学家所接受，被拒绝的3个是地狱犬座、迈纳洛斯山座和小三角座。

约翰内斯·赫维留的星表和星图

约翰内斯·赫维留是来自但泽（现为波兰格但斯克）的一位富有的酿酒师。17世纪40年代，他着手扩大和改进第谷·布拉赫的星表。从1663年起，赫维留在其第二任妻子伊丽莎白（约1646—约1693）的协助下，用象限仪和六分仪等肉眼观测仪器，在自家屋顶的天台上进行观测。1679年，一场大火烧毁了这座建筑的大部分，但他珍贵的星表得以获救。1687年赫维留去世时，他的星表和星图正在印刷。1690年，伊丽莎白监督了星表和星图的最终出版。

赫维留的主要著作分为三部分：第一部分名为《天文学导论》，其中包括对他创立的10个新星座的描述；第二部分是由1 564颗星星组成的星表，名为《赫维留星表》；第三部分是星图集《赫维留星图》。

赫维留引入的星座中，有7个至今仍在使用（见表3）。其中，盾牌座设立于1684年，用以纪念在那场毁灭性火灾之后帮助赫维留重建天文台的波兰国王。其余的星座设立于1687年，印刷星表上所写的年份是1687年，实际的出版年份是1690年。《赫维留星图》上增设的其他3个星座——地狱犬座、迈纳洛斯山座和小三角座，后来都被其他天文学家废弃了。

表 3

约翰内斯·赫维留在其1687年的星表中引入的7个星座

Canes Venatici 猎犬座	Lynx 天猫座	Vulpecula 狐狸座
Lacerta 蝎虎座	Scutum 盾牌座	
Leo Minor 小狮座	Sextans 六分仪座	

拉卡耶的南天观测

虽然北天的星座已设置完毕，但南天仍有空白。填补这些空白的，是法国天文学家尼古拉·路易·德·拉卡耶（1713—1762）。1750年，他航行到南非，在好望角（当时尚未被称作开普敦）著名的桌山下建立了一座小型天文台；那座山给拉卡耶留下了深刻的印象，所以他后来以它的名字命名了一个星座——山案座。从1751年8月到1752年7月，拉卡耶在好望角观测了近10 000颗星星的位置，能在短时间内达到这样的总数真是惊人。

拉卡耶在好望角

从1751年8月到1752年7月，法国天文学家尼古拉·路易·德·拉卡耶在好望角桌湾附近一所房子的后面，用一个安装在3英尺*象限仪上的、口径仅13.5毫米的望远镜观测南天星空。借助这些基本设备，他仔细编制了南回归线和南天极之间大约9 800颗星星的精准观测结果。

1754年，拉卡耶将裸眼看到的1 930颗星星标记在一张大幅平面星图上，并将其提交给法国科学院；两年后，科学院的大事记中发表了一张包含近530颗亮星的小幅版画，并附有一份名为《南天恒星赤经赤纬表》的星表。拉卡耶的平面星图中包括他创立的14个新星座，用来容纳那些以前未被收进星座，而如今被他编录的星星。

拉卡耶的另一个创新，是他按照赤经的顺序对星表中的星星进行排列，而以前的星表都是按星座进行排列的。这个系统不仅更合乎逻辑，而且对于尚未建立任何星座的南天星空来说很有意义。

拉卡耶最终的星表《南天恒星》包含1 942颗暗至6等的星星，在他去世后于1763年出版。星表中包括和以前一样的平面天球图，但其中的星座名称使用的是拉丁语而不是法语，星星用希腊和罗马字母进行标示。在他最初和

* 1英尺等于30.48厘米。

最终的星表中，拉卡耶都把南船座的星星分成了三部分——船底座、船尾座和船帆座，但星座的形象依然是一个整体。

表 4

拉卡耶于1754年引入的14个星座

Antlia 唧筒座	Mensa 山案座	Pyxis 罗盘座
Caelum 雕具座	Microscopium 显微镜座	Reticulum 网罟座
Circinus 圆规座	Norma 矩尺座	Sculptor 玉夫座
Fornax 天炉座	Octans 南极座	Telescopium 望远镜座
Horologium 时钟座	Pictor 绘架座	

1754年，拉卡耶返回法国后，向法国皇家科学院提交了一张南天星空的星图，其中包括他自己创立的14个新星座（见表4）。1756年，星图的版画发表在学院的大事记中，拉卡耶的新星座迅速得到了其他天文学家的认可。凯泽和德豪特曼设立的星座，大多以奇异的动物命名；而拉卡耶设立的星座，则是在纪念科学仪器和艺术工具，只有山案座除外（它是以桌山命名的）。

1763年，拉卡耶最终的星表和修订后的星图以《南天恒星》为名出版，其中用拉丁文标明了新星座的名称。在拉卡耶的星表中，他将笨重的南船座分成了船底座、船尾座和船帆座，天文学家至今仍将它们用作单独的星座。除了创建14个新星座外，拉卡耶还废弃了一个先前存在的星座——查理橡树座，这个星座由英国的埃德蒙·哈雷于1678年引入，以纪念他的国王查理二世。

从拉卡耶时代开始，有很多天文学家试图在天空中留下自己的印记，但后续所有对星座进行调整的人都没有取得持久的成功。1801年，当德国天文学家约翰·埃勒特·波德（1747—1826）出版巨幅星图集《波德星图》时，人们对星座的狂热达到了顶峰，这本星图集共包含100多个不同的星座。也是在那时，天文学家开始意识到，事情的发展已经远远偏离了正轨。随后的一个世纪里，这个数字被自然损耗过程所削减。英国天文学家弗朗西斯·贝利（1774—1844）在削减这个数字方面发挥了重要作用；他在1845年的《英国天文协会星表》中收录了87个星座，现代星表中唯一被他遗漏掉的，是赫维留的盾牌座。1899年，美国历史学家理查德·欣克利·艾伦在其著作《星名的传说与含义》中总结了当时的普遍情况："现在，或多或少被认可的星座数目有80到90个。"

最终的88星座

天文学界新成立的管理机构——国际天文学联合会（英文缩写IAU）一劳永逸地解决了这个问题。1922年，国际天文学联合会第一届大会正式通过了我们如今使用的、覆盖全天的88星座列表。

但是，还存在一个严重的缺陷：星座仍然没有得到普遍认可的边界。波德时代的制图师在星座图之间模糊地绘制了蜿蜒的手绘线，但这些线是任意的，并且画法因星图集而异。更麻烦的是，有些星星在星座之间是共享的，这一传统可以追溯到托勒密的《天文学大成》。星座的边界需要某种标准化的形式。布鲁塞尔皇家天文台的比利时天文学家尤金·约瑟夫·德尔波特（1882—1955）在1925年向国际天文学联合会第二届大会提出建议——应明确定义星座边界。国际天文学联合会对他表示感谢，并交给他一个任务：把这个建议变成现实。

德尔波特沿着1875年的赤经和赤纬线划定了星座边界。他选择这个年份是为了与美国天文学家本杰明·阿普索普·古尔德（1824—1896）的早期工作保持一致，后者于1877年在自己的星图集《阿根廷测天图》中发布了南天星座的边界。根据国际天文学联合会变星委员会的要求，德尔波特的边界呈锯齿形，以确保所有已命名的变星都处于已分配的星座内。德尔波特还修改了古尔德的一些边界，特别是在古尔德使用对角线和曲线，而非垂线的地方。

德尔波特的工作在1928年的国际天文学联合会会议上获得了批准，并于1930年发表在一本名为《星座的科学边界》的书中。这本书相当于一项为天空划界的国际条约，自那时起，全世界的天文学家都遵守这项条约。如今，星座不再被视为由星星组成的图案，而是像地球上的国家一样被视为天空中精确界定的一片区域。然而，与地球的地图不同的是，天空的“地图”不太可能发生改变。

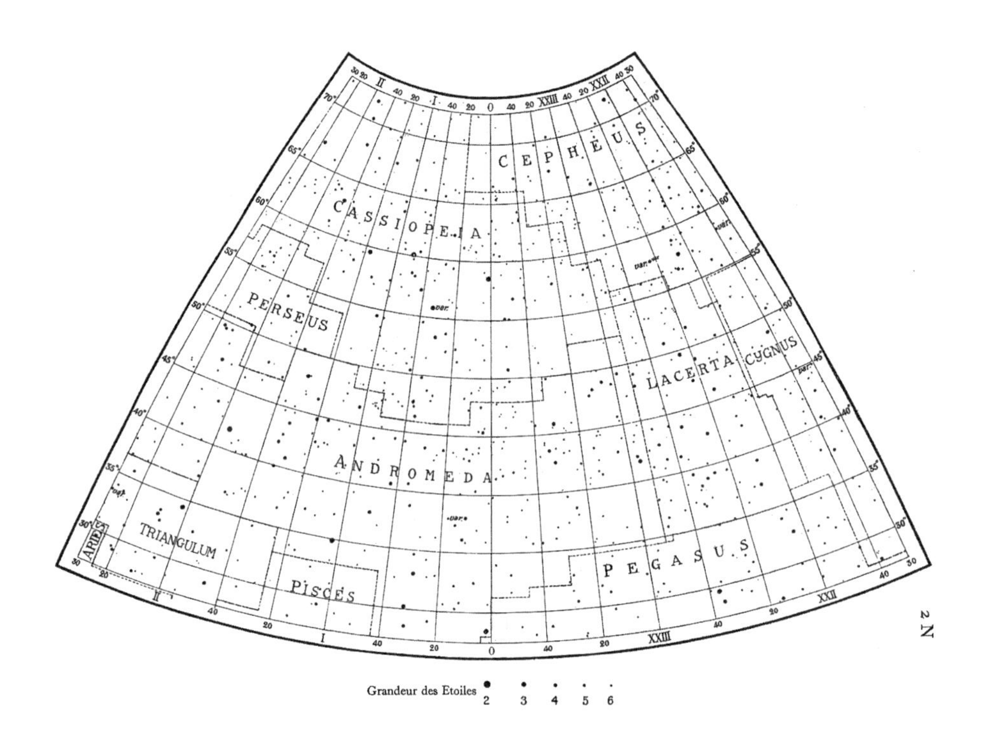

图2　1930年，比利时天文学家尤金・德尔波特代表国际天文联合会确定了星座的官方边界。这是他在《星座的科学边界》（1930）中绘制的北天部分星图，其中包括仙女座和仙后座。星座边界以赤经圈（相当于天空中的经度）和赤纬圈（相当于天空中的纬度）为界。在这种对天空进行的更新、更科学的描绘中，古老的星座形象一去不复返。（作者收藏）

第二章

星　图

每个人都熟悉地球的地图，但对大多数人来说，天空的“地图”是一个谜。实际上，二者有许多相似之处，因为天体制图师面临着与地图制图师同样的问题：如何在平面上表现曲面。

实际上，最早被用来表示天空的是天球，观看上面展示的星座的视角，就像是在星星之外的神一般的视角；这意味着，天球上的星座形象与我们在地球上看到的形象相比，是左右翻转的。在那不勒斯国家考古博物馆中，有一尊阿特拉斯的大理石雕像，他肩上扛着一颗天球，天球以镜像的形式描绘了一些星座（见图3）。这座雕塑被称为法尔内塞天球，以红衣主教亚历山德罗·法尔内塞（后来的教皇保罗三世）的名字命名，主教于16世纪初获得了它，将它放在罗马的法尔内塞宫展出。

这是已知最古老的天球，历史学家认为，这座雕塑可能是在公元2世纪的罗马制作的。更重要的是，这座雕塑被认为是公元前2世纪或公元前3世纪希腊原件的复制品，大约属于阿拉托斯写《物象》的那个年代。因此，法尔内塞天球为我们提供了唯一的一手资料，让我们能够看到古希腊人把天上的星星想象成了什么图案。

图3　这是法尔内塞天球。公元2世纪的这座阿特拉斯雕塑，展示的是他扛着一颗天球，上面刻有古希腊人所知的星座。与后来的天球不同，这上面没有单颗星星，只展示了星座形象。（那不勒斯国家考古博物馆收藏）

平面星图

平面星图的早期形式是星盘，在中世纪的阿拉伯人中很流行。星盘通常由黄铜制成，上面标示着亮星的位置。同样的原理也应用在当今业余天文学家使用的寻星装置中，这就是活动星盘。现存最早的星盘可以追溯到公元10世纪，但书面证据表明，它们的存在时间要早得多，甚至可能在公元150年前后，即托勒密时代，就已经存在了。

除了星盘，已知最古老的平面星图是一幅中国纸卷，长度超过2米，据信其年代可追溯到公元7世纪中后期。

这幅纸卷在20世纪初发现于中国中北部的丝绸之路贸易线上，因而得名敦煌星图，现存于英国伦敦的大英图书馆。敦煌星图描绘了独立于欧洲和阿拉伯的中国星座传统，其中大多数星座是现代西方人无法辨认的，例如图4。

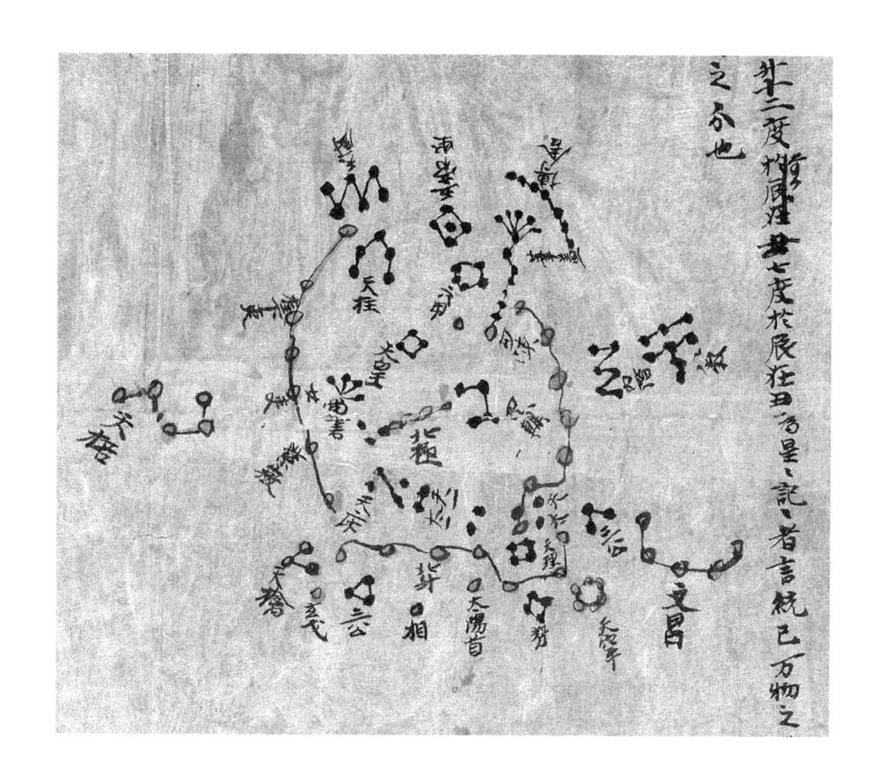

图4　中国星座与西方星座明显不同，它们通常小得多，并且包含一些较暗的星星。此图绘于纸卷之上，展示了北天极附近的天空，绘制时间可追溯到公元649年至684年间，20世纪初在中国敦煌的洞窟中被发现。在这张展示北天极附近中国星座的图中，容易被西方人的眼睛识别出来的，只有北斗七星（下方中部）。敦煌手稿是世界上现存最古老的星图。（大英图书馆收藏）

中国的天空——遗失的传统

中国星座比西方星座小，但数量更多。每个星座通常只由少数几颗星星组成，这样一来，不需要精确坐标就能很容易地指定天区。到公元3世纪末，中国的天文学家已经开发出一套由283个星官组成的复杂系统，其中共包含1 464颗星星。这些星官描绘的不是神话，而是中国的皇室、社会以及民间生活的方方面面。

例如，天空中有“帝座”，指天帝的宝座（武仙座α星）；有“宦者”，指宫廷太监（武仙座60及旁边的三颗星星）；有“灵台”，指天文台；甚至还有“厕”——厕所，它位于“屏”，也就是用于遮挡的屏风后面，它们对应的现代星座是天兔座。在天空中的某些地方，一些同主题的星座会共同组成一幅幅大画面，描绘秋季收获、冬季狩猎、骑兵阵营和天上的贸易市场等场景。有一些同样的角色会在天空中不同的地方反复出现，尤其是天帝和他的众多随从。

与西方天体制图那富有想象力的艺术图不同，敦煌星图等中国星图中并没有提供有关星座的具象化描绘。相反，制作者只是将组成星座的星星绘制为由线连接的、大小相似的点，并没有尝试根据星星的亮度来缩放星点符号。中国星图上缺乏星等比例尺[1]，这给识别星星增加了难度。中国星座系统不为西方所知，对如今的88星座也没有影响。17世纪耶稣会传教士将西方星座引入中国时，中国星座系统仍在使用，此后就消失了。[2]关于中国星座的信息，详见第三章每个星座最末尾部分的介绍。

描绘托勒密星座

现存对托勒密星座的最早描绘，可在9世纪及之后阿拉托斯和希吉努斯的诗歌作品抄本中找到，这些抄本带有插图。创作插图的不是天文学家，而是艺术家，他们非常自由地诠释星座形象，几乎不关心形象之下的恒星框架。结果，这些形象与托勒密所描述的星座图仅略有相似。这些作品（例如1482年在威尼斯出的一版希吉努斯的《诗情天文》）中的木刻版画，有时会作为早期星座形象化的例子出现在现代书籍中，但它们并不是真正的星图。它们只是为文学作品提供一种装饰性的陪衬，并不提供科学的准确描述。

首次对托勒密星座进行科学描绘的，实际上是阿拉伯人，时间是《天文学大成》写成的800多年后。大约在964年，一位名叫阿尔·苏菲的阿拉伯天文学家制作了一份修订和更新版的《天文学大成》星表，名为《恒星之书》。阿尔·苏菲为每个星座添加了配图（例如图5），这是《天文学大成》所没有的。除了准确地绘制星星之外，阿尔·苏菲还绘制了许多星座图。然而，星座的形

1 明代的《崇祯历书》开始区分星等。——译注

2 中国的星座系统当然没有消失，但确实不为西方熟知。——译注

象都被改换成了阿拉伯文化中的形象：人物不是穿着希腊长袍，而是穿着阿拉伯长袍；图像的其他方面，例如南船座的形象设计，也不是西方人熟悉的模样。因此，要找到当今星图的真正起源，我们必须回到欧洲。

首部印刷星图

1515年，伟大的德国艺术家阿尔布雷希特·丢勒（1471—1528）在约翰内斯·斯塔比乌斯（约1460—1522）和德国天文学家康拉德·海福格尔（?—1517）的帮助下，绘制了第一部欧洲印刷星图，这是朝着希腊星座图像标准化迈出的重要一步。丢勒星图包含两幅木刻版画，一幅展示黄道带及以北的所有星座，另一幅展示黄道带以南所有已知的星座（见图1）。这两幅星图都是基于托勒密在《天文学大成》中编录的星星和星座，由海福格尔更新了它们在公元1500年的位置之后准确绘制的。星座以镜像绘制，就像我们在天球仪和星盘上看到的一样，大多数早期星图都遵循这样的绘制传统。

丢勒对星座形象的描绘确立了一种艺术风格，这种风格在后来的许多星图上得到了响应，最突出的例子是1540年另一位德国人彼得·阿皮安在《御用天文学》中绘制的精美平面星图。后来，丢勒的风格被四大星图所取代，这些星图反过来设定了科学和艺术的新标准。

从平面天球图到星图

第一部真正的星图（即由一系列单幅星座图组成的图集，区别于丢勒描绘的那种平面天球图），出现在意大利天文学家亚历山德罗·皮科洛米尼（1508—1579）于1540年出版的一本名为《恒星之上》的书中。皮科洛米尼的星图不像丢勒和其追随者那样描绘在天球之外看到的星座，而是描绘从地球上看到的星座，从而更方便观察者使用。皮科洛米尼选取了《天文学大成》中亮度高于4等的星星，以及一些在特定情况下有助于填充星座形状的暗星。然而，他的星图绘制得相当粗糙，缺乏经典的星座形象，而星座形象正是之后那些精美星图集的主要特征。

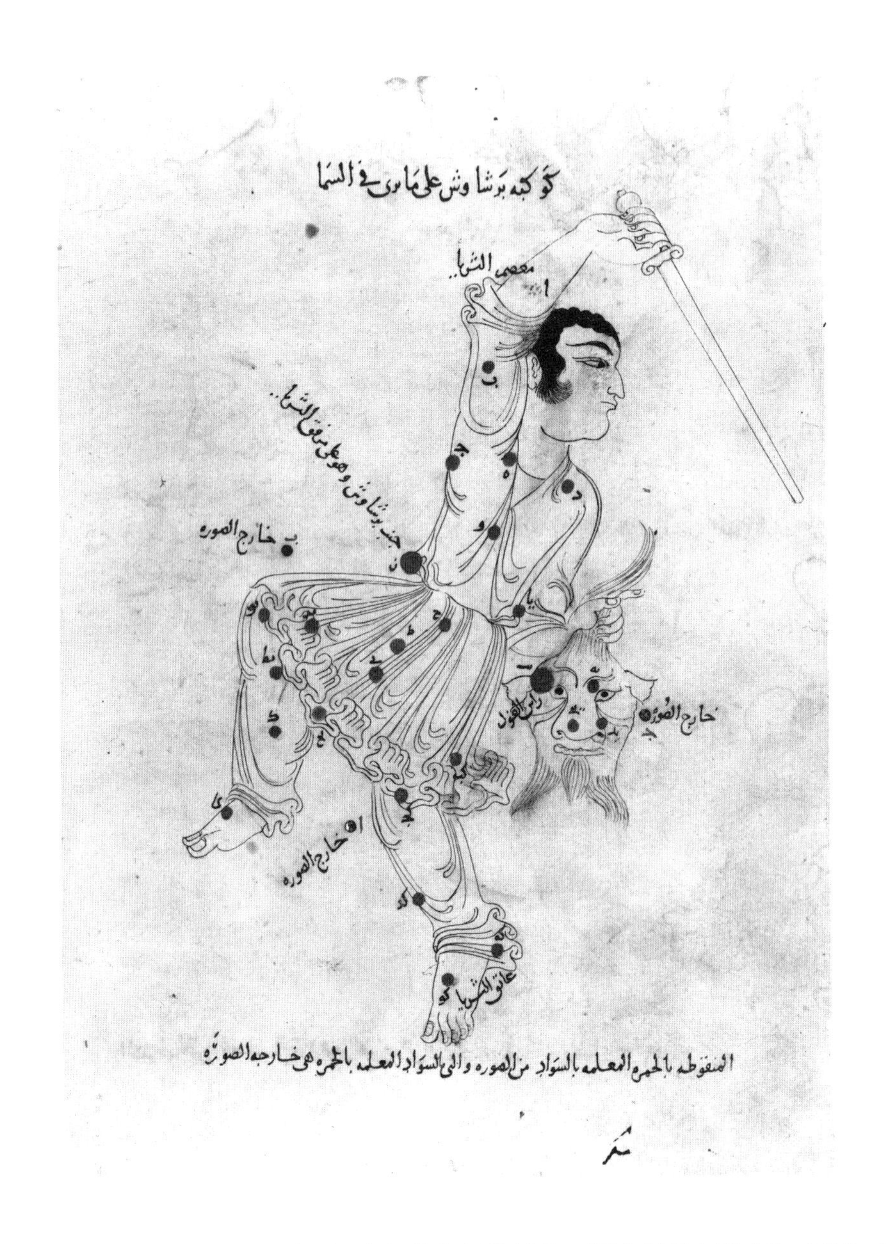

图5　英仙座（珀修斯）的阿拉伯形象，来自阿拉伯天文学家阿尔·苏菲的《恒星之书》的某一个版本。据说这份特别的手稿是由他儿子在1010年前后创作的，也就是在阿尔·苏菲去世后不久。手稿中，每个星座包含两幅图，一幅描绘的是星座在天空中的样子，另一幅是相反的，就像在天球仪上看到的那样；这幅图展示的是珀修斯在天空中的样子。珀修斯穿着阿拉伯服饰，蛇发女妖美杜莎的头被描绘成一个留着胡须的男子。在珀修斯持剑的那只胳膊的袖子上方有点状物，它标示的是一对星团，现代天文学家称之为英仙座双星团，托勒密在《天文学大成》中将其记录为“模糊的一团”。（牛津大学博德利图书馆收藏，手稿编号为“马什144”）

拜尔的《测天图》

随着天文学家对天空观测得更加详细、更加精确，星图也得到了改进。1603年，德国奥克斯堡一位对天文学充满热情的律师约翰·拜尔（1572—1625），制作了第一本大型印刷星图——《测天图》。《测天图》为托勒密48星座中的每个星座都制作了一张大图，星星的位置信息来自《天文学大成》和丹麦伟大的观测天文学家第谷·布拉赫最新发布的星表。托勒密星表中缺少的南天恒星被画在一张图上，这幅图描绘的是以几年前荷兰航海家彼得·德克松·凯泽的观测结果为基础而创立的12个新星座（见前文）。北天星图和南天星图总计51幅。

《测天图》总共描绘了2 000多颗星星，这个数字是丢勒星图中星星数量的两倍。拜尔的星图如此受欢迎，以至于在17世纪重印了许多次；这些精美的星图由德国画家、雕刻师亚历山大·梅尔（约1559—约1620）雕刻，是真正的艺术品。

拜尔的星图非常引人注目，还有另一个原因：它引入了用希腊字母标记亮星的惯例，这是天文学家至今仍在使用的系统。它们现在通常被称为拜尔星名字母。举个例子，按照这个惯例，亮星参宿四也被称为猎户座α，意思是“猎户座的α星”。由于当时对星星亮度的观测并不是非常精确，拜尔分配的希腊字母顺序只是大致遵循每个星座中星星的亮度序列。在很多情况下，星座中标记为α的星星并不是其中最亮的，例如在猎户座中，最亮的星星是猎户座β星（参宿七）。另一个著名的例子是双子座，双子座β星比双子座α星更亮。

拜尔没有给凯泽的南天星座分配希腊字母，也许是因为那么做还为时过早。160年后，法国天文学家尼古拉·路易·德·拉卡耶在他于1763年出版的星图上，将拜尔星名字母系统扩展到了最南端的天空。至于拜尔时代之后引入的那些北天星座，其星星的希腊字母是由英国天文学家弗朗西斯·贝利（贝利珠就是以他的名字命名的）在1845年的《英国天文协会星表》中分配的，但这些星星当中最暗的是4.5等。

赫维留和《赫维留星图》

拜尔出版《测天图》之后，又过了几年，天文学因望远镜的发明而发生了

图6　约翰·拜尔出版于1603年的里程碑式星图集名为《测天图》，它为48个希腊星座都绘制了单独的星图。在这幅图中可以看到，赫拉克勒斯拿着一根来自赫斯珀里得斯的金苹果树上的树枝。右边的点状区域是银河。拜尔的《测天图》因其全面性、艺术性和引入了以希腊字母标记星星的系统而广受欢迎。（剑桥大学天文研究所图书馆收藏）

革命性的变化，望远镜不仅能用来发现当时肉眼看不见的暗弱恒星，而且大大提高了恒星位置观测的精度。但有一个人对这一进步无动于衷，他就是约翰内斯·赫维留，一位来自但泽的天文学家。赫维留一生都固执地用肉眼观测恒星的位置，他担心望远镜的透镜可能会导致恒星位置失真。

《赫维留星表》中包含1 500多颗星星的位置，于1690年作为图书《天文学导论》的一部分出版。该星表包含的星星数量比一个世纪前伟大的第谷·布拉赫编制的数量多50%，两者对位置的测量精度相当。赫维留的星表还附带一份《赫维留星图》，共56幅图，由法国雕刻师查尔斯·德拉海耶（生于1641年）以精湛的技艺雕刻而成。在这本星图集和星表中，赫维留在北天星空中引入了10个新星座。对于南天的星星，赫维留使用了英国天文学家埃德蒙·哈雷（1656—1742）在南大西洋圣赫勒拿岛的观测结果，哈雷的观测改进了两位先驱的观测结果，这两位先驱是荷兰的彼得·德克松·凯泽和弗雷德里克·德

图7　约翰内斯·赫维留颇具影响力的星图集《赫维留星图》完成于1687年，即他去世的那一年，但直到1690年才出版。赫维留引入了10个新星座，其中7个至今仍被天文学家所接受。他的星图描绘了从后面看到的星座形象，就像在天球仪上看到的那样。这导致星座形象中有些姿势看起来很尴尬，比如御夫座背着山羊和羊羔的这幅图。赫维留星图上没有拜尔星名字母或星表编号，因此，星星很难识别。

豪特曼。

《赫维留星图》有一个缺点：星座形象被描绘成从后面看到的样子，就像在天球仪上看到的那样（见图7）。这使得观察者很难将星星的排列与真实的天空相匹配。因此，本书的星座插图没有使用赫维留星图。《赫维留星图》的另一个缺点，是赫维留没有用拜尔星名字母来标记星星，也没有使用星表编号等其他任何形式的标记。

《弗拉姆斯蒂德星图》

18世纪，天体制图又迈出了一大步，英国第一位皇家天文学家约翰·弗拉姆斯蒂德（1646—1719）在格林尼治新成立的皇家天文台，以前所未有的精度对将近3 000颗星星进行了编目。弗拉姆斯蒂德的星表在他去世后于1725年出版于《大不列颠天体历史》第三卷，星表部分被称为《大不列颠星表》。四年后,《弗拉姆斯蒂德星图》面世，这是一套雕刻精美的星图，共包含25幅图，完全基于弗拉姆斯蒂德自己的观测绘制而成。

拜尔和赫维留为每个星座专门绘制了一幅图，与他们不同的是，弗拉姆斯蒂德的星图集将天空划分成许多部分，每个部分包含多个星座，就像现代星图集一样。结果，有些星座会在下一幅图中再次出现。根据埃德蒙・哈雷于1677年至1678年在圣赫勒拿岛所做的观测，位于格林尼治地平线下的那些遥远的南天恒星被绘制在一张小图上。这张南天星图描绘了凯泽和德豪特曼的12个星座，以及由哈雷创立但如今已废弃不用的查理橡树座。

弗拉姆斯蒂德将星星划分成了55个星座，其中遗漏了两个托勒密星座——天坛座和南冕座，因为这两个星座太靠南，他看不见。弗拉姆斯蒂德接受了赫维留创立的6个星座（猎犬座、蝎虎座、小狮座、天猫座、六分仪座和狐狸座），而如今使用的星座系统中，还包含第7个赫维留星座——盾牌座；1801年，约翰・波德在星图中恢复了盾牌座。弗拉姆斯蒂德还使用了其余3个非托勒密星座，它们是鹿豹座、后发座和麒麟座。

在《弗拉姆斯蒂德星图》中，弗拉姆斯蒂德特别小心地描绘了与托勒密的描述完全一样的希腊星座图。在星图集的介绍文字中，对于拜尔在《测天图》中表示星座形象的方式，他表达了一些不赞同的看法：

> 除了牧夫座、仙女座和室女座之外，他（指拜尔）画的所有人物形象都背对着我们，那些被前人认为位于右肩、右胁、右手、右腿或右脚的星星，都被放到了与之相反的左边……他使那些最古老的观测结果变成了错的，使它们成了无稽之谈。

人们普遍误以为，是弗拉姆斯蒂德引入了所谓的弗拉姆斯蒂德星号系统，用以标示每个星座中的星星；实际上，这个工作是由法国天文学家约瑟夫・杰罗姆・德・拉朗德（1732—1807）于1783年完成的。在法文版的弗拉姆斯蒂德星表中，拉朗德新加了一列，他按照弗拉姆斯蒂德列出的顺序，对每个星座中的星星进行了连续编号，这就是天文学家所说的弗拉姆斯蒂德星号。只有当星星没有被分配以希腊字母时，它们才被用弗拉姆斯蒂德星号来标示，例如天鹅座61或蛇夫座70。

弗拉姆斯蒂德星图集留给我们的遗产之一有时会被忽视，那就是受它启发而产生的一系列小型流行星图集——法国让·福尔坦的《天体图集》（1776，1795）、德国约翰·波德的《星星简介》（1782，1805）和英国亚历山大·贾米森的《贾米森星图》，所有这些星图也相继被后人模仿。

《波德星图》

弗拉姆斯蒂德的星表和星图为天文学设立了新标准，他的星图集也是本书部分插图的来源之一。本书插图的另一个主要来源是最伟大的古典星图《波德星图》，它由德国天文学家约翰·埃勒特·波德于1801年出版。《波德星图》由20幅星图组成，自1797年起分五个部分陆续推出，到1801年发布完毕。

《波德星图》是第一本几乎描绘了肉眼可见的所有恒星（即暗至6等的星星）的星图，再加上一些公平筛选的暗至8等的星星（亮度比6等星再暗6倍）。波德绘制了17 000多颗星星，数据取自各位天文学家的观测结果，包括弗拉姆斯蒂德、拉卡耶、拉朗德和波德本人的观测。为与星图集配合，波德还制作了一份《波德星表》，它也于1801年出版。

《波德星图》也是第一个在星座间划出边界线的大型星图集，不过它的边界线模糊不清，且画法与现代严格的星座边界并不一样。即便是一向非常谨慎的弗拉姆斯蒂德，对自己星图上每个星座的范围也完全没做具体说明。

波德希望《波德星图》更加全面，当然，他成功了，因为除了比以往的制图师绘制了数量更多的星星外，他描绘的星座数量也更多——总共超过100个。其中有5个星座在这部星图集上首次亮相：家猫座和热气球座，都是拉朗德在波德准备星图集时提议设立的；而测速绳座、电机座、印刷室座这3个星座，则是波德自己创立的。然而，这5个星座都没有经受住时间的考验。顺便说一句，波德说自己一开始并没打算在星图集上引入新的星座形象，直到1798年拉朗德向他推荐热气球座。那时，波德的星图已经画到了第15幅。因此，这5个新的星座形象都被画在了波德星图集的第16幅图上。

《波德星图》标志着一个时代的结束。在那之后，天文学家不再重视希腊人幻想的（且在物理上毫无意义的）星座图，转而开始专注于对星星位置、亮度和物理特性的精确测量。

传统的终结

19世纪从古典制图到科学制图的过渡中，有一本星图集脱颖而出——德国天文学家弗里德里希·威廉·奥古斯特·阿格兰德（1799—1875）于1843年出版的《新星图》。在这本星图集中，用红色印刷的星座图与星星本身相比变得微不足道。阿格兰德的同胞爱德华·海斯（1806—1877）在1872年的《新天图集》中采用了同样的双色风格。美国天文学家本杰明·阿普索普·古尔德（1824—1896）于1877年编写的星图集《阿根廷测天图》，涵盖了南天星空。这些星图集是当时专业天文学家的标准参考资料，他们对星座的选择，帮助国际天文学联合会在1922年最终确定了88星座。

19世纪末，2 000多年的希腊传统终于让位于天文普查员和统计学家的事实与数据方法。古希腊人想象他们的众神和英雄遍布天空，现代天文学家则在天空中发现了一个同样奇妙的万神殿的存在，那里有红巨星、白矮星、脉冲星、类星体和黑洞。

火柴人星座图

19世纪，随着传统星座形象的使用逐渐消失，星图变成了一堆令人困惑的星点。为了帮助星图使用者辨认星座形状，星图制作者开始用线条将每个星座中主要的星星连接起来，赋予它们类似火柴人的形象。

第一个这样做的人似乎是亚历山大·吕埃勒（1756—?），他在大革命前是法国巴黎天文台的助理。吕埃勒将自己日益增长的革命热情延续到天空中，一扫天文旧制度中的传统星座形状，用一种更简洁、更具无产阶级色彩的风格取而代之。1786年，他在一张名为《新星图》的星图上展示了自己的成果，该图由北天星图、南天星图和一幅置于下方的赤道星图组成。在随附的小册子中，他解释了自己为什么这样做：

> 我认为，要传授天空的知识，没有比用三角形、正方形、多边形或其他几何图形更简单、更容易的方法了，假设每个星座中最亮的星星由线连接在一起，确实可以看到不同的星星组群。

吕埃勒的方法听起来像是早期立体派对天空的解构。

用线将星座中的星星连接起来，是如今流行的星图广泛采用的惯例，但当年吕埃勒的创新过了一段时间才被人们接受。十多年后，当约翰·波德制作巨幅《波德星图》时，他显然没有受此影响，波德星图集以拥有比以往任何时候都多的古典装饰性星座形象为傲。

不足为奇的是，采纳并扩展了吕埃勒这一想法的，还是法国制图师。法国父子皮埃尔·拉皮（1777—1850）和亚历山大·埃米尔·拉皮（1800—1871）在1828年制作了一对带有连接线的天球图，作为《古今地理世界地图集》的一部分，这份图集曾多次重印。然而，他们星图上的连线与吕埃勒的连线完全不同，他们似乎更注重描绘每个星座形象的范围，而不是星座的形状。

另一位法国天文学普及者、制图师夏尔·迪安（1809—1870）恢复了吕埃勒的最初愿景。1831年，迪安发表了一张与近半个世纪前吕埃勒星图非常相似的星图，随后又制作了一本星图集，其中包含24幅带连线的全天星图。迪安的星图集在20世纪初有多个版本，那些较新的版本由著名的法国天文学普及者卡米耶·弗拉马里翁（1842—1925）修订和扩充。随着英国天文学作家理查德·普罗克特（1837—1888）在其畅销书《星空半小时》（1869）和《简易星空课》（1881）中采用这些连线，这种标记方法得到了更广泛的认可。

第三章

全天 88 星座

我们接下来要介绍的是被国际天文学联合会正式批准的88个星座，以及银河系和极光。每个条目中，我们都描述了与星座对应的神话和历史，并附上来自经典星图集的插图，这些图通常出自约翰·波德出版于1801年的《波德星图》，或是约翰·弗拉姆斯蒂德出版于1729年的《弗拉姆斯蒂德星图》。对于比较显眼的星座，我还简要介绍了其中最亮的星星，以及星座中其他有趣的天体，包括某些星名的起源和含义。必要的时候，我还补充了西方星座所在天区对应的中国星座的内容。关于被废弃的星座的介绍，参见第四章。

Andromeda
—— 仙女座 ——

属格：Andromedae

缩写：And

面积排名：第19位

起源：托勒密在《天文学大成》中列出的48个希腊星座之一

希腊名：Ἀνδρομέδα

在所有希腊神话中最经久不衰的，也许就是珀修斯与安德洛墨达的故事，这也是“乔治与龙”的故事的原始版本。故事的女主人公是美丽的公主安德洛墨达。她的父亲是软弱的埃塞俄比亚国王刻甫斯，母亲是虚荣的王后卡西俄佩亚，后者总在永无止境地自吹自擂。

安德洛墨达的不幸，始于某一天她母亲声称自己比涅瑞伊得斯女神更美丽，而涅瑞伊得斯女神是一群特别迷人的海仙女。受到侮辱的涅瑞伊得斯女神认为，卡西俄佩亚的虚荣心太过分了，她们请求海神波塞冬给卡西俄佩亚一个教训。为报复卡西俄佩亚，波塞冬派了一只可怕的怪物（也有人说是洪水）去破坏国王刻甫斯领地的海岸。刻甫斯因领地遭到毁灭而感到沮丧，臣民们呼吁他采取行动。陷入困境的他向阿蒙神谕寻求解决方案，结果被告知，他必须牺牲自己的女儿才能安抚怪物。

因此，无辜的公主安德洛墨达被锁在一块岩石上，为她的母亲赎罪，她母亲懊悔地在岸边注视着她。据说这一事件的发生地位于地中海沿岸的约帕，也就是现在的特拉维夫。当安德洛墨达站在波涛汹涌的悬崖上，吓得脸色苍白，为自己即将到来的命运悲泣时，刚刚杀死蛇发女妖美杜莎的英雄珀修斯碰巧经过。珀修斯的心被下面那位痛苦的柔弱美人给捕获了。

罗马诗人奥维德在《变形记》中告诉我们，珀修斯起初差点把她误认为一尊大理石雕像。只有她那被微风吹起的头发，还有她脸颊上温热的泪水，表明她是一个活人。珀修斯问她叫什么名字，为什么被锁在那里。安德洛墨达很害羞，性格与她那虚荣的母亲完全不同，起初她没有回答；要不是因为双手被绑在岩石上，在怪物淌着口水的下巴下等待可怕的死亡，她会羞怯地用双手掩面。

《波德星图》的第4幅图中，公主安德洛墨达被锁在一块岩石上。（德意志博物馆收藏）

珀修斯继续追问。最终，她害怕自己的沉默会被误解为内疚，便把自己的故事告诉了珀修斯；当她看到怪物冲破海浪向自己扑来时，她停止了诉说，尖叫起来。珀修斯彬彬有礼地停下来，请求安德洛墨达的父母将他们的女儿嫁给自己，然后俯冲下来，用钻石宝剑杀死了海怪，在围观者热烈的掌声中救下了昏迷的公主，并宣布她成为自己的新娘。安德洛墨达后来为珀修斯生了六个孩子，其中包括波斯人的祖先佩耳塞斯和斯巴达国王廷达瑞俄斯的父亲戈耳芬特。

据说，安德洛墨达的形象被希腊女神雅典娜放在群星之间，她位于英仙座珀修斯和自己的母亲仙后座之间。只有双鱼座将她与海怪鲸鱼座分隔开来。

仙女座中的星星和一个旋涡星系

星图中描绘的仙女座被锁链束缚着双手。位于仙女座头部的星星是一颗2等星——仙女座α星，这颗星星最初由仙女座与旁边的飞马座共享。事实上，尽管托勒密说它是“（飞马座）与仙女座头部共享的星星”，但在《天文学大成》中，他并没有将这颗星星列在仙女座里，而是将其列入飞马座，用以标示飞马的肚脐。这颗星星现在被专门分配给仙女座，但它那非常流行的名字Alpheratz（中文名壁宿二）暗示了其双重身份，这个词来自阿拉伯语中的*al-faras*，意思是马。它还有另一个如今已经过时的名字Sirrah，这个词来自阿拉伯语中的*surrat*，意思是肚脐，这让人想起，托勒密曾将这颗星星描述为“马的肚脐”。

位于仙女座腰部的星星是仙女座β星，名为Mirach（中文名奎宿九），这个词源于阿拉伯语中的*al-mi'zar*，意思是腰带或腰布。托勒密将其描述为“腰带上三颗星星中最南端的那一颗”。仙女座左脚上的星星是仙女座γ星，国际天文学联合会官方批准的名字是Almach（中文名天大将军一），但在过去，它也曾被写作Almaak、Alamak或Almak，这个词来自阿拉伯语中的*al-'anaq*，指的是古代阿拉伯人在这里想象出的狞猫。通过小型望远镜观察，你会发现这是一对美丽的双星，一颗呈蓝色，一颗呈黄色，对比鲜明。被托勒密描述为位于仙女座右脚的星星，如今在英仙座的边界内，被称为英仙座 φ 星。

仙女座中最著名的天体，是位于仙女座右髋部的一个巨大的旋涡星系M31，在晴朗的夜晚，我们用肉眼就能看到它——一个模糊的椭圆形光斑。M31是一个类似于我们银河系的旋涡星系。它距离我们大约250万光年远，是我们在地球上用肉眼能看到的最远天体。这个天体的发现要归功于阿拉伯天文学家阿尔·苏菲，他在自己的《恒星之书》中首次提到了它。阿尔·苏菲将其称为*al-laṭkhā al-saḥābiya*，即模糊的星云（*laṭkhā*的意思是涂抹，而*saḥābi*的意思是星云或云）。为什么托勒密和其他古希腊天文学家从未提及它，仍是一个谜，按理说他们都应该能看到它。

对应的中国星座

在中国星座系统中，仙女座β星、仙女座μ星、仙女座ν星、仙女座π星、仙女座δ星、仙女座ε星、仙女座ζ星和仙女座η星等9颗星，以及其他7颗位于仙女座和双鱼座交界处的星星，共同组成星官“奎”。这个名字也被用于二十八宿中的第十五宿（月亮运行轨道上的第十五个驿站）奎宿。奎的意思有点令人费解。有一种解释说它与腿、脚或行走有关，这可能是因为其形状像一只脚或凉鞋，也可能因为它是“西方白虎”的后腿或脚。因此，奎常被解释为“腿”或“大步走”。还有一种解释是奎代表野猪。[1]

仙女座α星与飞马座γ星一起组成了星官“壁”，即天帝宫殿外的东墙，据说它也代表天帝的秘密藏书库。二十八宿中的第十四宿以此命名，叫作壁宿。

仙女座γ星及其附近的十颗星星，组成星官“天大将军”，代表天上的统帅将军及其十名下属。仙女座北部和中心的十颗星星，组成星官“天厩”，这是一座马厩，供骑手在途中换马[2]；我们不太确定它具体包括哪些星星，可能是仙女座θ星、仙女座ρ星和仙女座σ星以及西边一圈较暗的星星。仙女座西部的其他星星，包括仙女座7、仙女座λ星、仙女座ψ星、仙女座κ星和仙女座ι星，都是星官“螣蛇”的一部分，螣蛇代表一条飞蛇，其中心位于仙女座旁边的蝎虎座。

仙女座 ϕ 星为“军南门”，即天大将军司令部的南门；但这颗星星太靠北了，不适合被描述为南门，从位置来看，三角座α星似乎更适合。

Antlia
—— 唧筒座 ——
空气泵

属格： Antliae
缩写： Ant
面积排名： 第62位
起源： 尼古拉·路易·德·拉卡耶的14个南天星座

唧筒座是法国天文学家尼古拉·路易·德·拉卡耶在其1756年的星图上引入的南天星座之一。他在随附的描述中说，这个星座象征实验物理学。拉卡耶最初把这个星座命名为la Machine Pneumatique，但在1763年出版的第

1　原文的解释有点混乱。“奎”字的本意是“两髀之间”，奎因形状与其相似而得名，而《步天歌》说它形似“破鞋”。“行走”等解释来源不详。——译注

2　用途应为饲养军马。——译注

二版星图上，他把这个名字拉丁化为Antlia Pneumatica。根据约翰·赫歇尔（1792—1871）的建议，英国天文学家弗朗西斯·贝利在他于1845年出版的《英国天文协会星表》中将这个星座的名字缩短为Antlia，自此之后这个写法就成了它广为人知的名字。

拉卡耶将唧筒座描述为17世纪70年代初法国物理学家德尼·帕潘用于真空实验的单缸泵，后者在1674年出版的《真空实验》中对此做了记录。1675年，帕潘从巴黎搬到伦敦，与爱尔兰物理学家罗伯特·博伊尔一起工作。在那里，帕潘发明了更高效的双缸泵，后来，约翰·波德在1801年的《波德星图》中画的唧筒座也是这种泵。在德比郡的约瑟夫·赖特的著名画作《空气泵中鸟的实验》（1768）里，也可以看到这种类型的空气泵。

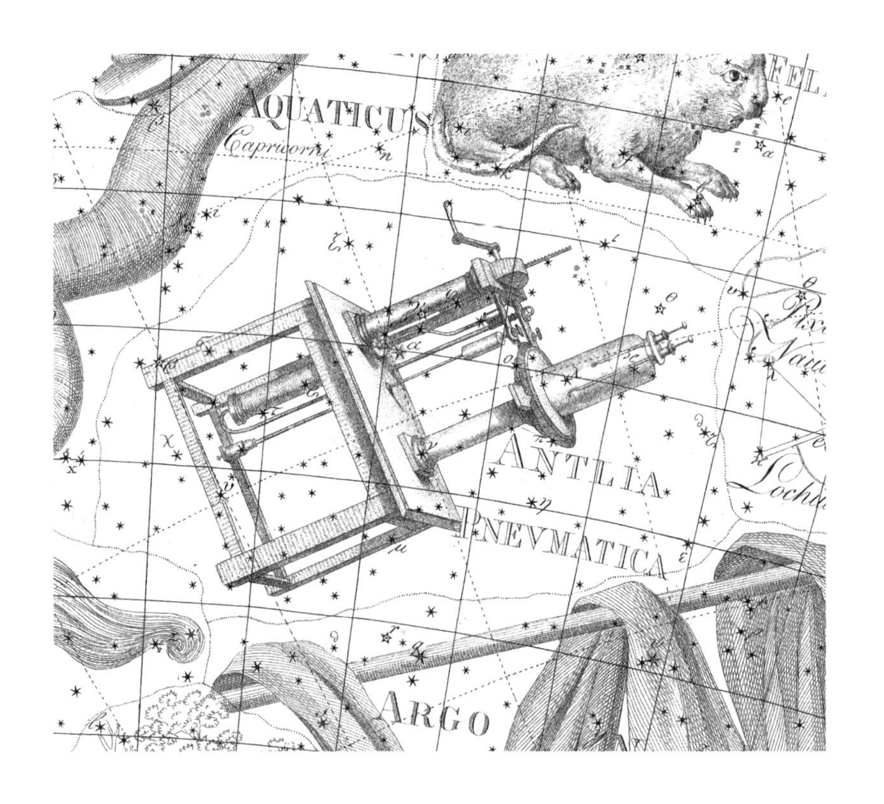

《波德星图》的第19幅图中，唧筒座的形象是一个复杂的装置。空气泵在18世纪成为富人的科学玩具。在这幅图中可以看到，唧筒座的南边是南船座的桅杆，上方是家猫座的脚。家猫座是波德创立的星座之一，如今已废弃不用。（德意志博物馆收藏）

唧筒座没有与之相关的传说。星座中最亮的星星是唧筒座α星，其星等仅为4等；星座中也没有任何引人注目的天体。不过，它的星座名很容易让粗心的人误入歧途，因为Antlia经常被错误地拼写为Antila。

对应的中国星座

如今属于唧筒座的星星，夹在长蛇座和南船座之间，它们位于古希腊人的地平线之上，却没有被他们纳入任何星座之中。中国古代天文学家生活在与古希腊人差不多的纬度上，所以他们也看到了唧筒座的星星，并且有所作为。

这片天区有一个叫作"东瓯"的中国星官，它至少包含了如今属于唧筒座的两颗星星，其中一颗是唧筒座ι星，另外两三颗星星在更靠南的船帆座。东瓯以中国东南沿海浙江省的一个地方命名，据说那里住着蛮夷民族。唧筒座西部的其他几颗星星，包括唧筒座ε星、唧筒座η星和唧筒座θ星，都是星官"天庙"的一部分，天庙的大部分星星都位于罗盘座中。[1]

Apus
—— 天燕座 ——

极乐鸟

属格： Apodis

缩写： Aps

面积排名： 第67位

起源： 凯泽和德豪特曼的12个南天星座

16世纪末，荷兰航海家彼得·德克松·凯泽和弗雷德里克·德豪特曼通过对南天星空进行观测，引入了12个新星座，天燕座是其中之一。天燕座代表在新几内亚发现的一种神话般的极乐鸟，但与极乐鸟本身的奇异性相比，天

1 清代《仪象考成》中未包含东瓯与天庙，作者在这里应该是按照宋代皇祐星表来对应中国星座的，具体对应星可能存在争议。——译注

燕座的这份致敬真是令人失望，星座里最亮的星星只有4等。

天燕座的名字Apus来自希腊语*apous*，意思是“没有脚的”，因为西方人最初知道这种鸟，都只是通过那些没有脚或翅膀的死标本；当地人去掉了鸟的脚或翅膀，把那些漂亮的羽毛用作装饰，并与邻近的岛屿交换鸟皮。第一批标本在1522年由斐迪南·麦哲伦环球航行的幸存者带回欧洲，引起了人们极大的兴趣。一时间，人们猜测这些羽毛艳丽的鸟就是神话中的凤凰，这也许就是荷兰探险家还创立了一个名为凤凰座的南天星座的原因。

早期的印刷错误

天燕座首次出现在1598年普兰修斯的天球仪上时，名字写作Paradysvogel Apis Indica。这里的apis（意思是蜜蜂），很可能是avis（意思是鸟）一词的印刷错误；

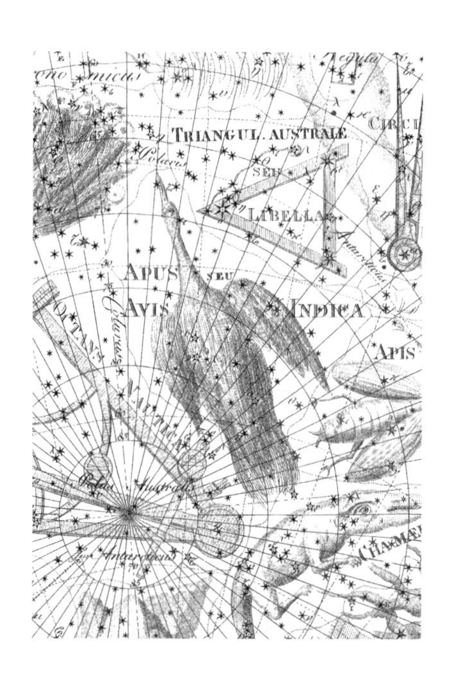

《波德星图》的第20幅图中，天燕座的位置上写着另一个名字Avis Indica，意为一种印度的鸟，因为其栖息地在东印度群岛。这只鸟的尾巴最初很长，一直延伸到左下角的南天极，直到18世纪50年代，拉卡耶将其剪断，在腾出来的空间中增设了南极座。如今被称作南极座ρ星、南极座ω星、南极座π星和南极座δ星的四颗星星，最初位于天燕座的尾部。（德意志博物馆收藏）

正是在那一年，荷兰人扬·范林斯霍滕给这种鸟起了一个拉丁名*Avis paradiseus*。

约翰·拜尔在1603年的《测天图》中也称这个星座为Apis Indica，并把它描绘成没有翅膀和脚的样子，毫无疑问，当时这种画法是以死标本为原型的。另一些人，如约翰内斯·开普勒在1627年的鲁道夫星表中将其称为Apus, Avis Indica（意思是"Apus，印度的鸟"），纠正了明显的印刷错误，但Apis和Avis两种写法共存的状况一直持续到波德那个时代。

18世纪50年代，拉卡耶将这只鸟的尾巴截去一部分，在腾出来的空间里增设了南极座；这种裁剪真是不幸，因为在现实生活中，长长的、多彩的尾羽正是这只鸟最吸引人之处。天燕座中没有被命名的星星，也没有与之相关的任何传说。

Aquarius
—— 宝瓶座 ——
倒水的人

属格： Aquarii

缩写： Aqr

面积排名： 第10位

起源： 托勒密在《天文学大成》中列出的48个希腊星座之一

希腊名： Ὑδροχόος

星图中的宝瓶座，是一个用罐子或双耳瓶倒水的年轻人，但奥维德在他的《岁时记》中说，瓶中的液体是水和花蜜的混合物，供众神饮用。水瓶是由四颗星星组成的"Y"字形来代表的，其中心是宝瓶座ζ星，瓶中的水一直流淌到南鱼座的嘴巴里。这个代表倒水者的年轻人是谁呢？

最流行的说法认为，他是甘尼米德，也叫甘尼米德斯，据说是世界上最漂亮的男孩。他是特罗斯国王的儿子，特洛伊城就是以特罗斯的名字命名的。一天，甘尼米德正在照看他父亲的羊群，宙斯迷上了这个牧羊的男孩，他化身为一只鹰，俯冲到特洛伊平原上，将甘尼米德带到奥林匹斯山（另一种说法是宙斯派了一只鹰下去，而不是自己变成鹰）。为纪念这只鹰，宝瓶座旁边的天区中设置了天鹰座。为补偿被拐走了儿子的特罗斯国王，宙斯送给他两匹好马，也有些作家说，宙斯送的礼物是一株金色的藤蔓。

在另一个版本的神话中，甘尼米德被两个情敌争夺：他先被对年轻人充满热情的黎明女神厄俄斯带走，随后又被无所不能的宙斯从她身边偷走。

不管怎样，甘尼米德成了奥林匹斯山上诸神的侍酒者，他用碗给大家分发花蜜，这让宙斯的妻子赫拉大为恼火。罗伯特·格雷夫斯告诉我们，这个神话在古希腊和罗马非常流行，在那里它被视为对同性恋的神圣认可。甘尼米德这个名字的拉丁语译名是Catamitus，catamite（娈童）一词由此产生。

如果这个神话在我们看来不太真实，那可能是因为希腊人将自己的故事强加于从别处采用的星座之上。这个星座最初似乎代表埃及的尼罗河之神，但正如罗伯特·格雷夫斯所说，希腊人对尼罗河并不太感兴趣。

格马尼库斯·恺撒认为，这个星座代表普罗米修斯之子丢卡利翁，他是为数不多的逃离大洪水的人之一。格马尼库斯写道："丢卡利翁把水倒出来，他曾

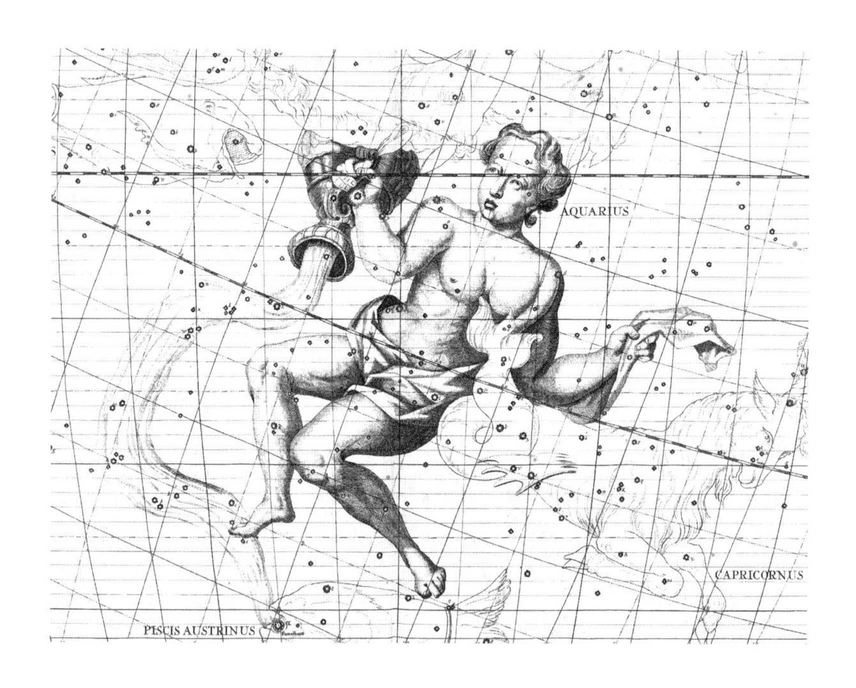

这是《弗拉姆斯蒂德星图》中的宝瓶座和他的水罐，罐子里流出的水一直流淌到位于星图底部的南鱼座口中。（密歇根大学图书馆收藏）

经从水中逃离，这样一来，人们就会注意到他手里的小水罐。”希吉努斯提出了另一种说法：这是雅典早期的国王刻克罗普斯，他正在用水祭祀众神，因为在他统治的那个时代还没有酒。

宝瓶座的星星

宝瓶座在希腊语里的名字是Ὑδροχόος。在《天文学大成》中，托勒密将宝瓶座α星、宝瓶座β星和宝瓶座γ星分别描述为位于人物的右肩、左肩和右前臂上。宝瓶座的头部由宝瓶座25标记，它是一颗相对较暗的星星，星等为5等。托勒密用20颗星星来标记瓶中流出的水，这几乎和构成宝瓶座主体形象的星星数量一样多。

事实上，早期的作家，如阿拉托斯和埃拉托色尼，都将水（Hydor，Ὕδωρ）视为宝瓶座中一个单独的星座，或者说是一个子星座。水流始于宝瓶座κ星，止于南鱼座嘴巴里的1等星——北落师门。这是在建立严格的星座边界之前，星座之间共享星星的一个例子。北落师门如今专属于南鱼座。

宝瓶座的几颗星星，名字都以Sad开头。在阿拉伯语中，sa'd的意思是运气或幸运，但也被翻译为好运、吉祥、预兆或祝福。有十个阿拉伯星群以sa'd为名，它们从飞马座开始，向南穿过宝瓶座，一直延伸到摩羯座。这些星群中除了一个例外，其他所有星群都由两颗星星组成，例外的那个被阿拉伯人称为*sa'd al-akhbiya*，它包括四颗星（宝瓶座γ星、宝瓶座ζ星、宝瓶座η星和宝瓶座π星）。在一项对阿拉伯星星传说所做的研究中，亚利桑那大学的丹妮尔·亚当斯将这个名字翻译为“羊毛帐篷的吉兆”，排列成“Y”字形的星星可能让人联想到了帐篷。宝瓶座γ星是这个星群中最亮的一颗，星等为3.8等；它的名字是Sadachbia（中文名坟墓二），这个词来自阿拉伯语中的*sa'd al-akhbiya*。

宝瓶座α星的星等为2.9等，名为Sadalmelik（中文名危宿一），这个词来自*sa'd al-malik*，意思是“国王的吉兆”。宝瓶座β星的星等也是2.9等，名为Sadalsuud（中文名虚宿一），这个词来自*sa'd al-su'ud*，意思是“吉兆中的吉兆”（但德国星名专家保罗·库尼奇将其翻译为“幸运之中最幸运的”）。根据库尼奇的说法，这些名字的确切含义早已被阿拉伯人所遗忘。

对应的中国星座

在如今宝瓶座所在的天区，有许多大大小小的中国古代星座，其中包括二十八宿中的三宿。二十八宿中的第十宿女宿，对应着宝瓶座与天鹰座交界处附近的一组星星，它们分别是宝瓶座ε星、宝瓶座μ星、宝瓶座4和宝瓶座3，代表一名女仆。宝瓶座β星和小马座α星组成了二十八宿中的第十一宿虚宿，代表与葬礼和哀悼有关的荒凉黑暗之地。

如今的宝瓶座α星和飞马座θ星、飞马座ε星一起组成一个“V”字形，就像一座建筑物的斜屋顶，它被称为“危”，代表屋顶。二十八宿中的第十二宿危宿就是以此命名的。

在宝瓶座北部，由宝瓶座γ星、宝瓶座π星、宝瓶座ζ星和宝瓶座η星组成的水罐星群所对应的中国星官，被称为“坟墓”。在它的南边，包括宝瓶座κ星在内的四颗星星组成了星官“虚梁”，代表一座陵墓，显然，这是为已故的帝王准备的。同一区域的另外两个小星官，也延续了死亡和哀悼的主题，它们的名字分别是“泣”和“哭”，每个星官都由两颗星星组成。宝瓶座北部另外两颗身份不明的星星，组成了星官“司命”，代表天上掌管刑罚、生死的官员。

从双鱼座南部穿过宝瓶座，进入摩羯座的，是一个比较大的星官，名叫“垒壁阵”，它由12颗星星组成，其中包括宝瓶座φ星、宝瓶座λ星、宝瓶座σ星和宝瓶座ι星。垒壁阵代表一系列保护南边军营的防御工事。这片营地是羽林军的住所，据说羽林军是从北方地区征召而来的士兵，十分可怕。“羽林军”是一个由45颗星星组成的庞大集团，是中国星官中星星数量最多的，其中大多数星星位于宝瓶座天区，少数星星位于更靠南的南鱼座天区。

横跨宝瓶座与摩羯座交界处的星官是“天垒城”，它由包括宝瓶座ξ星、宝瓶座ν星在内的13颗星星组成，代表一座带有土方城墙的城堡（但也有些说法[1]认为天垒城在南鱼座区域）。另一个位置有争议的星官是“𫓧钺”，代表一种用于处决罪犯或收割庄稼的铡刀。有一种解释说，它由靠近鲸鱼座边界的3颗星星组成；但其他人根本没有将其放置在宝瓶座，而是将其放在更靠南的玉夫座中。[2]

1　实际上是更早的宋元时期的版本。——译注

2　前者是清代《仪象考成》的对应星，而后者是宋元时期的对应星。——译注

Aquila
—— 天鹰座 ——

属格： Aquilae

缩写： Aql

面积排名： 第22位

起源： 托勒密在《天文学大成》中列出的48个希腊星座之一

希腊名： Ἀετός

天鹰座代表一只鹰，即希腊人的雷鸟。天鹰座在希腊语中的名字是Ἀετός，意思是鹰。对于天上为什么有这只鹰，有多种解释。在希腊和罗马神话中，这只鹰是宙斯的鸟，它携带（并取回）愤怒的宙斯向其敌人投掷的雷电。但这只鹰既卷入了战争，也卷入了爱情。

有一个故事说，这只鹰抓住了特洛伊国王特罗斯的儿子——漂亮的特洛伊男孩甘尼米德，让他为奥林匹斯山上的众神斟酒。罗马诗人奥维德等权威人士认为，是宙斯为了诱骗甘尼米德而把自己变成了一只鹰，但其他人认为这只鹰是宙斯派去的。甘尼米德由旁边的宝瓶座代表，从星图上看，天鹰正朝着宝瓶座俯冲过去。格马尼库斯·恺撒说，这只鹰守卫着爱神厄洛斯的箭（旁边的天箭座），正是那支箭让宙斯爱意顿生。

根据希吉努斯的说法，天鹰座和天鹅座有关。宙斯爱上了女神涅墨西斯，但当她拒绝宙斯的求爱时，宙斯把自己变成了一只天鹅，并让阿佛洛狄忒假扮成一只鹰追赶他。涅墨西斯为逃跑的天鹅提供庇护，却发现自己落入了宙斯的怀抱。为纪念这一成功的伎俩，宙斯把天鹅和天鹰的形象放在天空中，作为天鹅座和天鹰座。

牛郎星和天鹰座的星星

天鹰座中最亮的星星是Altair（中文名牛郎星），其名字来自阿拉伯语中的*al-nasr al-ta'ir*，意思是飞鹰或秃鹫（阿拉伯语单词*nasr*可以表示鹰或秃鹫）。这个名字之所以被使用，是因为牛郎星及其侧翼的天鹰座β星、天鹰座γ星被阿拉伯人想象成一只展翅高飞的鹰（或秃鹫）。天琴座的织女星和它旁边的两颗星星，被视为一种类似的猛禽，但在俯冲时它的翅膀是折叠起来的，参见13世纪波斯星盘中的描绘。德国星名专家保罗·库尼奇指出，巴比伦人和苏美尔人将牛郎星称为鹰星，这证明Altair这个名字拥有更古老的起源。

包括阿拉托斯和托勒密在内的希腊人，把这颗星称为Ἀετός，意思是鹰，它与整个星座的名称相同。根据托勒密的说法，牛郎星附近的两颗星星——天鹰座β星和天鹰座γ星，分别位于鹰的颈部和左肩。这两颗星星有各自的名字，

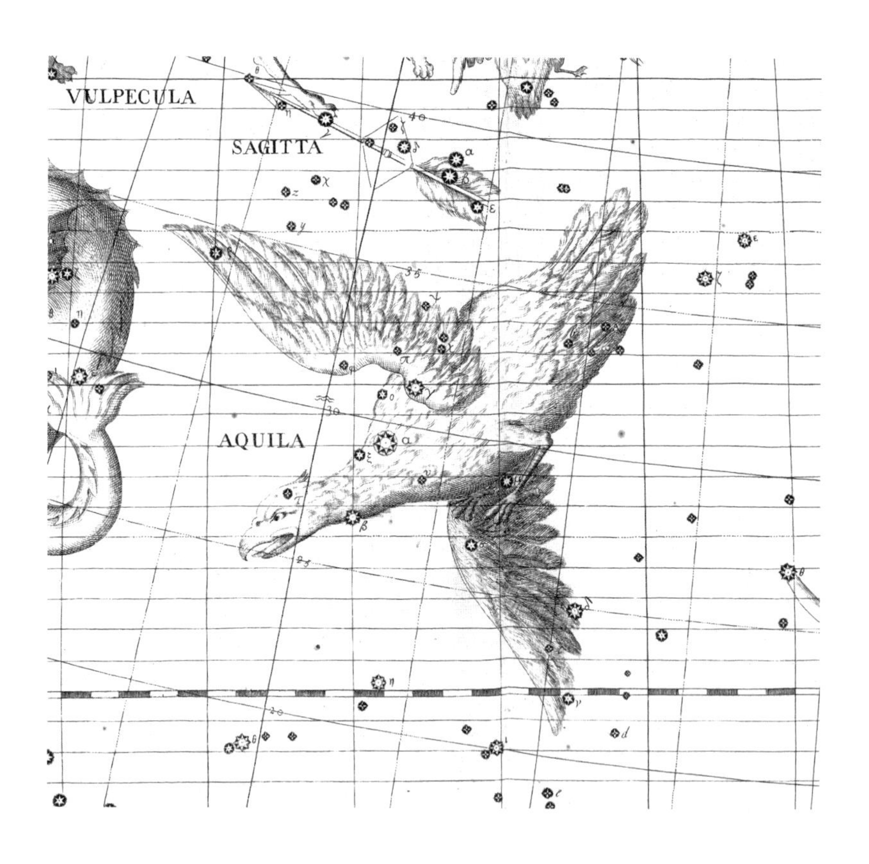

《弗拉姆斯蒂德星图》中，天鹰座在天空中翱翔。天鹰座中最亮的星星被记为天鹰座α星，它位于天鹰的脖子底部。一些对天鹰座的描绘，如约翰·波德和约翰内斯·赫维留的描绘，展示的是从上方看到的鹰；但托勒密在《天文学大成》中的描述清楚地表明，这只鹰应该被想象为从下方看到的样子，正如弗拉姆斯蒂德星图所示。（密歇根大学图书馆收藏）

分别是Alshain（中文名虚宿一）和Tarazed（中文名河鼓三），它们来自古阿拉伯词语的波斯语翻译，意思是平衡。牛郎星与天琴座的织女星、天鹅座的天津四,一起组成了著名的夏夜大三角。

天鹰座的南部，被托勒密细分为一个名叫安提诺俄斯的星座，这个星座如今已不复存在，在一些星图上它被形象化为一个被鹰爪抓住的年轻人（见第281页）。弗拉姆斯蒂德没有在天鹰座的那页星图上展示安提诺俄斯，但在星表中，他将其中的星星一起列在名为“鹰与安提诺俄斯”的条目下。

对应的中国星座

在中国，牛郎星与其两侧的天鹰座β星、天鹰座γ星组成星官“河鼓”，一面巨大的战鼓——敲鼓是军队进攻的信号。南边的天鹰座θ星、天鹰座62、天鹰座58和天鹰座η星，组成了星官“天桴”，代表鼓槌。天鹰座δ星和旁边包括天鹰座μ星、天鹰座σ星、天鹰座ι星在内的星星，组成星官“右旗”，代表一面飘扬在鼓的右侧的旗帜；而天鹰座ρ星和北边天箭座的星星，组成一面飘扬在鼓的左侧的旗帜，名为“左旗”。

关于牛郎星及其两侧的星星，还有另外两种说法。其中一种说法是它们代表三个将军，中间是指挥官，两边是两个下属。在另一个广为流传的中国民间故事中，牛郎星代表一个放牛郎，身边是他的两个儿子。放牛郎与妻子“织女”被银河分隔开，每年只被允许相见一次，届时喜鹊会为他们架起一座横跨银河的桥。关于完整的故事，参见天琴座。

天鹰座λ星、天鹰座12以及盾牌座的星星，一起组成了星官“天弁”，也就是一个由贸易官员或贸易管理官员组成的团队，负责监督市场的组织。（包括武仙座、蛇夫座和巨蛇座在内的一大片相邻的天区，被想象成一个市场，名为“天市垣”，这些贸易官员就位于天市垣的城墙外。天鹰座ζ星是城墙的一部分。）天鹰座69、天鹰座70、天鹰座71和宝瓶座1，组成一个“L”字形，这个星官被称为“离珠”，代表皇后佩戴的四颗珍珠。这些星星在占星术上都与皇帝的后宫联系在一起。

Ara
—— 天坛座 ——
祭坛

属格：Arae

缩写：Ara

面积排名：第63位

起源：托勒密在《天文学大成》中列出的48个希腊星座之一

希腊名：θυμιατήριον

祭坛经常出现在希腊传说中，因为英雄们总要向众神献祭，所以在群星间出现一座祭坛也不足为奇。但根据埃拉托色尼和马尼利乌斯的说法，这座祭坛很特别，原因是众神在与泰坦战斗前曾用它宣誓效忠。这场被称为泰坦之战的冲突，是希腊神话中最重要的事件之一。

当时宇宙的统治者是十二泰坦之一——克洛诺斯。克洛诺斯推翻了他的父亲乌拉诺斯，但有预言说他将被自己的一个儿子废黜。为阻止这个预言成真，他在孩子们一出生时就吞掉了他们；这些孩子包括赫斯提、得墨忒耳、赫拉、哈得斯和波塞冬，他们最终都注定要成为男神和女神。最后，克洛诺斯的妻子瑞亚不忍心再看到更多的孩子被吞下。她偷偷地将下一个孩子宙斯带到克里特

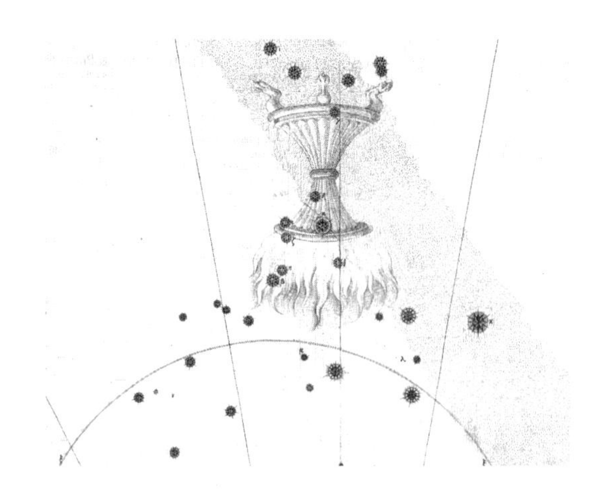

在约翰·拜尔的《测天图》中，天坛座被描绘成一座优雅的香炉，它的火焰向南升起。（苏黎世联邦理工学院图书馆收藏）

岛的狄克忒洞穴，并给了克洛诺斯一块石头让他吞下，告诉他那是婴儿宙斯。

宙斯在克里特岛平安地长大了。成年后，他回到父亲的宫殿，强迫克洛诺斯把他吞下的孩子们吐出来，这些孩子成年后成了男神和女神。宙斯和他的众神兄弟们随后建了一座祭坛，并在那里发誓要推翻克洛诺斯和其他泰坦的冷酷统治。

泰坦之战——泰坦与奥林匹斯众神之间的战斗

由阿特拉斯率领的泰坦和由宙斯率领的众神，在奥林匹斯山展开了长达十年的战斗。为打破僵局，大地女神盖亚指示宙斯释放丑陋的泰坦兄弟，克洛诺斯将他们囚禁在地狱最底层——塔尔塔罗斯不见天日的洞穴中。他们是一对兄弟——百臂巨人和独眼巨人，他们想要报复克洛诺斯。

宙斯偷偷地跑到塔尔塔罗斯，释放了这两个可怕的怪物，并要求他们一起参加激烈的战斗。独眼巨人对意外获得自由感到高兴，开始努力帮助众神。他们为哈得斯制作了黑暗头盔，为波塞冬制作了三叉戟，最重要的是为宙斯制作了雷电。凭借这些新武器和厉害的盟友，众神击溃了泰坦。

取得胜利之后，众神抽签瓜分了宇宙。波塞冬成为海洋之王，哈得斯赢得了冥界，宙斯主宰天空。随后，宙斯将众神的祭坛放在天空中，设为天坛座，以纪念对战胜泰坦的永久感激之情。

对天坛座的描绘

天坛座的希腊名称是θυμιατήριον，意思是香炉。阿拉托斯将其缩写为θυτήριον。18世纪之前，另一个被广泛使用的拉丁名是Thuribulum，其含义与希腊名相同。

天坛座通常被描绘为底部朝北，火焰向南升起，如法尔内塞天球和托勒密在《天文学大成》中的描述所示。（理查德·欣克利·艾伦在《星名的传说与含义》一书中错误地表示，天坛座的朝向直到1603年的拜尔星图集才确立下来，如上图所示。）也有其他星图集将天坛座描绘成半人马座即将献祭豺狼的祭坛。

希腊人认为，天坛座是海上风暴的标志。根据阿拉托斯的说法，如果可以看见天坛座，而其他星星被云覆盖着，水手们就可能会遇到南风。

对应的中国星座

在中国，天坛座的5颗星星组成星官“龟”，代表生活在银河里的可食用的龟。相关的星星可能是天坛座ε星、天坛座γ星、天坛座δ星、天坛座η星和天坛座ζ星。龟实际上是陆生动物，所以在这里最好把“龟”想成海龟；海龟在古代中国被视为美味佳肴。中国的天空中还有一只“鳖”，它就在不远处的银河岸边，位于南冕座天区。

有三颗星星排成一排，组成了星官“杵”，一种用来脱壳（捣除稻壳）的工具。随后，借助人马座北边的簸箕——“箕”，就可以将稻谷与壳分离开。组成杵的三颗星星很可能是天坛座σ星、天坛座α星和天坛座β星，但也有说法[1]认为杵位于旁边的望远镜座里，包括望远镜座α星和望远镜座ζ星。

Aries
—— 白羊座 ——
公羊

属格： Arietis

缩写： Ari

面积排名： 第39位

起源： 托勒密在《天文学大成》中列出的48个希腊星座之一

希腊名： Κριός

天空中出现一只公羊并不奇怪，因为公羊经常被献祭给神，宙斯有时也被看作一只公羊。但神话学家们一致认为，白羊座代表的羊是一只特殊的公羊，伊阿宋和阿尔戈号的航行目标就是这只羊身上的金羊毛。这只公羊出现在地球上时，维奥提亚的阿塔玛斯国王正准备用他儿子佛里克索斯来献祭，以对抗即将到来的饥荒。

阿塔玛斯国王和他妻子涅斐勒的婚姻并不幸福，所以阿塔玛斯转而搭上了

1 这是基于宋代星表的版本。——译注

在《弗拉姆斯蒂德星图》中，白羊座是一只长着金羊毛的公羊。天空中的公羊没有羊毛，羊毛都被留在了地球上。（密歇根大学图书馆收藏）

伊诺——底比斯的卡德摩斯国王的女儿。伊诺憎恨继子佛里克索斯和赫勒，策划了一场谋杀他们的阴谋。她先把小麦种子烤熟，造成庄稼歉收。当阿塔玛斯向得尔菲神谕寻求帮助时，伊诺贿赂信使带回了一个虚假的答复，声称必须将佛里克索斯献祭才能挽救收成。

阿塔玛斯不情愿地带着儿子登上了拉菲斯提乌姆山的山顶，俯瞰着他那位于欧尔科美诺斯的宫殿。他正要把佛里克索斯献祭给宙斯时，涅斐勒出手营救了自己的儿子，从天上派下一只长着金羊毛、带着翅膀的公羊。佛里克索斯爬上公羊的背，妹妹赫勒因担心哥哥的生命安全，也跟他在一起。他们向东飞到位于高加索山脉下黑海东岸的科尔基斯（现在的格鲁吉亚）。途中，赫勒的手没抓紧，她掉进了欧洲和亚洲之间的达达尼尔海峡。为了纪念赫勒，希腊人把这条海峡命名为赫勒斯蓬特海峡。到达科尔基斯后，佛里克索斯将这只公羊献祭，以感谢宙斯。他将金羊毛献给可怕的科尔基斯国王埃厄忒斯。作为回报，科尔基斯国王将女儿卡尔客俄佩的手交到了佛里克索斯手中。涅斐勒把公羊的形象置于群星之间。

不过，埃拉托色尼说，这只公羊是不死之身，这会使献祭它成为一个很大的问题。在他的故事版本中，公羊自己脱落了羊毛，飞上了天空。不管怎样，神话学家都认为，这只羊身上没有发光的羊毛，所以白羊座看上去比较暗淡。

佛里克索斯死后，他的鬼魂回到希腊去纠缠他的堂兄珀利阿斯，珀利阿斯在色萨利夺取了伊俄尔科斯的王位。真正的王位继承者是伊阿宋。珀利阿斯答应，如果伊阿宋从科尔基斯带回金羊毛，就把王位让给伊阿宋。这一挑战导致了后来伊阿宋和阿尔戈英雄的史诗之旅。

当伊阿宋到达科尔基斯时，他先彬彬有礼地向国王埃厄忒斯索要羊毛，羊毛挂在一棵神圣的橡树上，由一条不睡觉的巨蛇看守着。国王埃厄忒斯拒绝了伊阿宋的请求。幸运的是，国王的女儿美狄亚爱上了伊阿宋，并主动提出要帮他偷羊毛。

晚上，两人爬进挂着金羊毛的树林，那里闪闪发光，像被初升的太阳照亮的云。美狄亚给蛇施了魔法，让它在伊阿宋取羊毛时睡着了。据罗得岛的阿波罗尼俄斯说，这块羊毛像一头小母牛的皮一样大，当伊阿宋把它挂在肩上时，羊毛一直耷拉到他脚边。伊阿宋和美狄亚带着羊毛逃走时，地面也被映得闪闪发光。

刚一摆脱国王埃厄忒斯的追捕，伊阿宋和美狄亚就把羊毛盖在了他们的婚床上。羊毛的最后安身之地是欧尔科美诺斯的宙斯神庙，伊阿宋回到希腊后把羊毛挂在了那里。

白羊座的星星

希腊人称白羊座为Κριός，意思是公羊；Aries是其拉丁名。在古老的星图上，公羊呈蹲伏状，但没有翅膀，它的头扭向金牛座。在天空中，它一点也不显眼。白羊座最引人注目的特征是有三颗星星连成一条曲线，标示羊的头部。这三颗星星中，白羊座α星的名字是Hamal（中文名娄宿三），这个词来自阿拉伯语中的*al-hamal*，意思是羊羔；在阿拉伯人翻译的《天文学大成》中，白羊座的阿拉伯名称也是这个词。《波德星图》上，这颗星星的名字是el-nath，这个词来自阿拉伯语中的*al-Nāṭiḥ*，意思是“对接的星星”，但这个名字如今被用于金牛座β星。

白羊座β星的名字是Sheratan（中文名娄宿一），这个词也来自阿拉伯语中的*al-sharatān*，意思是某样东西有“两个”——可能是两个符号或两个角，因为这个名字最初用于指这颗星星和旁边的另一颗星星——白羊座γ星；白羊座γ星如今被称为Mesarthim（中文名娄宿二），这个词是*al-sharatān*的奇怪变形，它最初与白羊座β星共用一个名字。

在《天文学大成》中，托勒密将白羊座α星描述为“（白羊）头顶上的星星”；他补充说，喜帕恰斯把它放在公羊的口鼻上，但我们没有喜帕恰斯的星表来证实这一点。奇怪的是，托勒密认为白羊座α星刚好位于星座图之外，因此将其列为所谓未划定的星星之一（在《弗拉姆斯蒂德星图》，如第55页图中，它被置于公羊的头顶）。在它旁边的两颗星星当中，白羊座γ星被托勒密描述为“犄角上的两颗星星中更靠前的那颗”，而白羊座β星被描述为“犄角上的两颗星星中更靠后的那颗”。

春分点

在天文学中，白羊座的重要性远远大于其亮度所体现的效果，因为在希腊时代，白羊座天区包含了一个重要的基点——春分点。这是太阳从北向南穿过天赤道的点。但是，由于地轴在缓慢摆动（岁差效应），春分点并不是静止不变的。

公元前130年前后，希腊天文学家喜帕恰斯确定春分点的位置时，这个点位于白羊座γ星的南边。黄道十二宫从这里起始，所以春分点在英语中通常被称为the first point of Aries（白羊座第一点）。由于存在岁差，自喜帕恰斯时代以来，春分点已经移动了大约30度，目前跑到了白羊座旁边的双鱼座中。到了2600年，它将进入宝瓶座。尽管如此，春分点有时还是会被称作the first point of Aries。

对应的中国星座

中国天文学家将白羊座α星、白羊座β星和白羊座γ星组成的星官称作

“娄”，其英文名通常被译为bond。娄宿是二十八宿中的第十六宿。关于娄所代表的含义，有多种解释，但似乎都与饲养、收集牲畜以供献祭有关。[何丙郁将这个星官的名称英译为lasso（套索），这很可能用在围捕中，而孙小淳和基斯特梅克说，娄代表收割庄稼的镰刀。] 在中国星座创立时，满月最接近秋分点的时候是在娄宿。有一个故事说，秋分刚过，皇帝献祭了一头牛或一头公羊，据说娄宿就是献祭之前动物的集合之地。

在白羊座北部有一个三角形，它由4等星和5等星（白羊座35、白羊座39和白羊座41）组成，被中国人称为“胃”。二十八宿中的第十七宿就是以它命名的，叫作胃宿。据说白羊座的这个胃代表储存谷物的粮仓。

白羊座中心的五颗星（可能是白羊座υ星、白羊座μ星、白羊座ο星、白羊座σ星和白羊座π星）组成星官“左更”，代表一位管理山林的官员。再往东的另外五颗星星，包括白羊座δ星和白羊座ζ星，组成“天阴”，其字面意思是天的阴面，可能代表天帝的游猎之臣。天阴以北有一颗星，名为“天阿”，意思是天上的河；它很可能是HR 999。[1]

Auriga
—— 御夫座 ——

属格： Aurigae

缩写： Aur

面积排名： 第21位

起源： 托勒密在《天文学大成》中列出的48个希腊星座之一

希腊名： Ἡνίοχος

在北天星空中，高高地伫立着一位神情凄凉的车夫。他右手握着战车的缰绳，左手抱着一只山羊和两只羊羔，但战车本身并没有出现在天空中。这里有什么故事？这个显眼的星座有好几个版本的神话，但每个版本都没提到山羊。

1　此处有误。天阿用来占卜山林之妖，可以说是天上的大山，根据《仪象考成》，应为白羊座62。——译注最流行的说法是，他是传说中的雅典国王厄里克托尼俄斯。厄里克托尼俄斯是火神赫菲斯托斯（其罗马名字伏尔甘更广为人知）的儿子。赫菲斯托斯忙于锻造，无暇顾及自己的儿子，儿子由女神雅典娜（雅典城就是以她的名字命名的）抚养长大。厄里克托尼俄斯长大后，为了纪念雅典娜，设立了一个节日，名为泛雅典娜节。

雅典娜教会厄里克托尼俄斯许多技能，包括如何驯服马匹。他模仿太阳神的四马战车，成为第一个将四匹马套在战车上的人，这一大胆的举动赢得了宙斯的赞赏，并确保了他在群星中拥有一席之地。这个故事中，厄里克托尼俄斯被描绘为手握缰绳的样子，也许他正在参加泛雅典娜节运动会，在比赛中，他经常驾驶战车获胜。

另一个版本的故事说，御夫座实际上是米耳提洛斯，他是比萨国王俄诺马俄斯的车夫，赫尔墨斯的儿子。国王有个美丽的女儿希波达弥亚，他对女儿严加看管。他向女儿的每个追求者发起挑战，举行生死攸关的战车比赛。追求者要乘着战车与希波达弥亚一起疾驰而去，但如果在到达科林斯之前被俄诺马俄斯追赶上，就会被他杀死。因为国王拥有希腊最快的战车，由米耳提洛斯熟练驾驶，因此还没有人在这样的考验中幸存下来。

当坦塔罗斯英俊的儿子佩洛普斯到来时，已经有十几个追求者被斩首了。希波达弥亚对佩洛普斯一见倾心，她请求米耳提洛斯背叛国王，好让佩洛普斯赢得比赛。米耳提洛斯自己也暗恋着希波达弥亚，他在俄诺马俄斯战车上固定车轮的销子上做了手脚。追赶佩洛普斯的过程中，国王的战车车轮掉了下来，俄诺马俄斯被摔死了。

这样一来只剩希波达弥亚跟佩洛普斯和米耳提洛斯了。佩洛普斯毫不客气地把米耳提洛斯扔进海里，结束了尴尬的局面。米耳提洛斯在海里淹死时，诅咒了佩洛普斯和他的子孙。赫尔墨斯把他儿子米耳提洛斯的形象作为御夫座放到了天空中。格马尼库斯·恺撒支持这个说法，他说："你会发现他没有战车，而且缰绳断了，很悲伤；由于佩洛普斯的背叛，希波达弥亚被夺走了，所以他很伤心。"

关于御夫座的身份，第三种说法是他是忒修斯的儿子希波吕托斯，他的继母淮德拉爱上了他。当希波吕托斯拒绝淮德拉时，她绝望地上吊自杀

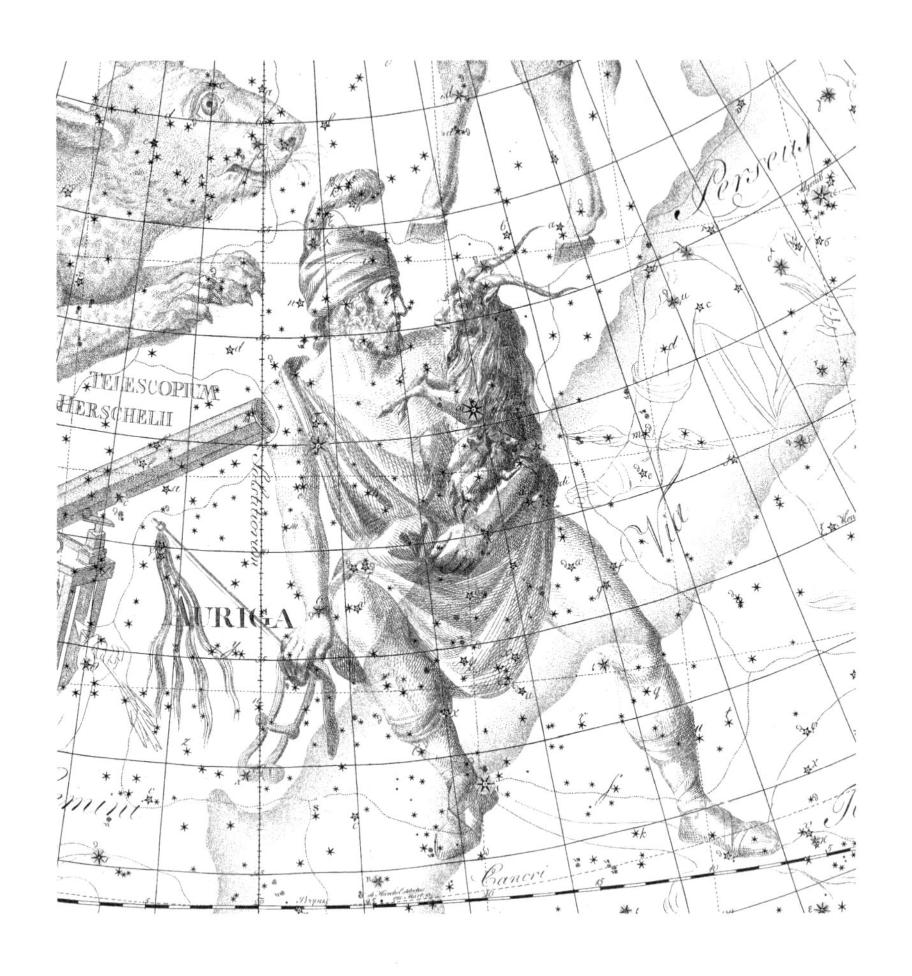

《波德星图》的第5幅图中，御夫座抱着山羊和羊羔。明亮的五车二位于山羊身上，两只羊羔被御夫抱在前臂上。（德意志博物馆收藏）

了。忒修斯将希波吕托斯驱逐出雅典。他驾车离开时，战车被撞毁，自己也死了。医者阿斯克勒庇俄斯将无辜的希波吕托斯复活。冥王哈得斯因此失去了一个宝贵的灵魂，他感到很恼怒，于是要求宙斯用雷电击杀阿斯克勒庇俄斯。

阿拉托斯没有用任何字符来标示这个星座。他只是像托勒密的《天文学大成》所描述的那样，简单地称之为Ἡνίοχος，意思是车夫。从这个希腊名音译过来的拉丁名为Heniochus，马尼利乌斯等罗马作家用这个词来指代御夫座。

母山羊和孩子们

御夫座包含全天第六亮星Capella（御夫座α星，中文名五车二），这是一个罗马名字，意思是母山羊；希腊人称它为Aἴξ，其意思也是母山羊。它距离我们43光年远。托勒密在《天文学大成》中把这颗星星描述为车夫的左肩，但所有大型星图，包括拜尔、弗拉姆斯蒂德和波德的星图所展示的这颗星星都位于山羊的身上。根据阿拉托斯的说法，它代表阿玛尔忒亚——在克里特岛上给婴儿宙斯喂奶的山羊，她和她的两个孩子一起被放在天空中，以示对她的感激。五车二的阿拉伯名称*al-'Ayyūq*可能源于对希腊语进行音译的尝试。在前面的《波德星图》中，它被赋予了另一个名字Alhajoth，这大概是严重变形的阿拉伯名称。

山羊的两个孩子，通常为人所知的是它们的拉丁名Haedi（希腊语为Ἔριφοι），它们代表的是御夫座η星和御夫座ζ星。托勒密在描述中说它们位于车夫的左手腕上。希吉努斯认为，公元前5世纪，希腊天文学家克利奥斯托拉图首次将这两颗星星称为山羊的孩子。有时，有人说，北边的变星——御夫座ε星是山羊的第三个孩子，但这是不对的：托勒密和神话学家很清楚，山羊只有两个孩子。根据托勒密的说法，御夫座ε星标示的位置是车夫的左肘。

另一种说法是，阿玛尔忒亚不是山羊本身，而是拥有山羊的仙女。埃拉托色尼说，这只山羊太丑了，吓坏了当时统治地球的泰坦。宙斯长大后，挑战泰坦们的霸权。他遵照神谕的建议，剥了山羊的皮，用它那坚不可摧的山羊皮做了一件斗篷，斗篷从背后看酷似蛇发女妖的头。这种看起来很可怕的山羊皮，形成了所谓的宙斯神盾（aegis of Zeus，其中aegis一词的意思是山羊皮）。神盾保护宙斯并能吓唬敌人，这在宙斯与泰坦的战斗中是一个特殊优势。后来，宙斯用一种看起来正常的皮肤覆盖在山羊的骨头上，并把它变成了星星五车二。

一些早期的作家把山羊和它的孩子们视为一个单独的星座，但自从托勒密时代以来，它们就一直尴尬地与御夫结合在一起，山羊靠在御夫的肩膀上，羊羔们则靠在他的前臂上。没有任何传说能够解释它们为什么会缠着车夫。

顺便说一句，御夫座β星通常被称为Menkalinan（中文名五车三），这个词来自阿拉伯语，意思是车夫的肩膀，因为托勒密将其描述为“位于车夫的右肩上”。

一颗"共享"的星星

希腊天文学家认为，御夫座和金牛座共享一颗星星。古老的星图显示，这颗星星既代表车夫的右脚，也代表公牛的左犄角尖。当德国天文学家约翰·拜尔在17世纪早期将希腊字母分配给星星时，他将这颗星星命名为御夫座γ星和金牛座β星。然而，自从1930年引入精确的星座边界以来，天文学家已经将这颗星星专门分配给了金牛座，称之为金牛座β星，不再有御夫座γ星。因此，在现代星座体系下，公牛保留了它的犄角尖，不幸的车夫却失去了自己的右脚。

对应的中国星座

在中国的星座系统中，御夫座中四颗主要的星星——御夫座α星、御夫座β星、御夫座θ星和御夫座ι星——加上金牛座β星，组成了星官"五车"，代表五驾战车，五位天帝各乘坐一驾。据说这些星星还被用来占卜当时中国种植的五种主要谷物的收成。

五车二附近，由御夫座ε星、御夫座ζ星和御夫座η星组成的三角形，是中国人在御夫座天区内外设置的三个三角形之一，叫作"柱"或"三柱"，用于拴马。第二个三角形由御夫座τ星、御夫座ν星和御夫座υ星组成，第三个三角形由御夫座χ星、御夫座26和另一颗身份不确定的星星组成。五车内的另外两组星星，被称为"天潢"和"咸池"，它们都代表水池，至于其中具体涉及哪些星星，说法不一。据说咸池是每天傍晚太阳沐浴之处。天潢也被解释为桥梁或码头。[1]

在御夫座东部散布着九颗星星，它们位于银河和天猫座的边界之间，组成星官"座旗"，代表为天帝及其官员标明尊卑位次的旗帜。最北端的御夫座δ星和御夫座ξ星是星官"八谷"的一部分，八谷代表八种农作物，其大部分星星位于鹿豹座天区中。

1　此处有误。学界通常认为咸池是养鱼的池塘，天潢是积水池。——译注

Boötes
— 牧夫座 —

属格： Boötis

缩写： Boo

面积排名： 第13位

起源： 托勒密在《天文学大成》中列出的48个希腊星座之一

希腊名： Βοώτης

牧夫座在传说中与大熊座密切相关，因为它位于熊尾巴后面。Boötes这个名字的由来尚不确定，但它可能来自一个希腊词语，意思是“吵闹”或“嘈杂”，指牧人对他的牲畜发出的喊叫声。另一种解释是这个名字来自古希腊语，意为牛车夫，因为大熊座有时被想象为一辆由牛拉着的车。

希腊人也称这个星座为Ἀρκτοφύλαξ，意思是看守熊的人、照看熊的人或守卫熊的人。阿拉托斯写道“Arctophylax，人们也叫它Boötes”，并把它比作一个赶着熊、绕着北天极转圈的人。荷马在《奥德赛》中只称他为Boötes，这表明Boötes是牧夫座的两个名称中较老的一个。托勒密显然将牧夫座想象成了一个牧人，因为在《天文学大成》中，他将其描述为带着一根棍棒或带着牧羊人的拐杖的样子，如下图所示。后来的天文学家给了牧夫两只狗，它们构成旁边的星座猎犬座，但这两只狗不是原始希腊形象或传说的一部分。

根据埃拉托色尼讲的一个故事，牧夫座代表阿耳卡斯，他是宙斯与其情人卡利斯托所生的儿子，卡利斯托是阿卡迪亚国王吕卡翁的女儿。有一天，宙斯来与吕卡翁国王共进晚餐，这对神来说是一件不寻常的事。为了检验来客是否真是伟大的宙斯，吕卡翁把阿耳卡斯剁碎，做成了混合烤肉（有人说做这事的不是吕卡翁，而是他的儿子们）。宙斯轻而易举地认出了自己儿子的肉。他怒火中烧，掀翻了桌子，毁掉了宴席，用雷电击杀了吕卡翁的儿子们，并把吕卡翁变成了一匹狼。随后，宙斯把阿耳卡斯的残余部分收集起来，使它们恢复原状，并将重生后的儿子交给迈亚抚养。

阿耳卡斯遇见熊

此时卡利斯托已经变成了一只熊，有人说这是宙斯那妒火中烧的妻子赫拉所为，或者是宙斯为了躲避赫拉的报复而为自己的情人做了伪装，甚至是阿耳忒弥斯为了惩罚失去贞操的卡利斯托而把她变成了熊。不管怎样，当阿耳卡斯长成一个身材魁梧的少年后，他在林中打猎时遇到了这只熊。卡利斯托认出了自己的儿子，但当她试图热情地跟儿子打招呼时，却只能发出咆哮声。果不其然，阿耳卡斯没能解读出这种母爱的表达，开始追赶这只熊。在阿耳卡斯的紧追不舍下，卡利斯托逃进了宙斯神殿，这是一个禁地，非法闯入者将会被处以死刑。宙斯抓起阿耳卡斯和他的母亲，把他们放在天空中，成为两个星座——

这是《波德星图》的第7幅图中的牧夫座。他右手拿着一根棍棒或权杖，左手拿着一把镰刀，还抓着猎犬的皮绳，猎犬代表着旁边的星座猎犬座。托勒密在《天文学大成》中提到了棍棒（在某些星图，例如丢勒星图中呈现为长矛），但没有提及镰刀，镰刀是后来加上的。这里的牧夫站在迈纳洛斯山上，山代表的是一个被废弃的子星座（迈纳洛斯山座，见第297页）。在他的头顶上方是另一个被废弃的星座——象限仪座（见第301页）。（德意志博物馆收藏）

熊的看护者（牧夫座）和一只熊（大熊座）。

另一个版本的故事

另一个版本的传说认为，牧夫座代表的是伊卡里俄斯（不要与代达罗斯之子伊卡洛斯混淆）。根据希吉努斯在《诗情天文》中详细叙述的故事，天神狄俄尼索斯教伊卡里俄斯种植葡萄树和酿酒。当后者把新做的一些葡萄酒送给牧羊人时，他们喝得酩酊大醉，以至于他们的朋友认为是伊卡里俄斯毒死了他们，为了报复，这些人杀了伊卡里俄斯。

伊卡里俄斯的狗——迈拉号叫着逃离了家，把伊卡里俄斯的女儿厄里戈涅带到他尸体所在的一棵树下。绝望中，厄里戈涅在树下自缢；就连那只狗也死了，可能是因为悲伤，也可能是投水而死。宙斯把伊卡里俄斯放到了天空中，使他成为牧夫座，他的女儿厄里戈涅成了室女座，狗成了小犬座或大犬座（不同版本说法不一）。

大角星和其他星星

牧夫座包含全天第四亮星大角星（希腊语为Ἀρκτοῦρος），其名字曾被荷马、赫西俄德、阿拉托斯和托勒密提及。这个名字在希腊语中的意思是看守熊的人。用肉眼看，大角星呈明显的橙色。它是一颗红巨星，比太阳大25倍左右，距离我们37光年远。阿拉托斯将它描述为位于牧夫的腰带下方，而格马尼库斯·恺撒则说它“位于牧夫衣服打结的地方”。托勒密说它位于牧夫的大腿之间，这是制图师描绘它时的传统位置。在上方的波德星图中，它被赋予了另一个名字Aramech，这个词来自阿拉伯语中的*al-Simāk al-Rāmiḥ*，意思是“手拿长矛的Simāk”。长矛本身由牧夫座η星标记，在托勒密的想象中，它位于牧夫座的左腿上。至于Simāk一词的含义，长期以来一直存在争议，但根据亚利桑那大学丹妮尔·亚当斯对阿拉伯星名的研究，它指的是用来提升或支撑其他物体（这里指天篷）的东西。这是有道理的，因为从中东所在的纬度看，大角星几乎位于头顶正上方，室女座的角宿一位于其下方。根据亚当斯的说法，大角星和角宿一被阿拉伯天文学家称为两个擎天者。

牧夫座中第二亮的星星是牧夫座ε星，星等为2.5等。在《天文学大成》中，托勒密说它位于牧夫的περίζωμα（即perizoma，意思是缠腰布）。这颗星星的俗名Izar来自阿拉伯语，意思是腰带或缠腰布。德国天文学家弗里德里希·格奥尔格·威廉·冯·斯特鲁维（1793—1864）称它为Pulcherrima，其在拉丁语中的意思是“最美丽的”，这是因为从望远镜中看，它实际上是一对双星，颜色分别为橙色和蓝色，对比鲜明。（有时，人们认为发现牧夫座ε星是一对双星的人是斯特鲁维，但实际上它是由威廉·赫歇尔在1779年发现的。）

对应的中国星座

在中国古代，牧夫座α星被称为“大角”，代表大的犄角，因为它标志着东方苍龙头上的角。据说它也代表天王帝庭，天帝在这片区域上朝。此外，它位于天空中用作指示季节的北斗斗柄的延长线上，因此，大角星与一年一度的季节循环联系在一起，成为宇宙和谐的有力象征。

大角由两名被称为“摄提”的助手护送，每个助手由三颗星星组成，据说它们可以帮助人们确定季节。大角右边的摄提（被称为“右摄提”）由牧夫座η星、牧夫座τ星和牧夫座υ星组成，左边的摄提（左摄提）则由牧夫座ο星、牧夫座π星和牧夫座ζ星组成。大角以北的三颗星星——可能是牧夫座12、牧夫座11和牧夫座9——组成了“帝席”，这是天帝在宴会和招待会上使用的床垫。中国星座的一个版本[1]中，牧夫座1、牧夫座2和牧夫座6组成的三角形叫作“周鼎”，即一种三足的青铜食物容器；但另一个版本将周鼎标记为后发座中三颗更亮的星星。

从大角向北延伸的一排星座，都与安全有关。牧夫座ε星、牧夫座σ星和牧夫座ρ星组成了“梗河”，指的是盾牌或长矛；“招摇”（牧夫座γ星）指的是一把剑或矛；“玄戈”（牧夫座λ星）是一把戟；而“天枪”（牧夫座κ星、牧夫座ι星和牧夫座θ星）则是一支长矛。同样是在牧夫座北边，“七公”延伸到了旁边的武仙座天区；关于这个星官有两种说法，一种说法认为它的一端是牧夫

1 以宋代星表为基础。——译注

座δ星，另一种说法认为它的一端是牧夫座β星。[1]

大角南边是“亢池”星官，代表一座湖泊[2]。它的位置相当不确定，是中国星座随时间推移而被绘制在不同位置的另一个例证。这个星官有时位于牧夫座中，有时一部分位于牧夫座、一部分位于室女座，还有时会跨越室女座和天秤座天区。[3]

Caelum
—— 雕具座 ——
刻刀

属格：Caeli
缩写：Cae
面积排名：第81位
起源：尼古拉·路易·德·拉卡耶的14个南天星座

这个位于南天的星座又小又不显眼，是18世纪法国天文学家尼古拉·路易·德·拉卡耶创立的星座之一，代表雕刻师的刻刀。拉卡耶在1756年出版的《南天星图》中引入了这个星座，并给它取了个法语名les Burins（但在随附的星表中，他将星座名写为Burin）。在1763年的第二版星图中，拉卡耶将其名字拉丁化为Caelum Scalptorium。1844年，英国天文学家约翰·赫歇尔提议将这个名字缩短为Caelum。弗朗西斯·贝利在1845年出版的《英国天文协会星表》中采纳了这个建议，从那时起，这个星座就被称为Caelum。

在1756年的星图注释中，拉卡耶说，雕具座代表两件雕刻工具，它们相互交叉并由一条丝带连接起来。其中一件工具是刻刀，这是一种尖头冷凿，也被称为雕刻刀；另一件工具是钢针——一种由17世纪法国版画家雅克·卡洛发明的蚀刻针。如今提到雕具座，只说它代表的是刻刀。

这个星座没有与之相关的传说，星座中的星星都很暗弱，星等都在4等以下。

1 前者为明清时期的版本，后者为宋元时期的版本。——译注

2 应为水池。——译注

3 这主要是因为有实际观测数据的星星比较少，现代人在对应东西方星座时存在很多主观性。——译注

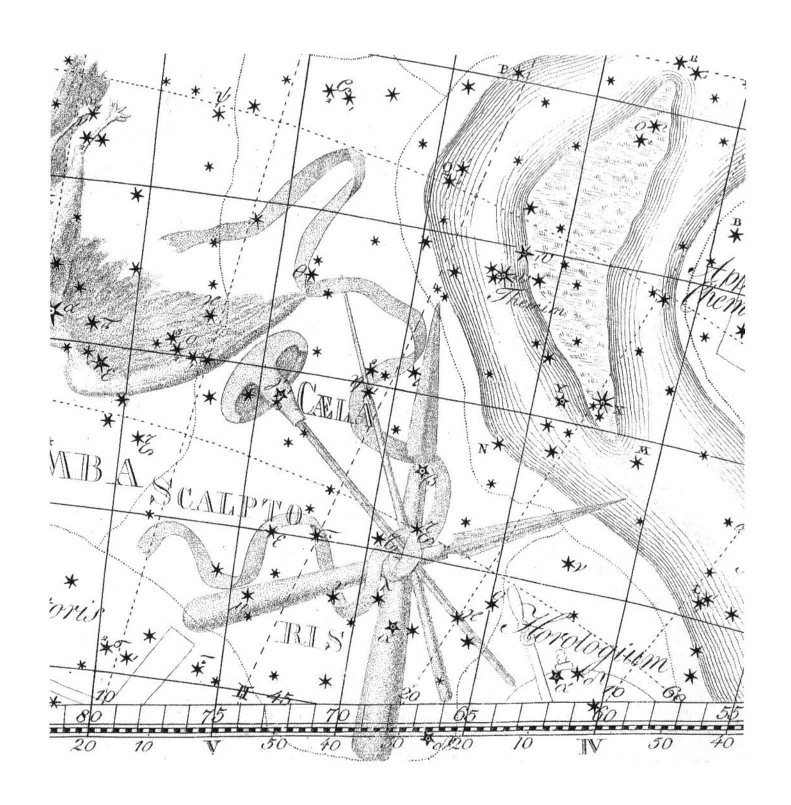

《波德星图》的第18幅图中，雕具座的名字显示为Caela Scalptoris，波德在拉卡耶的基础上，又给星座形象的刻刀和钢针上添加了两件画线工具。（德意志博物馆收藏）

Camelopardalis
—— 鹿豹座 ——

长颈鹿

属格：Camelopardalis

缩写：Cam

面积排名：第18位

起源：彼得鲁斯·普兰修斯

鹿豹座是天空中最不可能找到的动物之一。希腊人把这个星座称作camel leopards，因为它们脖子很长，身上有斑点，这就是Camelopardalis这个名字的由来。然而，鹿豹座并不是由希腊人创立的，而是由荷兰神学家、天文学家普兰修斯于1612年创立的。那一年，普兰修斯首次在一座天球仪上展示了这个星座，以及另一个至今仍被人们所知的奇异星座——麒麟座。

普兰修斯给鹿豹座写下的名字和如今我们使用的写法一样，但在一些古老的星图上，星座名字也被写为Camelopardalus或Camelopardus，例如，赫维留和波德都使用了前一个变体（波德的描述如下所示）。有关正确拼写的讨论，参见《哈佛学院天文台通告146号》（1908）。

鹿豹座位于遥远的北天星空，在大熊座和仙后座之间，这是希腊人留下的空白区域，因为这里没有亮度超过4等的星星（在1515年的丢勒星图上，可以清楚地看到这片空白）。不过，约翰内斯·赫维留并没有因这个星座的暗弱而退缩。他在鹿豹座中编录了32颗星星，并在1690年的星图集中用了一整幅图来描绘它，从而确保了它被人们普遍接受。

我们尚不清楚鹿豹座的确切意义。德国天文学家雅各布·巴尔奇（约1600—1633）在1624年绘制的星图上加上了鹿豹座，这是它第一次出现在印刷品上，与在天球仪上的描绘截然不同。（美国历史学家理查德·欣克利·艾伦在其经典著作《星名的传说与含义》中，将巴尔奇描绘鹿豹座的年份写成了

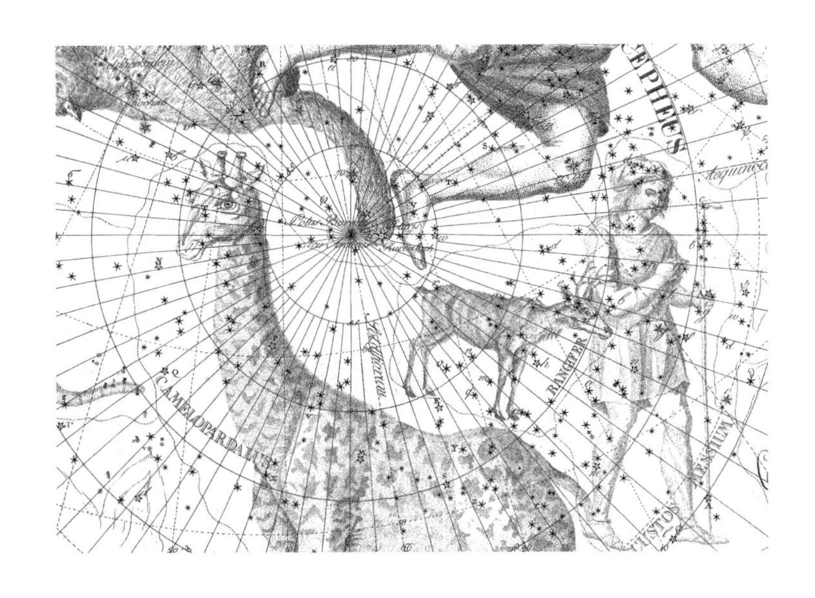

这是《波德星图》的第3幅图中鹿豹座的上半部。这幅图中还有两个如今已被废弃的星座——驯鹿座和彗星猎人座，详见第四章。（德意志博物馆收藏）

1614年，实际上这是印刷错误，正确年份应为1624年。）正如《创世记》第24章所述，利百加骑着骆驼去迦南与以撒结婚，巴尔奇说，鹿豹座代表的就是那只骆驼。但鹿豹座代表的是长颈鹿，而不是骆驼，所以巴尔奇的解释并不令人满意。巴尔奇似乎对这个星座知之甚少，因为他错误地把它的创立归功于斯特拉斯堡的艾萨克·哈布雷希特，后者曾在1621年的天球仪上描绘过鹿豹座。

英国天文学家弗朗西斯·贝利在其出版于1845年的《英国天文协会星表》中，将鹿豹座中最亮的三颗星星标记为鹿豹座α星、鹿豹座β星和鹿豹座γ星。根据现代观测，鹿豹座β星的星等为4.0等，而鹿豹座α星的星等为4.3等，因此，这又是一个α星并非星座中最亮星的例子。

对应的中国星座

大约1 600年前，北天极位于鹿豹座北部，这片区域几乎没有肉眼可见的星星。当时离北极点最近的星星是斯特鲁维1694（也编号为HR 4893），星等仅5等。中国人并没有为它的暗弱而过度困扰，斯特鲁维1694被隆重地称为“天枢”或“纽星”，代表天上的枢纽。

斯特鲁维1694是组成星官“北极”的五颗星中最靠北的一颗，北极的星星连起来呈弧状，代表天帝及其直系亲属；组成北极星官的其他星星位于小熊座的边界上。斯特鲁维1694周围的另外四颗暗星身份不明，它们组成了星官“四辅”，代表四位辅政大臣。

这片天区中许多星星的身份和位置都令人困惑，但也有些能在一定程度上得到确定。位于鹿豹座南部的鹿豹座β星属于星官“八谷”[1]，八谷代表八种谷物，一直向南延伸到御夫座ξ星和御夫座δ星。代表客舍的星官“传舍”，从仙后座一直延伸到鹿豹座西部。

鹿豹座α星和另外两颗未命名的星星，组成了紫微垣西侧垣墙的一部分，紫微垣被中国人称为天空的北极区域。紫微垣的垣墙从天龙座开始，穿过大熊座，进入鹿豹座中。

1　鹿豹座 β 星是八谷增十四，旁边的鹿豹座 11 是八谷七。——译注

Cancer
—— 巨蟹座 ——

属格： Cancri

缩写： Cnc

面积排名： 第31位

起源： 托勒密在《天文学大成》中列出的48个希腊星座之一

希腊名： Καρκίνος

这只螃蟹在赫拉克勒斯的丰功伟绩中只是一个次要角色。当赫拉克勒斯在勒耳那附近的沼泽中与九头蛇展开搏斗时，螃蟹从沼泽中爬出来，咬住了赫拉克勒斯的脚。赫拉克勒斯愤怒地踩在螃蟹上，把它踩碎了。由于它对历史也有

这是《波德星图》第13幅图中的巨蟹座。位于螃蟹中心区域的是鬼星团，南北两侧分别是鬼宿三和鬼宿四（巨蟹座γ星和巨蟹座δ星）。在这幅图上，星团的名字写的是另一个名称Ma'laph，这个词来自阿拉伯语中的*al-Mi'laf*，意思是饲槽或马槽。在有些星图，特别是约翰内斯·赫维留的星图中，巨蟹座看起来像龙虾，而不是螃蟹。（德意志博物馆收藏）

微薄的贡献，赫拉克勒斯的敌人赫拉女神把它放在了黄道星座中。巨蟹座的希腊名是Καρκίνος，译成拉丁文是Carcinus。

作为这样一个次要角色，巨蟹座是黄道星座中最暗的一个，星座中没有亮于4等的星星。巨蟹座α星被命名为Acubens，这个词来自阿拉伯语，意思是螯。正如托勒密在《天文学大成》中所描述的那样，这颗星星位于螃蟹靠南边的那只蟹螯上，靠北边的那只蟹螯被标记为巨蟹座ι星。巨蟹座β星和巨蟹座μ星分别位于南边和北边的后腿上。

驴子和食槽

巨蟹座γ星和巨蟹座δ星被希腊人称为Ὄνοι，即驴；其拉丁名分别是Asellus Borealis和Asellus Australis，指北边的驴和南边的驴，它们也有自己的传说。根据埃拉托色尼的说法，泰坦被推翻后，在诸神与巨人的战斗中，狄俄尼索斯、赫菲斯托斯和一些同伴骑着驴加入了战斗。巨人们以前从来没有听到过驴叫，一听到这种声音就四散奔逃，以为有什么可怕的怪物被放出来攻击他们了。狄俄尼索斯把驴放在天空中，放在希腊人称之为Φάτνη的星团的两边，驴似乎正在食槽里吃东西。托勒密将Phatne描述为“螃蟹胸口处的模糊团块”。如今，天文学家用拉丁名Praesepe（马槽）来称呼这个星团，但它更具有普及性的名字是Beehive［蜂巢（星团）］——praesepe既可以表示马槽，也可以表示蜂巢。在阿拉伯语中，它被称为*al-Mi'laf*，意思是饲槽或马槽。

北回归线

巨蟹座的名字也被用于命名北回归线[1]，6月21日夏至的中午，太阳正好位于北回归线的上空。在古希腊时期，太阳在这一天位于巨蟹座的星星之间，但由于地球自转轴摆动的缘故，如今夏至点已经从巨蟹座穿过旁边的双子座，来到了金牛座中。

1　北回归线的英文是tropic of Cancer。——译注

对应的中国星座

在中国，围绕着鬼星团这个疏散星团的四颗星星（巨蟹座δ星、巨蟹座γ星、巨蟹座η星和巨蟹座θ星）被称为“鬼”，指死者的灵魂。它也被用于二十八宿中的第二十三宿鬼宿的名字。鬼星团本身被称为“积尸”，意思是一堆尸体。鬼星团和它周围的四颗星星，有时被看作坐在轿子上的幽灵。因此，这个四边形也被赋予了另一个名称“舆鬼”，意为鬼车。

鬼北边的四颗星星，组成一个名为“爟”的星官，指天上燃起的烽火；然而，这个星官具体包含哪四颗星星，说法各不相同，实际上，中国人可能在不同的时期给这个星官赋予了不同的星星。通常的说法[1]将爟放在巨蟹座χ星周围的区域，而另一个版本则倾向于认为它在巨蟹座ι星那里。有四颗星星从小犬座开始，穿过巨蟹座，组成了星官“水位”。

Canes Venatici
—— 猎犬座 ——

属格： Canum Venaticorum

缩写： CVn

面积排名： 第38位

起源： 约翰内斯·赫维留的7个星座

1687年，波兰天文学家约翰内斯·赫维留用大熊座尾部散落的那些暗星组成了猎犬座。它代表一对猎犬，由牧夫牵着，在大熊后面紧追不舍。赫维留将这两只猎犬命名为阿斯忒里翁和查拉，其性别分别为雄性和雌性。

猎犬座最亮的两颗星星——猎犬座α星和猎犬座β星，都位于靠近南边的那条猎犬身上。托勒密在《天文学大成》中将这两颗星星列为大熊座形象之外“未划定”的星星，它们不属于任何特定的星座，因此可以被自由地用于新的星座中。17世纪早期，荷兰天文学家彼得鲁斯·普兰修斯在这片天区引入了一

1 此为明清时期的版本。——译注

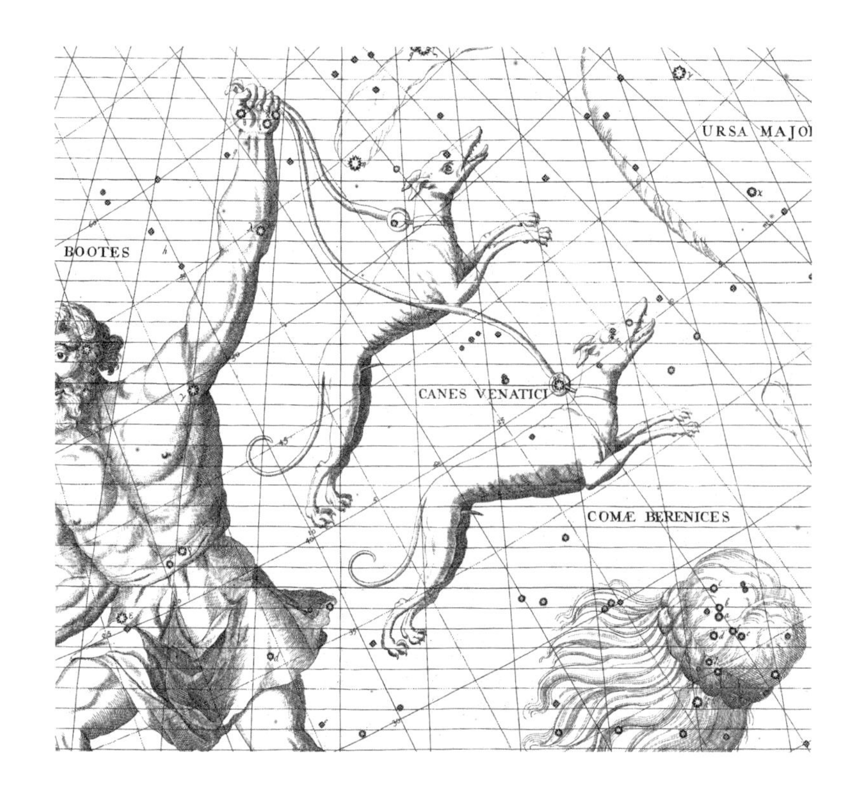

在《弗拉姆斯蒂德星图》中，猎犬座的形象是一对猎犬，绳子握在牧夫手里。这里的犬是灰犬，它们会成对狩猎。（密歇根大学图书馆收藏）

个新的星座，起名为约旦河座（见第294页），但后来赫维留用自己创立的三个星座取而代之，它们分别是猎犬座、小狮座和天猫座。

猎犬座被牧夫牵在手里这一想法并非赫维留原创。在1533年出版的一幅星图上，德国天文学家彼得·阿皮安（1495—1552）画的牧夫座身后就有两只猎犬，牧夫的右手牵着拴狗的皮带。在阿皮安三年后发布的另一幅星图中，狗的数量增加到了三只，皮带也从右手转移到了左手上，但它们仍然跟随着牧夫，而不是在熊的身后（这张星图经过手工着色，在1540年阿皮安的《御用天文学》一书中重新发布）。这两幅星图没有试图将狗与星星联系起来，也没有给它们命名。

然而，1602年，荷兰制图师威廉·扬松·布劳制作了一座天球仪，其中牧夫座牵着的两只猎犬跟随在大熊身后。尽管它们只占据了赫维留设立的查拉的区域，但它们的朝向与如今的猎犬座相同。在布劳的天球仪上，领头犬被标记为猎犬座

α星，跟随犬被标记为猎犬座β星。这是第一次有人尝试将这个区域中两颗最亮的星星合并到一对狗的身上，所以看起来猎犬座的创立至少有布劳的一份功劳。

查理之心，一颗以国王命名的星星

在现代星座中，南边那只狗的项圈上有颗星星的名字是Cor Caroli，意思是“查理之心”，用以纪念1649年被国会议员处决的英格兰国王查理一世。这个名字在猎犬座出现之前十多年就有了。作家、热心的保皇党人爱德华·舍伯恩在1675年出版的马尼利乌斯译本中告诉我们，这个名字是由查理一世之子查理二世的医生查尔斯·斯卡伯勒爵士（1615—1694）起的。他没有解释为什么斯卡伯勒选择给这颗星星命名——也许是因为它靠近北斗星，而北斗星在英格兰通常被称为“查理的马车”。

这个名字最早于1673年出现在英国制图师弗朗西斯·兰姆（约1670—1700）的一本书的北天星图里，他称之为Cor Caroli Regis Martyris，指的是查理一世被处决或“殉道”这一事件，正如兰姆忠实地陈述的那样（查理在被处决时宣称自己是“人民的烈士”）。兰姆和其他一些人在他们的星图中，如爱德华·舍伯恩在1675年的马尼利乌斯译本中，约翰·塞勒在1677年的《星图》中，以及托马斯·塔特尔在1700年的天球仪上，围绕这颗星星画了一个心形，还在上面画了一座王冠，它变成了一个迷你星座，巧妙地填补了大熊座、牧夫座和后发座之间的空白。

不幸的是，1844年，英国天文学家威廉·亨利·史密斯在他的《贝德福德星表》中写道，这颗星星是由埃德蒙·哈雷以查理二世国王的名字命名的，这一错误最初是波德在1801年的星表中造成的。根据史密斯的说法，据传斯卡伯勒在1660年5月29日晚上看到这颗当时未被命名的星星特别明亮，此时恰逢查理二世恢复君主制，返回伦敦。史密斯没有给出这个说法的来源，而实际上这颗星星突然提亮是极不可能的，所以这个故事只能是杜撰的。

尽管如此，美国历史学家理查德·欣克利·艾伦在他的经典著作《星名的传说与含义》中毫不怀疑地重述了史密斯的夸张的故事，这个说法后来被广泛引用。因此，这颗星星到底是要纪念哪位查理国王，一直存在很大的不确定性；但舍伯恩明确表示，它指的是第一位查理国王。（查理二世后来由查理橡树座纪念，这是1678年由哈雷设立的南天星座，但并没有延续下去。）

当赫维留于1687年引入猎犬座时，他将这颗星星纳入了他的新星座，但它没有名字，星星周围也没有画那个心形。约翰·波德在1801年的《波德星图》中保留了南边这只猎犬项圈上的心脏和王冠，但错误地把这颗星称为Cor Caroli Ⅱ，认为它指的是查理二世。尽管这个名字具有明显的民族主义性质，但它流传了下来。

其他的星星和一个旋涡星系

位于猎犬鼻子上的猎犬座β星（中文名常陈四）的名字与赫维留给南边那只猎犬取的名字相同，叫作查拉，这个词来自希腊语，意思是快乐。北边那只猎犬，被赫维留称为阿斯忒里翁，其中只有一些零散的暗星。波德在1801年的《波德星图》中画了这两只猎犬，并把它们的名字刻在了各自的项圈上。

猎犬座α星和猎犬座β星是猎犬座中仅有的两颗有希腊字母的星星，它们的字母是由英国天文学家弗朗西斯·贝利在1845年的《英国天文协会星表》中分配的。

猎犬座中包含一个球状星团M3，还有一个美丽的旋涡星系M51，名叫涡状星系。M51是爱尔兰天文学家罗斯勋爵（1800—1867）在1845年发现的第一个旋涡星系。它由一个大星系和一个与之近距离碰撞的小星系组成，距离我们大约2 500万光年远。

对应的中国星座

猎犬座21和猎犬座24以及一颗较暗的、未编号的星星，被中国人称为“三公”，代表天帝最亲密、最信任的助手。星官“常陈”由七颗星星组成，代表一队宫廷守卫，从猎犬座α星开始，经过猎犬座β星，延伸到大熊座67。

有一颗星星被命名为“相”，意为丞相。它通常被鉴定为猎犬座5，但孙小淳和基斯特梅克认为，这颗星星根本不在猎犬座中，实际上它应该是大熊座χ星。

Canis Major
—— 大犬座 ——

属格：Canis Majoris

缩写：CMa

面积排名：第43位

起源：托勒密在《天文学大成》中列出的48个希腊星座之一

希腊名：Κύων

全天的星座中一共有四只狗：大犬座、小犬座，还有由两只猎犬组成的猎犬座，而大犬座无疑是其中的王者。事实上，托勒密在《天文学大成》中简单地称其为Κύων，意思是狗。大犬座中最显眼的星星是天狼星，俗称狗星，它是整个夜空中最明亮的恒星；几乎可以肯定，大犬座的名字就起源于这颗恒星。

阿拉托斯将大犬座称为猎户座的护卫犬，它紧随主人之后，用后腿站立，嘴里叼着天狼星。马尼利乌斯称其为“脸色火红的狗”，而格马尼库斯·恺撒则描述它“从嘴里喷出火焰”。大犬座似乎正在穿越天空，追逐野兔——猎户座脚下的天兔座。在大犬座北边，小犬座代表的那只较小的猎犬奔跑着，它要么是跟丢了气味，要么是嗅到了不同的猎物。

埃拉托色尼和希吉努斯等神话学家说，大犬座代表莱拉普斯——一只速度极快的狗，任何猎物都无法从它那里逃脱。关于这只狗的主人，名单很长，其中之一是普罗克里斯——雅典国王厄瑞克透斯的女儿、刻法洛斯的妻子，至于她是如何得到这只狗的，则说法不一。在一个版本中，这只狗是狩猎女神阿耳忒弥斯送给她的；但更有可能的说法是，这只狗是宙斯送给欧罗巴的，欧罗巴的儿子、克里特岛国王米诺斯把它传给了普罗克里斯。这只狗和一根标枪一起出现在她面前；结果证明这是一个不幸的礼物，因为她的丈夫塞弗勒斯外出打猎时不小心用标枪杀死了她。

刻法洛斯继承了这只狗，并把它带到了底比斯（不是埃及的底比斯，而是雅典北部维奥提亚的一个小镇）。在那里，一只恶毒的狐狸在乡村肆虐。狐狸的脚步非常敏捷，注定永远不会被抓住；而猎犬注定要抓住它所追逐的任

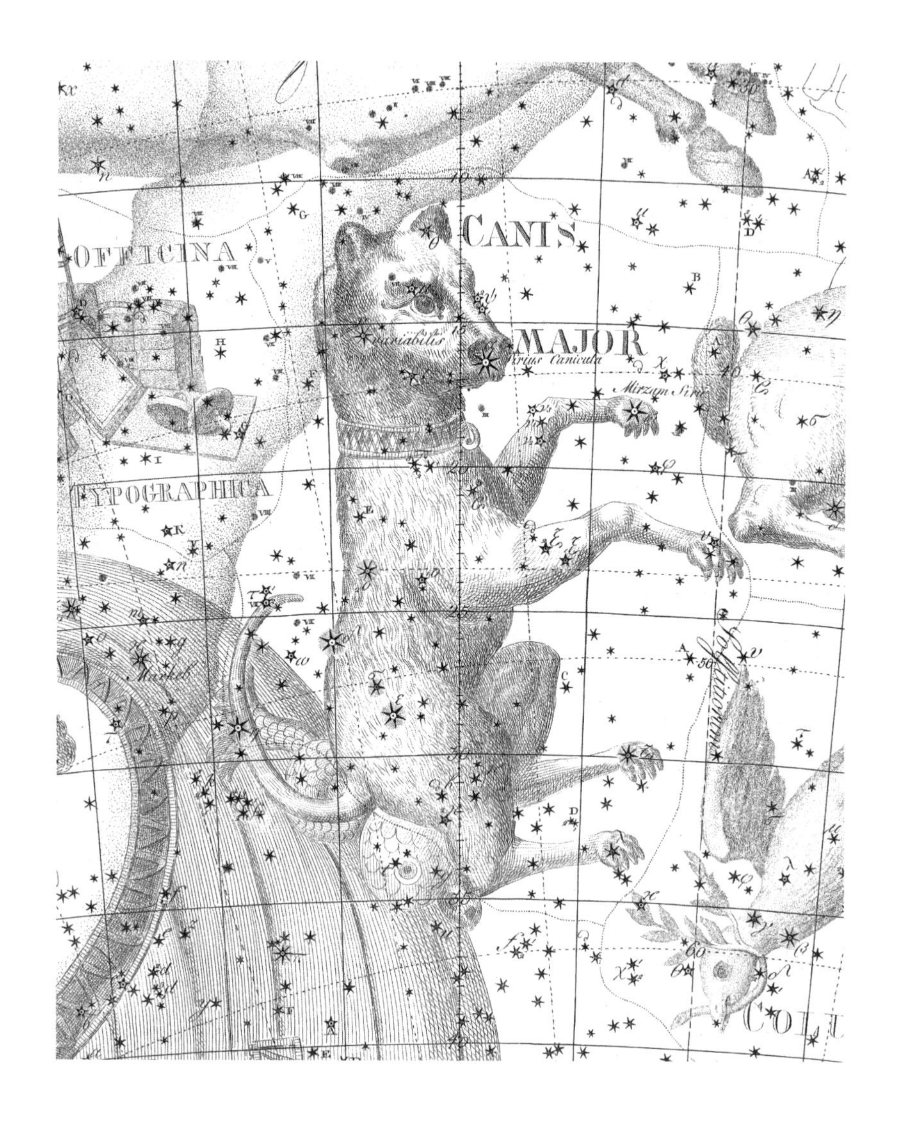

这是《波德星图》第18幅图中的大犬座。波德将天狼星描绘在狗的鼻子上，但在经典的希腊描述中，天狼星位于狗的嘴巴里。（德意志博物馆收藏）

何东西。它们出发了，速度快得我们的眼睛都跟不上，那只什么都能抓到的狗，在追逐那只不可能被抓住的狐狸。有那么一瞬间，狗似乎抓住了猎物，但它咬住的只是空气，狐狸再次跑到了它前面。这样的悖论不可能得到解决，所以宙斯把它俩都变成了石头，他把狗设为大犬座，放在天空中，却没让狐狸升上天空。

天狼星，耀眼的狗星

天狼星的名字Sirius来自希腊语Σείριος，意思是灼烧或灼热，非常适合形容特别耀眼的东西。尽管这个名字早在赫西俄德时代（公元前700年）就已为人所知，但托勒密在《天文学大成》中还是称其为Κύων，意思是狗，与其所在星座的名字相同。他将其描述为“位于狗的嘴巴里的星星”。然而，约翰·拜尔在他的《测天图》中将天狼星放在了狗的嘴巴上，而不是狗的嘴巴里面。后来，《波德星图》也追随了拜尔的画法，但赫维留和恪守传统的弗拉姆斯蒂德却没有追随这一画法，他们把天狼星画在了狗的嘴或下巴上。波德用另一个拉丁名字Canicula来标记天狼星，这个名字有时也被用来指代大犬座。

希腊时代，天狼星在太阳升起前的黎明升起，标志着夏季最炎热时期的开始，这段时间因此被称为Dog Days（伏日）。马尼利乌斯说“它喷出火焰，使太阳燃烧的热量加倍”，表达了希腊和罗马人认为这颗星星有加热效应的看法。古希腊作家赫西俄德写道，“脑袋和四肢都被天狼星吸干了”；而维吉尔在《农事诗》中写道，“炎热的狗星使田野开裂”。格马尼库斯·恺撒认为，当天狼星随着太阳升起时，它使健康的作物更茁壮地成长，但会杀死那些叶子枯萎或根部脆弱的植物。“对农民来说，没有哪颗星星是更令人喜欢或更令人讨厌的。”格马尼库斯说。

“它几乎不逊于太阳，只是它的住所很遥远。”马尼利乌斯写道。他预见了现代的观点，即恒星是像太阳一样的天体，只是比太阳远得多。然而，与以往人们认为天狼星具有加热效应相反，马尼利乌斯继续说道：“它从天蓝色的表面上射出的光束是冷的。”他对天狼星颜色的描述，与托勒密出人意料地将其称为微红色形成鲜明对比；托勒密的说法引起了各种争论。

事实上，马尼利乌斯几乎完全正确，因为天狼星是一颗蓝白色的恒星，比太阳更大、更亮。它距离我们8.6光年远，是太阳最近的邻居之一。它有一颗伴星；这颗伴星是白矮星，但只有通过望远镜才能看到，它每50年绕主星转一圈。

在14世纪的欧洲，天狼星也被称为Alhabor或Alabor，这是它的阿拉伯名称，可以在当时的星盘上找到。杰弗里·乔叟在1391年前后写成的著名的《星盘论》中用Alhabor这个名字来指代天狼星。他的描述是以星盘为基础的，这些星盘用一颗狗头来标示星星的位置。然而，天文学家最终选择了它最初的希腊名，而不是阿拉伯名。

与天狼星相比，大犬座β星在天空中升起的时间更早，其名字Mirzam来自阿拉伯语中的*al-mirzam*。根据阿拉伯天文学家阿尔·苏菲的说法，阿拉伯人将这个名字用于任何比亮星更早升起的恒星。因此，这个名字也曾被用于小犬座β星，它先于小犬座最亮的星星小犬座α星（南河三）而升起。这个名字还曾被用于猎户座γ星，它先于猎户座α星（参宿四）而升起；但在最初，这个名字专门用来指大犬座β星。

托勒密列出了位于大犬座周围的11颗星星，但它们并不属于大犬座。其中有9颗星星后来被彼得鲁斯·普兰修斯用于创立一个新星座——天鸽座，有1颗星星被分配到麒麟座中，还有1颗星星最终被纳入大犬座。

对应的中国星座

中国天文学家将天狼星称为“天狼”，或简称为“狼”。据说它象征着入侵和掠夺。大犬座的其他星星，很好地说明了不同的星占家/天文学家是如何改造中国星座的。以“军市”为例，它代表士兵购买粮食和物资的市场。在某一种说法中，它是一个由13颗星星组成的环，包含大犬座υ星和大犬座χ星，一直延伸到如今的天兔座。它的中心是“野鸡”，以大犬座β星为代表。但另一种说法将野鸡确定为大犬座υ-2星，大犬座β星是组成军市的6颗（而非13颗）星中的一颗。[1]

类似的特点，还可以在“弧矢”中看到。在一个版本的描述中，“弧”是一张弓，从大犬座κ星开始，经大犬座ε星、大犬座σ星、大犬座δ星和大犬座τ星，一直延伸到大犬座ξ星。“矢”是从大犬座η星开始，经过大犬座δ星，延伸到大犬座ο-2星的一支箭，它指向天狼，以示对盗贼和掠夺者的蔑视。另一个版本[2]将“弧”看作一个更大的图形，它一直延伸到罗盘座，并以大犬座δ星作为箭的尖端。弧和矢构成的弓箭图，有时简称为“弧”。

1　这两种说法中，前者是宋元时期的版本，后者是明清时期由传教士改动的版本。——译注

2　这是明清时期的版本。——译注

Canis Minor
— 小犬座 —

属格：Canis Minoris

缩写：CMi

面积排名：第71位

起源：托勒密在《天文学大成》中列出的48个希腊星座之一

希腊名：Προκύων

小犬座是跟随猎户座的两只狗中较小的那只，最初只包含一颗明亮的星星Procyon（小犬座α星，南河三），它在希腊语中被称为Προκύων，意思是“在狗前面”。希腊人既用这个名字指代这颗星星，也用它指代整个星座，因为它比它那著名的同伴——大犬座升起得更早。托勒密简单地称大犬座为Κύων，意思是狗。

小犬座另一个拉丁名是Antecanis或Antianis，意思也是“在狗前面”。罗马作家、政治家马库斯·图利乌斯·西塞罗在公元前1世纪翻译的阿拉托斯的作品中这么称呼它；在大英图书馆收藏的插图版手稿中，狗的轮廓之内巧妙地填满了希吉努斯《诗情天文》中的文字。

小犬座很小，除了南河三之外几乎没什么有趣的东西；南河三是天空中亮度排名第八的星星，距离地球11.5光年。托勒密在《天文学大成》中只记录了小犬座的两颗星星：位于狗身上的南河三，以及位于狗脖子上的星星，后者如今被称作小犬座β星（南河二）。天文学家对南河三特别感兴趣，因为它有一颗又小又热的白矮星伴星，每41年绕主星转一圈。巧合的是，另一颗狗星——天狼星，也有这样一颗体积小但密度高的白矮星作为伴星。

波德在星座图上给南河三另起了一个名字Algomeisa，这个词来自阿拉伯语中的*al-Ghumaiṣā'*，意思是视线模糊或眼含泪花的人。这个名字来自一个故事，其中南河三和天狼星是姐妹，而老人星（阿拉伯人称之为Suhail）是他们的兄弟。天狼星穿越银河，与她的兄弟在南天会合，而南河三却被留在了银河北岸，她哭泣着，泪水模糊了她的双眼。令人困惑的是，来自阿拉伯词语*al-Ghumaiṣā'*的Gomeisa这个名字，现在被用于星座中第二亮的星星——小犬座β星。

悲剧的误会

小犬座通常被认为是猎户座的一只狗，随着地球转动，跟随主人穿过天空。但在神话学家希吉努斯讲述的一个来自阿提卡（雅典附近地区）的著名传说中，小犬座代表伊卡里俄斯的狗——迈拉，伊卡里俄斯是第一个从狄俄尼索斯那里学会酿酒的人。伊卡里俄斯把酒拿给几个牧人品尝，结果他们很快就醉了。他们怀疑是伊卡里俄斯下的毒，就杀了他。这只名叫迈拉的狗号叫着跑向伊卡里俄斯的女儿厄里戈涅，用牙齿咬住她的裙子，把她带到她父亲的尸体旁。厄里戈涅和那只狗都在伊卡里俄斯躺着的地方结束了自己的生命。

宙斯将它们的形象放在群星之间，以提醒人们这次不幸。为弥补这个悲惨的过失，雅典人每年都要举行庆祝活动来纪念伊卡里俄斯和厄里戈涅。在这个故事中，伊卡里俄斯是牧夫座，厄里戈涅是室女座，迈拉是小犬座。

这是《波德星图》第12幅图中的小犬座。位于狗身上的那颗星是亮星南河三。在这幅图中，波德把小犬座脖子上的β星记为Mizam，这个阿拉伯名称如今被用来指代大犬座β星。（德意志博物馆收藏）

根据希吉努斯的说法，杀害伊卡里俄斯的凶手逃到了阿提卡海岸附近的喀俄斯岛，但坏事也随之而来。岛上的人们饱受饥荒和疾病的困扰，这在传说中被归因于狗星的灼热效应（在这里，南河三和更大的狗星——天狼星似乎被混淆了）。阿波罗之子，喀俄斯的国王阿里斯塔俄斯向自己的父亲求助，阿波罗建议他向宙斯祈祷，以求解脱。宙斯派出季风，它从狗星升起时开始，每年吹40天，在炎热的夏季为希腊及其岛屿降温。此后，喀俄斯岛的祭司们每年会在狗星升起前献祭。

对应的中国星座

在中国天文学中，小犬座α星和小犬座β星、小犬座ε星一起组成南边的一条河——“南河”；北边的河叫作“北河”，其中包括双子座中的双子座α星和双子座β星。位于黄道两侧的南河和北河，也被解释为城门或卫戍部队。

“水位”是由四颗星星组成的曲线，代表水位标记，还有一种解释说，它代表洪水泛滥时负责排水的管理员。通常认为，组成这个星官的星星是小犬座6、小犬座11，以及巨蟹座8和巨蟹座ζ星。但有一种更古老的说法[1]不是这样的，它将水位的所有星星都放在了更靠北的双子座里。

Capricornus
—— 摩羯座 ——
海山羊

属格：Capricorni

缩写：Cap

面积名：第40位

起源：托勒密在《天文学大成》中列出的48个希腊星座之一

希腊名：Αἰγόκερως

摩羯座是一种看起来不太可能存在的生物，它拥有山羊的头和前腿，以

1　此为宋元时期的版本。——译注

及鱼的尾巴。这个星座显然起源于苏美尔人和巴比伦人，他们喜欢两栖动物；古苏美尔人把它叫作SUHUR-MASH-HA，即“山羊鱼”。但希腊人叫它Αἰγόκερως（拉丁写法为Aigokeros或Aegoceros），意思是山羊角，对于他们来说，这个星座代表长着羊角和羊腿的乡村之神——潘。

潘是一个出身不详的顽皮生物，他大部分时间都在追逐雌性，或者在休憩。他会大声喊叫吓唬人，panic（恐慌）一词由此而来。潘的后代之一是人马座的原型克罗托斯。潘试图引诱仙女叙任克斯，但失败了，叙任克斯把自己变成了一把芦苇。当潘抓住芦苇时，清风吹过，发出一种迷人的声音。潘挑选长短不一的芦苇，用蜡把它们粘在一起，做成了著名的潘神之笛，也就是排箫。

潘曾在两个不同的场合拯救了众神。在众神与泰坦的战斗中，潘吹响了一枚海螺壳来帮助大家逃跑。根据埃拉托色尼的说法，潘与海螺壳的联系，解释

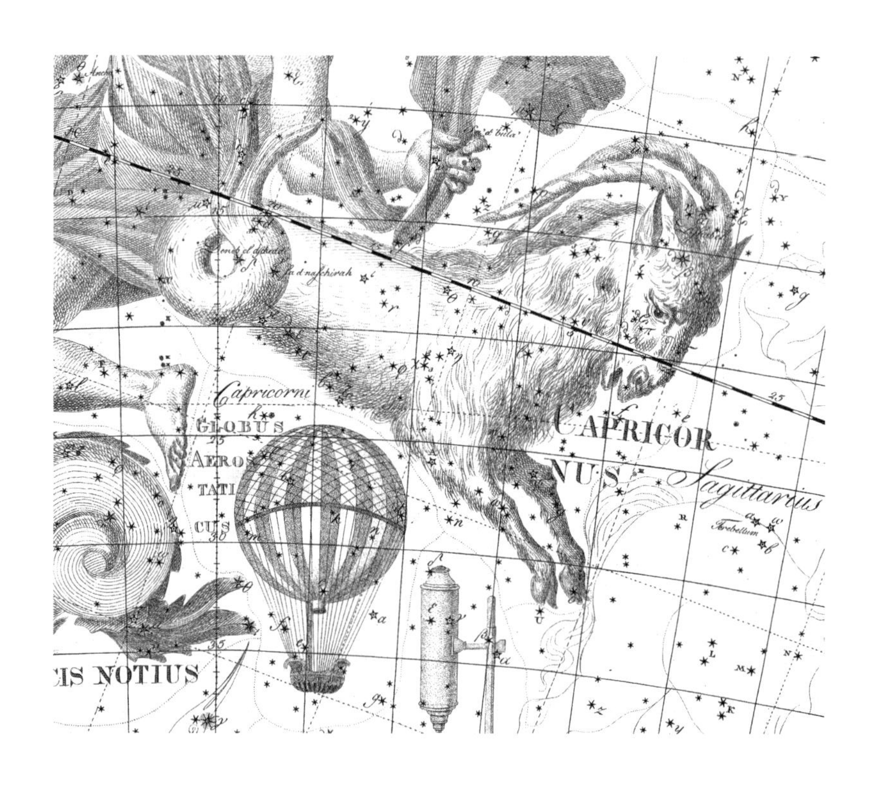

这是《波德星图》第16幅图中的摩羯座，它脑袋后面的长角向后弯曲，尾巴弯弯的。在摩羯座的南边飘浮着如今已被废弃的星座——热气球座（见第290页）。（德意志博物馆收藏）

了摩羯座为什么拥有鱼的属性；但希吉努斯却有点荒谬地说，这是因为潘向敌人投掷了贝壳。还有一次，潘向众神发出警告，说大地女神盖亚派来对抗众神的怪物堤丰正在逼近。在潘的建议下，众神将自己伪装成动物，以躲避怪物堤丰。潘自己躲在一条河里，下半身变成了鱼。希吉努斯还认为，阿佛洛狄忒和她儿子厄洛斯跳进了幼发拉底河，并变成了两条鱼，也就是双鱼座。

宙斯与堤丰搏斗，但堤丰把宙斯手脚上的筋都给挑断了，使宙斯成了跛子。赫尔墨斯和潘为宙斯替换了手脚筋，使宙斯能继续追击堤丰。宙斯用雷电斩杀了怪物，并将它埋在西西里岛的埃特纳火山下，它的呼吸使火山至今仍在喷发。为感谢潘的这些帮助，宙斯把他的形象放在天空中，使之成为摩羯座。

两只角和弯弯的尾巴

在《天文学大成》中，托勒密将山羊的角想象成又短又直的样子，用摩羯座β星和摩羯座α星标示右犄角，用摩羯座ξ星标示左犄角尖。但拜尔将犄角变得更长，摩羯座α星和摩羯座ξ星在犄角根上，摩羯座β星在头部；而波德则将犄角拉回到山羊的脖子上（见上页图）。为向经典致敬，弗拉姆斯蒂德严格遵循了托勒密的描述。

摩羯座α星被称为Algedi，这个词来自阿拉伯语中的*al-jady*，意思是孩子，这也是摩羯座本身的阿拉伯名称。摩羯座δ星叫作Deneb Algedi，在阿拉伯语中的意思是“孩子的尾巴”。托勒密将其描述为山羊身体最后面的星星，位于尾巴的底部。托勒密在摩羯座尾巴上列出了四颗星星，如今它们被记为摩羯座42、摩羯座μ星、摩羯座λ星和摩羯座46（c），最后那一颗标示着尾巴尖，传统制图师将其画成绕了一个圈的样子。

根据现代IAU星座边界的定义，摩羯座是黄道星座中面积最小的一个，还不到面积最大的室女座的三分之一。

南回归线

摩羯座的名字也被用来命名南回归线（tropic of Capricorn），这是因为，在12月22日冬至中午，太阳正好位于南回归线的上空。在古希腊时期，太阳在这一天位于摩羯座，但由于岁差的缘故，如今，太阳冬至时在人马座。

对应的中国星座

中国天文学家将摩羯座α2星、摩羯座β星、摩羯座π星、摩羯座o星、摩羯座ρ星，以及摩羯座υ星或摩羯座ξ2星联系起来，组成一个状似绞索的星官，名为“牛”，代表用于隆冬献祭的动物。牛宿是二十八宿中的第九宿。在牛的旁边，包括摩羯座τ星和摩羯座υ星在内的三颗星星，组成了星官“罗堰”，一个用于灌溉的系统。其中的水可能是为“天田”而准备的，天田是天帝在摩羯座南边的一块田地。天田由九颗星星（有人说只有四颗[1]）组成，其中包括摩羯座ψ星、摩羯座ω星和摩羯座24。更多的水来自星官“九坎”，它位于显微镜座的南部。

中国天文学家用摩羯座中十多颗单个的星星和成对的星星，代表中国的十二个诸侯国（统称为“十二国”）。它们的名字和可能的身份是越（摩羯座19）、赵（两颗暗星，身份不明）、周（摩羯座η星和另一颗星星）、齐（摩羯座χ星）、郑（摩羯座20）、楚（摩羯座φ星）、秦（摩羯座θ星和摩羯座30）、魏（摩羯座33）、燕（摩羯座ζ星）、代（摩羯座ι星和摩羯座37）、韩（摩羯座35）和晋（摩羯座36）。

在秦和代的东边（左边），三颗南北走向的星星组成了星官“离瑜”，代表玉饰，如女子礼服上的佩饰。有的考证将其置于显微镜座甚至南鱼座中，但看起来最符合描述的说法，是它由摩羯座42、摩羯座44和摩羯座45这三颗星星组成。

摩羯座还包含从旁边的宝瓶座中溢出的两个中国星官的一部分。摩羯座γ星、摩羯座δ星、摩羯座ε星和摩羯座κ星组成的菱形，构成“垒壁阵”的一端，垒壁阵是一长串防御工事；而摩羯座北部一些暗弱的星星则是“天垒城”的成员，天垒城是一座有土方城墙的城堡。

1　在《仪象考成》中为四星。——译注

Carina

— 船底座 —

龙骨结构

属格： Carinae

缩写： Car

面积排名： 第34位

起源： 原始希腊星座的一部分

法国天文学家尼古拉·路易·德·拉卡耶在其1756年出版的第一份《南天星表》中，把古希腊星座南船座分成了三部分，其中最小但最显著的部分就是船底座。在那份星表中，拉卡耶给它起了个法语名字Corps du Navire。1763年，拉卡耶的最终版星表也是这样拆分南船座的，但使用的是拉丁名而不是法语名称。虽然船底座通常被描述为龙骨，但它代表的是船的主体或船身。船的另外两部分分别是船尾座和船帆座，代表船的尾部和船帆。

船底座继承了拆分后的南船座中两颗最亮的星星，如今它们被标记为船底座α星（其更知名的名字是老人星）和船底座β星。老人星是一颗距离我们仅300多光年的乳白色巨星，是全天第二亮的恒星。它标志着船的两个舵桨之一的叶片。埃拉托色尼和托勒密都把老人星的名字写为Κάνωβος，Canopus是其拉丁化的写法。

老人星和其他星星

阿拉托斯在《物象》中没有提到老人星，因为在他的那个时代，这颗星星位于希腊的地平线之下。首次提到这个名字的，是与阿拉托斯同时代但更年轻的埃拉托色尼，他住在埃及北部的亚历山大港。从他所在之处可以看到老人星位于南方低空中，四个世纪后在亚历山大工作的托勒密也能看到老人星。这是托勒密在他的《天文学大成》中编录的最靠南的恒星，从某种意义上说，最靠南的那些星星当中，第二靠南的是如今的船尾座τ星，它比老人星偏北3度。

科农（公元前280—前220）和斯特拉博（公元前64—公元24）等希腊作

家告诉我们，老人星是以希腊国王墨涅拉俄斯的舵手卡诺珀斯的名字命名的。墨涅拉俄斯带着海伦从特洛伊返回时，他的舰队被风暴驱散，被迫在埃及登陆。在那里，卡诺珀斯被蛇咬死了；海伦把蛇杀掉了，并和墨涅拉俄斯一起恭敬地埋葬了卡诺珀斯。在那个地方后来发展出了卡诺珀斯城（即现在的阿布奇尔城），它位于尼罗河河口。现代的太空探测器就使用老人星作为导航星，它非常合适。埃拉托色尼还把这颗星星称作Περίγειος（即近地点），因为它一直离地平线很近；这个名字出现在埃拉托色尼所写的星座介绍里，但是是在波江座中，而不是在南船座中。

阿拉伯人把老人星称作Canopus Suhail，其含义不明。在一个故事中，Suhail是哥哥，天狼星和南河三是他的妹妹。天狼星穿越银河飞向南方的天空，与哥哥在一起；南河三则被留在了银河北侧，她泪流满面，因此比南岸的姐姐和哥哥更加暗淡。

船底座中有一颗独特的恒星——船底座η星，1843年，这颗星突然爆发，亮度超过了老人星，但后来又逐渐变暗，到最后变得用肉眼勉强可见。如今，天文学家认为，船底座η星由一对距离相近的恒星组成，它们都很炽热，质量非常大；我们无法直接看见它们，因为它们嵌在爆发后形成的气体云中，这个星云名叫侏儒星云。有朝一日，这对星星会发生超新星爆发。

船底座β星被称为Miaplacidus，但这个名称的由来尚不清楚。2等星船底座ε星和船底座ι星，以及船帆座北边的船帆座δ星和κ星，组成了一个十字形，名叫假十字，有时它会被误认为南十字。船底座ε星被称为Avior，这个名字是1937年前后由英国航海年鉴办公室所起的，用于为皇家空军制作的导航指南。英国皇家空军规定，所有导航星都应该有专有名称，因此这个名称是为未命名的船底座ε星特意创造的。

对应的中国星座

在中国古代，船底座α星被称为“老人”，有时也被称为“南极老人”。人们认为它代表长寿之神寿星。

船底座还曾包含星官“器府”的一部分，器府是一座乐器仓库，星官中其他的星星位于半人马座和船帆座中。然而，岁差的效应逐渐将器府带到了南方地平线以下，这个星官不得不重新设置，在星图中北移，彻底离开船底座，来到了半人马座的区域。

Cassiopeia
— 仙后座 —

属格：Cassiopeiae
缩写：Cas
面积排名：第25位
起源：托勒密在《天文学大成》中列出的48个希腊星座之一
希腊名：Κασσιέπεια

卡西俄佩亚是埃塞俄比亚国王刻甫斯的妻子，她爱慕虚荣，喜欢自夸，天空中的她站在刻甫斯身旁。卡西俄佩亚和刻甫斯是星座中仅有的一对夫妻。古典作家将卡西俄佩亚的名字拼写为Cassiepeia，这个词来自原始希腊语Κασσιέπεια，但天文学家使用的星座名写法是Cassiopeia。

有一天，卡西俄佩亚在梳理自己的长发时，竟然声称自己比海中仙女涅瑞伊得斯还要美丽。凡人的这种狂妄自大不能不受到惩罚，所以涅瑞伊得斯开始惩罚她。涅瑞伊得斯共有50位，她们都是“海之老人”涅柔斯的女儿。其中一个女儿安菲特里忒嫁给了海神波塞冬。安菲特里忒和她的姐妹们请求波塞冬惩罚虚荣的卡西俄佩亚。

海神答应了她们的要求，派了一只怪物去破坏刻甫斯领地的海岸。这个怪物就是星座中的鲸鱼座（见第100页）。为了安抚怪物，刻甫斯和卡西俄佩亚把女儿安德洛墨达锁在一块石头上作为祭品，但安德洛墨达被英雄珀修斯从怪物嘴里救了出来，这是历史上最著名的英雄救美的故事之一（见第38—39页）。

仙后座在天空中被描绘成卡西俄佩亚坐在宝座上的样子。每天晚上，她都绕着天极旋转，有时头朝上，有时头朝下，显然有摔倒的危险。神话学家们解

在《弗拉姆斯蒂德星图》中，虚荣的王后卡西俄佩亚坐在宝座上。（密歇根大学图书馆收藏）

释说，在天上头朝下是对她的侮辱，这是神对她的惩罚，让她成为一个笑柄。阿拉托斯写道，她像潜水员（有人将其译为“不倒翁”）一样一头扎进海里，双脚在空中踢腾，因为从希腊所在的纬度看，她每转一圈到达最低点时都会扎进水中。与她一起长期受苦的丈夫刻甫斯，也忍受着同样的命运。

格马尼库斯·恺撒这样描述仙后座：“她的脸因痛苦而扭曲，她伸出双手，仿佛在为被抛弃的安德洛墨达哭泣；安德洛墨达正遭受不公，替她赎罪。”在阿拉托斯和希吉努斯的早期手稿中，仙后座就被描绘成这样。然而，从1515年的丢勒星图开始，她的形象就不再是张开双臂，而是一只手高举着一片棕榈叶的样子。她的另一只手要么拿着一件长袍，要么在梳理头发，如插图所示。

仙后座中五颗最亮的星星排列成独特的W形，阿拉托斯和其他作家把它比作一把钥匙或一扇折叠门。仙后座α星被称为Schedar（中文名王良四），这个词来自阿拉伯语中的*al-sadr*，意思是乳房，托勒密说，那颗星星就位于仙后的乳房处。仙后座β星的名字Caph（中文名王良一）来自阿拉伯语中的*al-kaff al-khaḍīb*，意思是染色的手，因为阿拉伯人认为仙后座的星星代表一只染了指甲花的手。仙后座δ星被称为Ruchbah（中文名阁道三），这个词来自阿拉伯语中的*rukbat*，意思是膝盖，这个名字遵循了托勒密在其星图中的位置描述。位于W形中央的星星是仙后座γ星，它没有正式名称，是一颗不稳定的变星，偶尔会有亮度爆发。在《天文学大成》的阿拉伯语版本，即阿尔·苏菲的《恒星之书》中，仙后座被称为*Dhāt al-Kursīy*，意思是“拥有王位的女人”。

第谷新星

1572年11月，人们熟悉的仙后座W形中闯入了一颗明亮的不速之客。这个闯入者如今被称为第谷新星，以第一个发现它的丹麦天文学家第谷·布拉赫的名字命名。第谷于次年发表了一篇关于“新”星的论文，名为《论从未见过的新星》。

如今我们知道，那个闯入者实际上是一颗超新星，一颗大质量恒星走到生命末期时发生的爆炸。在最亮的时候，超新星1572的星等达到−4等，与金星亮度相当。在一年多的时间里，它都可以被肉眼看见。

在1603年的约翰·拜尔《测天图》中，这颗新星显示为一个巨大的亮点，位于仙后座王座的一侧，不过那时它早已从人们的视野中消失了。在1690年的赫维留星图集上，它依然位于仙王座左手的末端。

对应的中国星座

仙后座的W形对西方人来说似乎显而易见，但中国的星图上却没有展示出这一点。取而代之的是，W中的三颗星星组成了一个星官，名为“王良”，以纪念一位名叫王良的传奇车夫。较早的中国星图将其描述为一个扇形：四颗星星（仙后座γ星、仙后座η星、仙后座α星和仙后座ζ星）排成一排，代表马队，第五颗星星——仙后座β星代表王良本人。附近的另一颗星星仙后座κ星，代表王良的鞭子“策”。然而，在后来的描述中，王良星官由仙后座β星、仙后座κ星、仙后座η星、仙后座α星和仙后座λ星组成，而仙后座γ星代表他的鞭子。

王良是中国一则寓言故事的主角。一个名叫嬖奚的人让王良驾驶马车，但一整天下来一无所获。嬖奚打猎归来后抱怨王良是全天下最差的车夫。王良听了很气愤，要求再来一次。这回他们只用了一个早上就猎得了十只鸟。嬖奚喜出望外，请王良做他的专职车夫。但王良拒绝了，他说，第一次打猎时他是按规则驾车的，第二次打猎时为了让嬖奚更容易抓到鸟，他驾车时撞了鸟。他拒绝为一个不体面的猎人驾车。王良说：“一个人不能为了顺从别人而违背自己的原则。”

组成W形的另外两颗星星（仙后座δ星和仙后座ε星）是“阁道”的一部分，阁道由六颗星星组成，从北边的仙后座ι星开始，经仙后θ星和仙后座ν星，一直延伸到南边的仙后座o星。阁道代表进入紫微垣的道路（有关紫微垣的更多信息，参见第263页小熊座）；阁道也被视为王良的旗帜。在它旁边有一颗名叫“附路”（仙后座ζ星）的星星，代表另外一条备用路线或支线。

从如今的仙王座穿过仙后座北部，进入鹿豹座的九颗星星，组成星官“传舍”，代表客房。这些客房就位于紫微垣的垣墙外。就像中国星座中常见的情况一样，这些星星的身份也是模糊的。

再往北，紫微垣的正门处是“华盖”和“杠”，这两组星星代表天帝出游时撑起的伞形顶盖和支撑杆。华盖由七颗星星组成，杠由九颗星星组成，其中最亮的星星是4等星仙后座50。

人们通常认为，紫微垣的东垣墙止于仙后座天区，在仙后座21和仙后座23附近，但也有一些资料认为它止于仙王座天区。

Centaurus
—— 半人马座 ——

属格：Centauri

缩写：Cen

面积排名：第9位

起源：托勒密在《天文学大成》中列出的48个希腊星座之一

希腊名：Κένταυσος

半人马是神话中的野兽，其形象是半人半马。他们是一个狂野而行为不端的种族，饮酒之后更甚。但半人马喀戎因聪明博学在种族中脱颖而出，半人马座（希腊语为Κένταυσος）所代表的形象就是他。

喀戎的父母与其他半人马不同，这也是他与种族中其他成员存在性格差异的原因。他的父亲是泰坦之王克洛诺斯。有一天，克洛诺斯抓住并引诱了海仙女菲吕拉。克洛诺斯的妻子瑞亚对他的行为感到震惊，他把自己变成了一匹马，疾驰而去，被独自留下的菲吕拉生下了一个半人半马的儿子。

这是《波德星图》的第2幅图中的半人马座。半人马拿着一根名为酒神杖的长杆，上面挂着被刺穿的豺狼。半人马座α星是离太阳最近的恒星，标示着半人马的前蹄，南十字位于半人马的后腿下方。（德意志博物馆收藏）

喀戎长大后成了一名精通狩猎、医学和音乐的老师；他那位于希腊东部皮立翁山上的洞穴成了一个名副其实的学院，供年轻的王子们寻求良好的教育。喀戎深受古希腊众神和英雄的信赖，并成了伊阿宋（以阿尔戈号闻名）和阿喀琉斯的养父，但他最成功的学生也许是阿波罗之子阿斯克勒庇俄斯。阿斯克勒庇俄斯后来成了最伟大的医者，蛇夫座就是为纪念他而设的。

令人悲哀的半人马之死

虽然喀戎生前做了很多好事，但他最后还是死得很惨。起因是赫拉克勒斯前去拜访半人马福勒斯，福勒斯请赫拉克勒斯共进晚餐，并从半人马族公用的罐子里取了一些酒给他喝。其他半人马意识到自己的酒被喝掉了，便手持石块和木棍，愤怒地冲进了洞穴。赫拉克勒斯用一连串箭击退了他们。一些半人马躲到喀戎那里，赫拉克勒斯的一支箭不小心射中了无辜的喀戎的膝盖。赫拉克勒斯为这位善良的半人马担忧，他拔出箭，连连道歉，但他知道喀戎已必死无疑。赫拉克勒斯的箭头蘸过九头蛇的毒血，喀戎最好的药物也解不了那种毒。

喀戎疼痛难忍，但他是克洛诺斯之子，拥有不死之身，于是他回到了自己的洞穴。宙斯没有让他无休止地受苦，他同意喀戎将自己长生不死的能力转移给普罗米修斯。就这样，喀戎死了，解脱了，随后被安放在群星之间。这个故事的另一个版本比较简单，它说赫拉克勒斯前去拜访喀戎，两人一起看赫拉克勒斯的箭时，有一支箭不小心掉在了喀戎的脚上。

天空中的半人马座

在天空中，半人马座的形象被想象为正要将一只野兽（旁边的豺狼座）献到祭坛上的样子。埃拉托色尼说，这是喀戎美德的象征。阿拉托斯和埃拉托色尼说，这只野兽位于半人马的手中，而托勒密在《天文学大成》中将其描述为后腿位于半人马右手旁边的样子，这意味着野兽被半人马抓住了双脚，但星座图通常将它画为被杆子或长矛刺穿的样子。

埃拉托色尼还有另外一种描述：在这个场景中，半人马手里抓着的不是野兽，而是葡萄酒囊，他正准备把酒囊里的祭品倒在祭坛上。他右手拿着酒囊，左手拿着酒神杖，酒神杖是用常春藤和藤叶包裹的茴香，顶端有一颗松果。这根杆子是由酒神狄俄尼索斯的追随者携带的，也可当作长矛，也许这就是那只野兽被想象为被长矛刺穿的原因。在1603年约翰·拜尔的描绘中，酒囊从半人马的左臂上垂下。

阿拉托斯和希吉努斯没有提到酒神杖或酒囊，只提到了野兽，但托勒密为酒神杖分配了四颗星星（如今的半人马座π星和其他三颗没有字母编号的星星），因此，在描述这个星座时，酒神杖通常都会被提及。阿尔布雷希特·丢勒给出了不同的解释，在1515年的平面天球图中，他没有将这四颗星星放在酒神杖上，而是将它们放在一面盾牌上，盾牌笨拙地放在半人马的手臂上方，与用来刺动物的杆子完全分开。

星星和一个球状星团

半人马座中有一颗距离太阳最近的恒星——半人马座α星，它距离我们4.3光年远。半人马座α星也被称为Rigil Kentaurus（中文名南门二），这个词来自阿拉伯语，意思是“半人马的脚”；托勒密将其描述为位于右前腿的末端。用肉眼看，它是天空中第三亮的恒星，仅次于天狼星和老人星；但用小型望远镜观测，你会发现，它是一对双星，由两颗像太阳一样的黄色恒星组成。第三颗更暗的伴星被称为比邻星，因为与另外两颗星星相比，它和我们之间的距离要少0.1光年，但在望远镜里才能看见它。

半人马座β星被称为Hadar（中文名马腹一），这个词来自一个阿拉伯名称，意思是“一对恒星中的一颗”；托勒密将其描述为位于半人马的左膝上。半人马座α星和半人马座β星是指向南十字座（位于半人马身体下方）的指针。在托勒密时代，这组十字形的星星是半人马后腿的一部分。

半人马座中还包含从地球上能看见的最大、最亮的球状星团——半人马座欧米伽星团。在《天文学大成》中，托勒密将其归为半人马背上的一颗5等星，他说这颗星星位于人的后背与马的身体相连的地方，但没有提到其外观略显模糊。1678年，埃德蒙·哈雷首次将其识别为星团。托勒密对半人马座中总计37颗星星进行了编目，其中5颗后来成为南十字座的一部分。

半人马座和南十字座的能见度变化

似乎有点令人费解的是，古希腊人竟然知道半人马座α星、半人马座β星和南十字的星星，这些星星对如今的希腊人来说太靠南了，没法在地中海纬度地区升到地平线之上。其原因是岁差效应：地轴在空间中摆动，慢慢地改变了天极的位置。在托勒密时代，南天极与现在的位置相距约10度，朝向远离半人马座的方向。因此，半人马座及附近的恒星在古希腊的天空中大约比现在高10度。这种差异足以使这些星星在古希腊被观测到。由于岁差的影响，它们逐渐从人们的视野中消失，直到16世纪时被南下的欧洲航海家重新发现。

半人马座α星是肉眼可见的所有恒星中自行最大的一个，从地球上看，自行正逐渐将其带到半人马座β星那里。在托勒密时代，这两颗星星之间的距离超过6度。目前它们相距约4.5度，但在距今大约4 000年后，它们在我们天空中的距离将会略大于0.5度（相当于我们在夜空中看到的月球直径），在半人马座α星再次远离之前，它们会形成我们肉眼可见的明亮双星。

对应的中国星座

中国天文学家在半人马座的区域认出了三个大星官，但所涉及的多数星星的确切身份尚不确定。其中最显眼的星官是“库楼”，一个用于储存武器和盔甲的军事仓库或军械库。六颗星星组成墙壁，南端的另外四颗星星组成一座塔。墙上的星星可能包括半人马座ζ星、半人马座η星、半人马座θ星、半人马座ι星和半人马座γ星。孙小淳和基斯特梅克认为，组成塔的四颗星星与组成南十字座的星星相同，但其他人认为这四颗星星位于更靠北的地方。最有可能的是，岁差将这部分天空永久地带到中国人的地平线之下，组成星官的星星的身份也随时间发生了变化。

库楼周围散布着十五颗“柱”星，每三颗为一组，共五组，用以代表拴马的柱子。库楼中央是“衡”，代表军队的阅兵场，由半人马座μ星、半人马座υ星、半人马座 φ 星和半人马座χ星组成。两颗星星组成“南门”，即兵器库的南大门，但也有其他人在这个星官成员星的身份证认上存在分歧；在不同的星图中标示的这两颗星星，可能是半人马座α星和半人马座β星、半人马座α星和半人马座ε星，或半人马座ε星和半人马座χ星。库楼北边还有一个门叫“阳门”，代表关隘；它也包括两颗星星，可能是半人马座b和半人马座c，但也有资料将阳门置于长蛇座更靠北的地方。半人马座κ星延续这一地区的军事主题，属于一个名为“骑官”的大星官，这个星官代表皇家卫队或骑兵军官，其大部分星星位于旁边的豺狼座中。

这片天区的另一个大星官是乐器库“器府”。器府由32颗星星组成，它们散布在半人马座、船底座和船帆座中，这片区域正是银河的富饶区域。器府所拥有的星星数量，在中国所有星官中排名第二（排名第一的是位于宝瓶座的“羽林军”，它包含45颗星星）。孙小淳和基斯特梅克指出，由于岁差效应，最初组成器府的那些星星随着时间的推移沉入了南方地平线之下，后来的星图将器府置于更靠北的地方，例如敦煌星图将其往北挪了20度。

“青丘”既代表南蛮国，也代表传说中的南海岛屿，它是位置发生迁徙的另一个星官。最初，它是由半人马座γ星以北的七颗暗星组成的环，后来由于岁差的影响，它被向北推到了长蛇座中。

Cepheus
— 仙王座 —

属格： Cephei

缩写： Cep

面积排名： 第27位

起源： 托勒密在《天文学大成》中列出的48个希腊星座之一

希腊名： Κηφεύς

刻甫斯是神话中埃塞俄比亚的国王。人们认为他值得在天空中拥有一席之地，因为他是宙斯的挚爱之一伊娥的第四个后代，而且在人们决定以星座纪念谁时，跟宙斯有亲戚关系总是有优势的。刻甫斯的王国并非如今我们所知的埃塞俄比亚，而是从地中海东南岸向南扩展到红海，这一地区包括现在的以色列、约旦和埃及部分地区。托勒密将仙王座的形象描绘为戴着波斯国王头饰的样子。

刻甫斯娶的妻子是卡西俄佩亚，她是一个自负至极的女人，她的自吹自擂导致波塞冬派出一只海怪（鲸鱼座）去破坏刻甫斯王国的海岸。刻甫斯奉阿蒙神谕之命，将自己的女儿安德洛墨达锁在岩石上，向海怪献祭。英雄珀修斯杀死了海怪，并宣布娶安德洛墨达为妻。

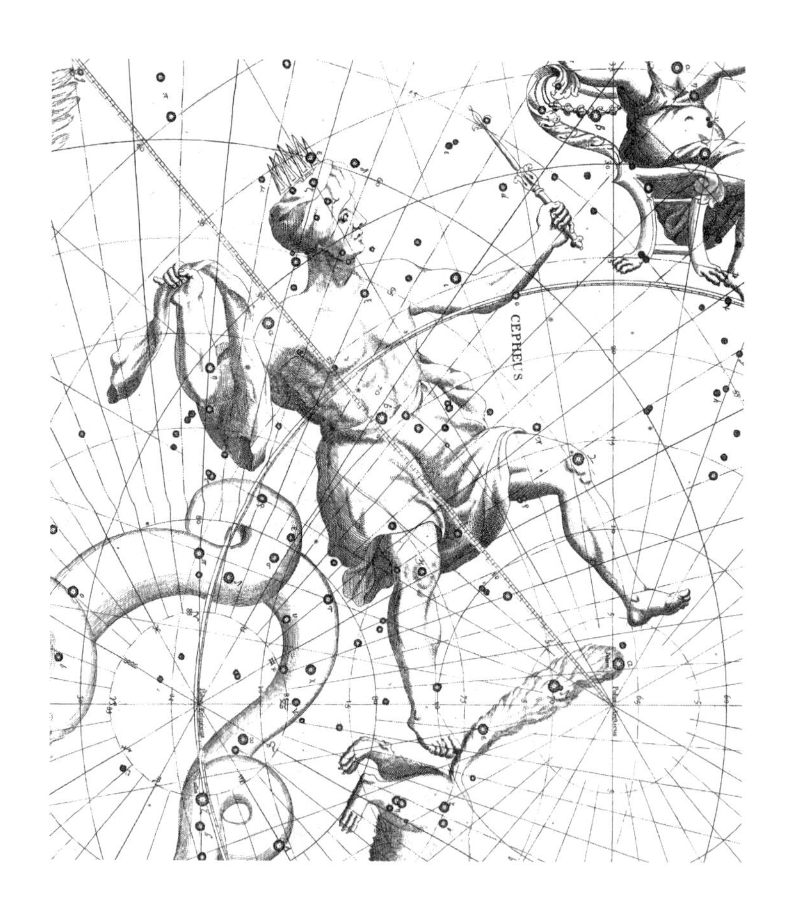

在《弗拉姆斯蒂德星图》中，仙王刻甫斯身着波斯国王的长袍和王冠，左手持国王权杖。（密歇根大学图书馆收藏）

刻甫斯国王在他的宫殿里举行了一场盛大的宴会，庆祝珀修斯和安德洛墨达的婚礼。然而安德洛墨达原本已被许配给刻甫斯的兄弟菲纽斯。庆祝活动中途，菲纽斯及其随从冲了进来，要求交出安德洛墨达，刻甫斯拒绝了。奥维德在《变形记》第五卷中详细描述了随后发生的可怕的战斗。刻甫斯退出了战斗，喃喃地说自己已经尽力了，留下珀修斯自卫。珀修斯杀了许多进攻者，让剩下的人看了蛇发女妖的头，把他们变成了石头。

在天空中，久经磨难的刻甫斯站在卡西俄佩亚旁边，双脚几乎挨到了北天极。每天晚上，他都绕着北天极旋转。从希腊所在的纬度看，刻甫斯到达最低点的时候会一头扎进大海，就像他那爱慕虚荣的妻子一样，尊严荡然无存。

仙王座最亮的星星是仙王座α星，名为Alderamin（中文名天钩五），星等为2.5等。但星座中最著名的星星是仙王座δ星（中文名造父一），这是一颗脉动超巨星，其亮度以5.4天为一个周期发生变化，天文学家用于估算空间距离的造父变星，就是以这颗星星为原型的。

对应的中国星座

在中国的天空中，仙王座α星、仙王座η星、仙王座θ星、仙王座ξ星、仙王座ι星和仙王座ο星，都属于“天钩”星官（也称“钩星”），天钩一共包含九颗星星。在天钩以南，仙王座δ星、仙王座λ星、仙王座ζ星、仙王座μ星和仙王座υ星组成星官“造父”，它是以传说中周穆王的御者造父的名字命名的。

在仙王座的北部，靠近仙后座和鹿豹座的边界处，有五颗星星组成“五帝内座”，代表五方上帝的座位。五方上帝被认为是天空中五个方向（即北、南、东、西、中）的统治者。不过，代表他们的到底是哪五颗星星，并不确定。

紫微垣东垣墙的一部分从天龙座开始，经仙王座延伸到仙后座，至于具体是哪些星星，说法不一。有关紫微垣的更多信息，参见第263页小熊座。

Cetus
— 鲸鱼座 —
海怪

属格：Ceti

缩写：Cet

面积排名：第4位

起源：托勒密在《天文学大成》中列出的48个希腊星座之一

希腊名：Κῆτος

埃塞俄比亚国王刻甫斯的妻子卡西俄佩亚吹嘘自己比海仙女涅瑞伊得斯更美丽，引发了神话中最著名的故事之一，其中的主要人物都通过星座的形式得到了纪念。海神波塞冬为报复卡西俄佩亚对涅瑞伊得斯的侮辱，派了一只可怕的怪物去破坏刻甫斯领地的海岸。那怪物是海里的一条龙，以鲸鱼座为代表。

为摆脱怪物，刻甫斯奉阿蒙神谕之命，将自己的女儿安德洛墨达献祭给怪物。安德洛墨达被锁在约帕（现在的特拉维夫）的悬崖上，等待可怕的命运降临。

神话学家将鲸鱼座想象为一种杂交动物，它拥有巨大的下颌、陆生动物的前脚，身上长着像海蛇般的一圈圈鳞片。因此，鲸鱼座在星图上被描绘成一种看起来最不可能存在的生物，与其说它样貌可怕，不如说它长相滑稽；有时它会被认为是一头鲸，因为拉丁语中Cetus的意思就是鲸。然而，其最初的希腊名Ketos指的是任意一种大型水生动物或海怪，在多数星图的描绘中，它看起来一点也不像鲸。

海怪像B级电影中的怪物一样向安德洛墨达袭来，如同一艘巨轮破浪前行，让安德洛墨达瑟瑟发抖。幸运的是，这时英雄珀修斯碰巧经过，改变了局面。珀修斯像老鹰一样猛扑到海怪背上，将钻石宝剑深深地刺入海怪的右肩。这只受伤的海怪既痛苦又愤怒，它站起来，转过身，残忍地用嘴去咬珀修斯。珀修斯一次又一次地将剑刺向这只巨兽，刺穿它的肋骨，刺穿它那长满藤壶的背部和尾巴根。海怪喷出鲜血，倒在海里，好像被水浸没的废旧船只。当地人对珀修斯心存感激，他们把海怪的尸体拖上岸，剥了它的皮，把它的骨头摆出来做展示。

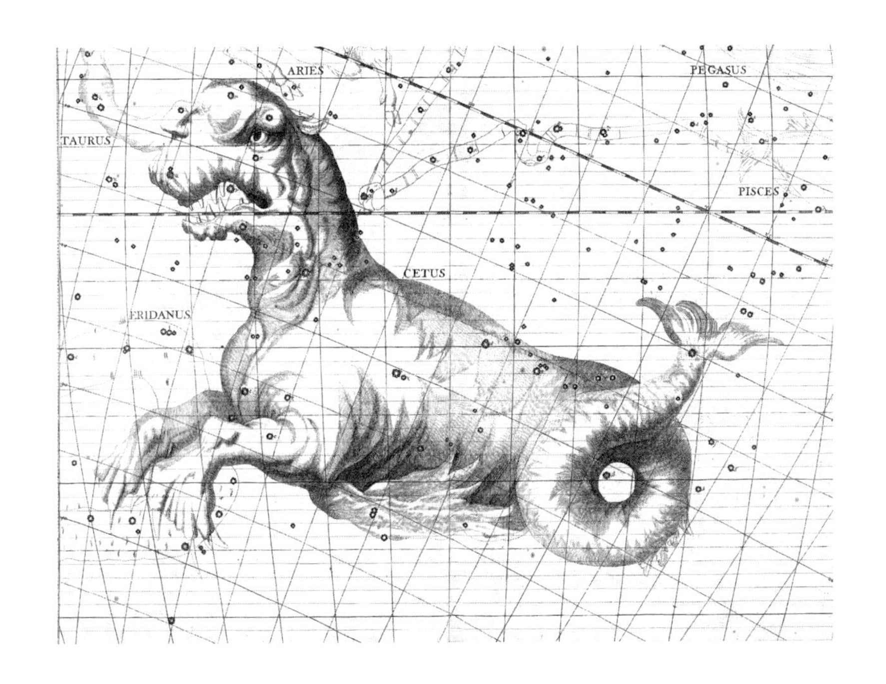

这是《弗拉姆斯蒂德星图》中从南天的海里出现的奇异海怪——鲸鱼座，《波德星图》给它起了另一个名字Monstrum Marinum。（密歇根大学图书馆收藏）

神奇的刍藁增二和鲸鱼座的星星

鲸鱼座是全天第四大星座，很适合代表这样的怪物，但星座中的星星都不是特别亮。其中最亮的是2等星鲸鱼座β星，国际天文学联合会正式将它命名为Diphda（中文名土司空），它曾经也被称为Deneb Kaitos，这个词来自阿拉伯语，意思是“海怪的尾巴”。在《天文学大成》中，托勒密把这颗星星描绘为“位于南边尾鳍的末端”；北边鳍上的那颗星星如今被我们称为鲸鱼座ι星。鲸鱼座α星在阿拉伯语中被称为Menkar（中文名天囷一），意思是鼻孔，这是个误称，因为这颗星星位于海怪的下巴上；在托勒密的描述中，鼻孔上的星星实际上是北边的那颗，如今它被称为鲸鱼座λ星。

鲸鱼座中最著名的星星是Mira（中文名刍藁增二），因亮度变化很大而得名；Mira是一个拉丁词语，意思是“神奇的那个”。有时，我们很容易用肉眼看见它，但大多数时候它都非常暗弱，不用天文望远镜或双筒望远镜的话看不见。刍藁增二是一颗红巨星，其亮度变化是由大小变化引起的。1596年，荷兰天文学家大卫·法布里丘斯首次记录了这颗星星，但其亮度变化的周期性直到1638年才被人们认识到。1662年，波兰天文学家约翰内斯·赫维留给这颗恒星取了Mira这个名字，当时它是人们已知的唯一一颗变星。

对应的中国星座

大约2 000年前，当中国星座系统首次建立时，鲸鱼座所在的这片天空的星座会在秋天傍晚升起，因此这里的星官多与农业和收割，特别是与谷物的储存有关。在鲸鱼座中，可以找到两座粮仓：一座是“天囷”，它是圆形仓库，由西方人想象为海怪的头部和颈部的十三颗星星组成，其中包括鲸鱼座α星、鲸鱼座γ星、鲸鱼座δ星和鲸鱼座ξ星；还有一座方形仓库叫“天仓”，由鲸鱼座身上的六颗星星（鲸鱼座ι星、鲸鱼座η星、鲸鱼座θ星、鲸鱼座ζ星、鲸鱼座τ星和鲸鱼座υ星）组成。虽然星官名字的含义里包含了对仓库形状的描述，但这些星星自身组成的形状既不是圆形也不是方形。天上还有第三座粮仓，叫作“天廪”，位于金牛座的边界上。[1]

天囷以南是“刍藁”，由靠近波江座边界的六颗星星组成，其中包括鲸鱼座ε星和鲸鱼座ρ星；这个星官代表动物饲料的供应，也有人认为它代表药草供应。鲸鱼座附近的七颗星星排成一圈，组成星官“天溷”，这是农场的粪坑或猪圈，但具体由哪些星星组成尚不确定。单颗的星星鲸鱼座β星是“土司空”，一位掌管土地、百姓和田籍的官员。

在鲸鱼座2、鲸鱼座6和鲸鱼座7所在的区域，有些星图上画了星官“八魁”，即一种用于捕鸟的网[2]。然而，比较古老的星图将八魁置于更靠南的玉夫座和凤凰座天区，这表明，随着岁差效应将这部分天空带到地平线之下，中国天文学家将这个星官渐渐向北移了。

---

1 实际上中国星座系统中还有第四座仓库，名叫“天庾”，指的是露天仓库，位于天炉座天区。——译注

2 应为用于捕获敌军的陷阱。——译注

Chamaeleon

—— 蝘蜓座 ——

变色龙

属格：Chamaeleontis

缩写：Cha

面积排名：第79位

起源：凯泽和德豪特曼的12个南天星座

天空中的蝘蜓座是以变色龙命名的，变色龙能改变自身肤色，以适应其情绪变化。蝘蜓座是代表奇异动物的星座之一，由荷兰航海家彼得·德克松·凯泽和弗雷德里克·德豪特曼在1595年至1597年绘制荷兰南天星图时引入。1598年，荷兰人彼得鲁斯·普兰修斯首次在天球仪上展示了这些新的南天星

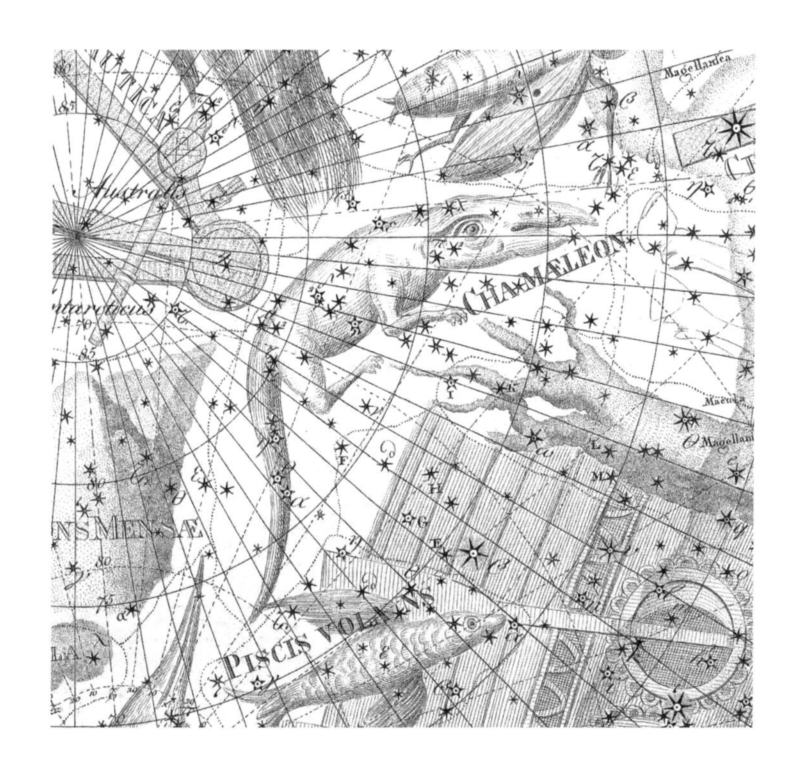

这是《波德星图》的第20幅图中的蝘蜓座。与其他作品不同，这幅图忽略了蝘蜓头顶上方的苍蝇座，它位于这幅图的顶部。（德意志博物馆收藏）

座，随后，它们很快被约翰·拜尔等人所采用，因为当时还没有其他关于遥远南天的观测资料。变色龙在马达加斯加很常见，1595年，荷兰舰队在前往东印度群岛的途中曾在那里停顿休整，补给储备，所以他们可能在那里看到了很多变色龙。

蝘蜓座位于南天极附近，紧挨着苍蝇座。在1600年的一座天球仪上，荷兰制图师约多克斯·洪迪厄斯描绘了变色龙伸出舌头捕捉苍蝇的情景。三年后，约翰·拜尔在其《测天图》中描绘了动作相同的变色龙，但他显然没有意识到旁边那只昆虫（当时尚未被命名）应该是什么——他把它描绘为一只蜜蜂，而非苍蝇，并将其命名为Apis，200年后波德也是这样写的。

洪迪厄斯和拜尔将变色龙的脚指向南天极，但法国人尼古拉·路易·德·拉卡耶在1756年的南天星图上把它掉了个个儿，使其背对着南天极，此后，这就成了它固定的星座形象。

蝘蜓座没有与之相关的传说，星座中也没有明亮的星星。

Circinus
—— 圆规座 ——
两脚规

属格：Circini
缩写：Cir
面积排名：第85位
起源：尼古拉·路易·德·拉卡耶的14个南天星座

圆规座是一个微不足道的星座，它代表几何学家、绘图师和航海家曾用来画圆、测距的圆规，这种仪器也叫两脚规。圆规座是18世纪50年代由法国人尼古拉·路易·德·拉卡耶引入的，他在南天已有的星座间新引入了各种各样的星座形象。这样一来，星座间几乎没有空隙了，两脚规挤在半人马座的前脚和南三角座之间。它是拉卡耶引入的14个星座里最小的一个，也是全天第四小的星座。

圆规座首次出现，是在1756年皇家科学院出版的星图上，那是拉卡耶首

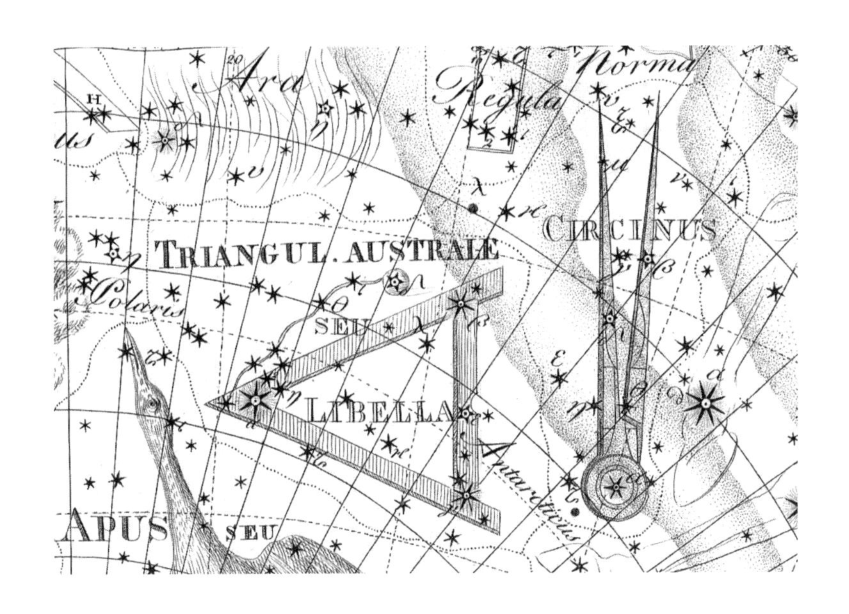

这是《波德星图》的第20幅图中的圆规座，其左边是南三角座，上边是矩尺座（三角尺和直尺）。圆规座右边的亮星是半人马座α星。（德意志博物馆收藏）

次描画南天星空，圆规座的名字以法语写作*le Compas*。在1763年的拉卡耶第二版星图上，圆规座的名字被拉丁化，写作Circinus。

圆规座被放在南三角座（凯泽和德豪特曼以前设立的星座，拉卡耶把它画成了测量师的水平仪）和矩尺座附近，矩尺座是拉卡耶创立的另一个星座，它们共同组成了一套相互关联的工具。

Columba
—— 天鸽座 ——

属格： Columbae

缩写： Col

面积排名： 第54位

起源： 彼得鲁斯·普兰修斯

天鸽座是16世纪末由荷兰制图师、天文学家普兰修斯设立的一个星座，

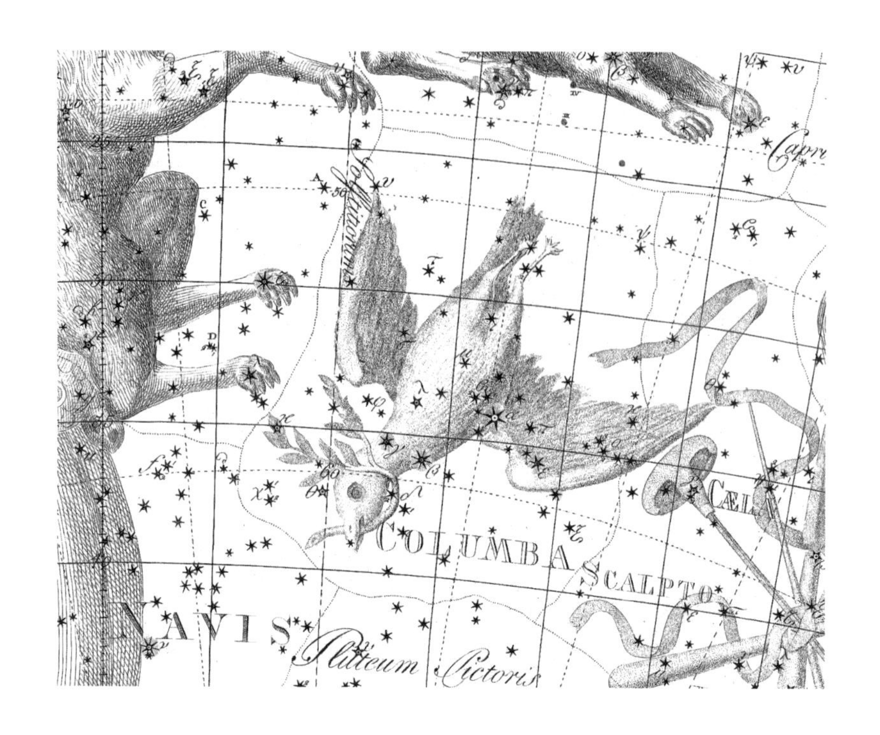

在《波德星图》的第18幅图中，天鸽座的鸽子嘴里衔着一根橄榄枝。（德意志博物馆收藏）

普兰修斯从托勒密的《天文学大成》里挑出了一些被编录在大犬座之外的星星，组成了这个星座。我们可以在丢勒星图的南天星图中看到，这些以前未被划分到星座里的星星呈现为两小群，一小群位于天兔座南边，另一小群位于大犬座的后腿之间。天鸽座最早作为一个独立的星座出现是在1592年，普兰修斯把它塞进自己第一幅壮丽星图的角落里，但没给它命名。天鸽飞在南船座的后边，大犬座的后腿下方。

天鸽座所代表的应该是诺亚的鸽子，方舟上的人派它去寻找没被洪水淹没的陆地，后来它衔着橄榄枝返回，标志着洪水终于消退。为展示《圣经》中的这个场景，1613年，普兰修斯甚至在天球仪上将南船座重命名为诺亚方舟座。不过，那些熟悉阿尔戈英雄故事（见第282页）的人，也可能会认为天鸽座代表阿尔戈号上的鸽子，当时勇士们为确保安全通过撞岩那开开合合的岩石，派出了一只鸽子。

在1603年的《测天图》中，约翰·拜尔将天鸽座画在了大犬座的那一页星图上，但没对其中的星星进行标注。法国天文学家尼古拉・路易・德・拉卡耶在其1756年的星表和平面天球图中给天鸽座的星星分配了希腊字母。

天鸽座中最亮的星星是天鸽座α星，它是一颗3等星，其名字Phact（中文名丈人一）来自阿拉伯语，意思是斑尾林鸽。

对应的中国星座

在中国天文学中，天鸽座区域的三对星星被用来描绘一家三代的场景。天鸽座α星和天鸽座ε星是老农夫——“丈人”，天鸽座β星和天鸽座λ星（或天鸽座γ星）是老农夫的儿子——“子”，而天鸽座κ星和天鸽座θ星（或天鸽座δ星）是老农夫的孙子——“孙”。天鸽座北部的一颗星星是“屎”，可能是天鸽座υ-2星或天鸽座μ星，代表天兔座天区的厕所——“厕”里的粪便。

Coma Berenices
—— 后发座 ——
贝勒尼基的头发

属格： Comae Berenices
缩写： Com
面积排名： 第42位
起源： 卡斯帕・沃佩尔

在牧夫座和狮子座之间，有一群暗弱的星星排列成扇形，希腊人早就知道这些星星的存在，但没把它们归为一个单独的星座，而是把它们算作狮子座的一部分。埃拉托色尼在介绍北冕座时提到这群星星，称其为阿德涅的头发；在介绍狮子座时，他又说这组星星是埃及王后贝勒尼基的头发，如今我们采用的是他的后一种说法。

托勒密在《天文学大成》的狮子座介绍中，将这群星星描述为“模糊的一团”，即一缕头发。（托勒密使用的词是Πλόκαμος，音译为拉丁语则是

Plokamos，也可译为发辫或辫子。）托勒密列出了这群星星中位于拐角处的三颗，这三颗星星如今被称作后发座γ星、后发座7和后发座23。在1515年的丢勒星图中，可以看到这三颗星星组成的三角形就位于狮子座尾巴上边，大熊座后腿的后边。

托勒密给第三颗星星添加了一个奇怪的描述——“形状像常春藤叶”，大概是形容这三颗星星的整体形状和内部模糊的样子。九个世纪后，波斯天文学家、占星家阿尔·苏菲在他的《恒星之书》中响应了这一描述，他写道，这组星星像“常春藤叶状的云”。由于有这些描述，这三颗星星的组合在中世纪有时会被描绘成常春藤叶，置于狮子座尾巴上方。

在《波德星图》的第7幅图中，后发座代表埃及王后飘逸的长发。托勒密描述的“模糊的一团”构成了这个星座的基础（实际上那是一群暗淡的恒星散射光线形成的效果），它位于图片右上方，在盘于脑后的发辫上。（德意志博物馆收藏）

1536年，德国数学家、制图师卡斯帕·沃佩尔首次在天球仪上将这群星星呈现为一个独立的星座，并将其命名为Berenices Crinis。1551年，荷兰制图师赫拉尔杜斯·墨卡托紧随其后，用拉丁语Cincinnus为这个星座命名，其意思是“一缕头发”。1602年，第谷·布拉赫在他那极富影响力的星表中将这个星座收录进去，将它命名为Coma Berenices，从而确保了它被广泛采用。沃佩尔、墨卡托和第谷所设想的这个星座，比托勒密描述的那“模糊的一团”要大得多，那“模糊的一团”如今被叫作梅洛特111星团。

现代定义的后发座中，最亮的三颗星星都是4等星，在1845年出版的《英国天文协会星表》里，弗朗西斯·贝利把它们分别记为后发座α星、后发座β星和后发座γ星。

一个令人毛骨悚然的故事

贝勒尼基是一个真实存在的人物，公元前246年，她嫁给了她的表兄托勒密三世尤尔盖特（希吉努斯说她是尤尔盖特的妹妹，但那是另一个贝勒尼基）。据说贝勒尼基是一位很棒的女骑手，在战斗中表现出色。希吉努斯在他的《诗情天文》中讲了这样一个故事：

似乎是在他们结婚后不久（希吉努斯说是几天后，实际上是几个月后），托勒密三世开始在第三次叙利亚战争中进攻亚洲。贝勒尼基发誓，如果自己的丈夫胜利归来，她会为感谢众神而剪掉自己的头发。次年，托勒密三世安全归来，松了一口气的贝勒尼基兑现诺言，将头发剪下来，放在泽费罗神庙（现在的埃及城市阿斯旺附近），献给她的母亲阿耳西诺厄（死后被证认为阿佛洛狄忒）。但在第二天，头发不见了。具体发生了什么，没有留下记录，但萨摩斯的科诺（公元前280—前220），一位在亚历山大工作的数学家和天文学家，指着狮子座尾巴附近的一群星星告诉国王，贝勒尼基的头发已升入群星之间。

事实上，头发消失，随后在星星间再次被发现，很可能只是为了在臣民中美化托勒密三世和他的王后。这个故事后来被宫廷诗人卡利马科斯（约公元前305—约前240）在其流行诗歌《贝勒尼基的一缕头发》中神话化了。

对应的中国星座

中国天文学家将后发星团的15颗星星连成了星官“郎位”，这是一群包括学者、学士和护卫在内的宫廷官员。郎位北边那颗星星叫“郎将”，代表保卫队的统领，它最有可能是后发座γ星，但也有人认为它是后发座31，甚至是猎犬座α星。后发座β星、后发座37和后发座41组成了星官“周鼎”，代表一尊三足青铜食器（但更早的传统将周鼎置于牧夫座天区）。

从后发座向南延伸到室女座，有五颗星星排成一串，其中最靠北的一颗是后发座α星；这串星星标志着太微垣的东垣墙，太微垣是天帝会见枢密院官员的地方。位于后发座南部的五颗暗星身份不明，组成“五诸侯”，代表五位统领各边邦诸侯的封建领主或诸侯[1]，聚集于太微垣中。太微垣中的其他星官，如今位于室女座和狮子座天区。

Corona Australis
—— 南冕座 ——

南天的王冠

属格：Coronae Australis

缩写：CrA

面积排名：第80位

起源：托勒密在《天文学大成》中列出的48个希腊星座之一

希腊名：Στέφανος νότιος

对希腊人来说，南冕座的形象不是一座王冠，而是花环，古老的星图里就是这样描绘它的。阿拉托斯并没有将它命名为一个单独的星座，而是简单地称其为人马座前脚下的一圈星星。也许，这些星星是从弓箭手的头上滑落下来的。

首次将南冕座记载为一个单独的星座，是公元前1世纪的事，希腊天文学家、

1　一般认为五诸侯是内五诸侯，是不需回到自己的诸侯国（也可能没有实际封国），只在天子身边参与治理国家的诸侯王。——译注

数学家罗德岛的盖明诺在他的天文学概论《现象导论》中做了这样的记载。他将这个星座命名为Νότιος στέφανος（南天的王冠），而在两个世纪后的《天文学大成》中，托勒密将其名字的写法颠倒了一下，改为Στέφανος νότιος。北天的王冠是北冕座，希腊人简单地将其记为Στέφανος。格马尼库斯说，这组弧形的星星也被称为天篷，它位于一个宝座上，但格马尼库斯没有解释这个宝座可能属于谁。

托勒密列出了组成南冕座的13颗星星，但其中有一颗在现代星图中被重新分配到了旁边的望远镜座中，它被称为望远镜座α星。

南冕座的星星当中没有一颗亮于4等，而且似乎也没有与之相关的传说，除非说它是狄俄尼索斯从冥界救出自己死去的母亲后所留下的王冠。希吉努斯在介绍北冕座时提到了这个神话，但它似乎并不在那个位置，希吉努斯可能把北冕座与南冕座弄混淆了。如果是这样的话，南冕座的花环将由桃金娘的叶子制成，因为狄俄尼索斯在冥王哈得斯那里留了一只桃金娘花环，作为救出母亲后的礼物，而狄俄尼索斯的追随者们头上就戴着桃金娘花环。

对应的中国星座

中国天文学家在南冕座天区看到了一只拥有坚固外壳的“鳖”，它位于银河

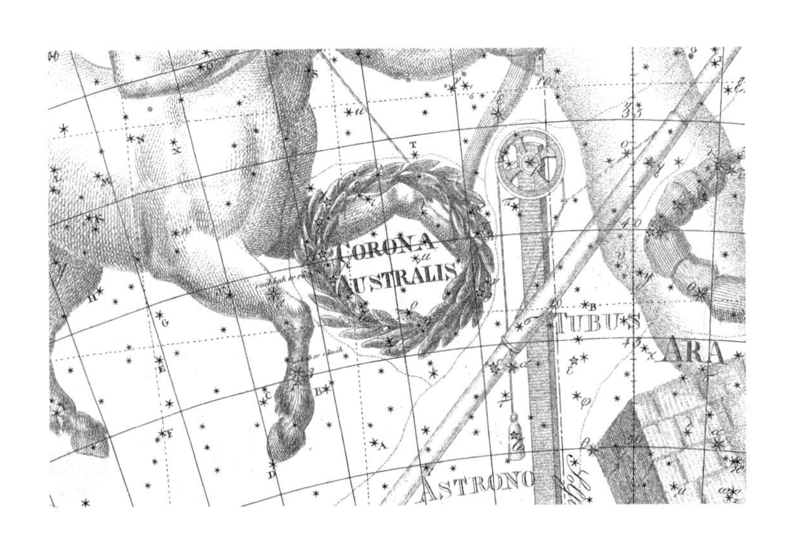

在《波德星图》的第15幅图中，南冕座位于人马座的前脚处。（德意志博物馆收藏）

岸边。这个星官一共包含14颗星星。有一种说法认为，鳖中的星星都来自如今的南冕座；但另一种观点认为，鳖中的星星延伸到了望远镜座α星所在的地方。不远处的天空中，还有一只乌龟——“龟”，它位于如今我们所知的天坛座天区。

Corona Borealis
— 北冕座 —

北天的王冠

属格： Coronae Borealis

缩写： CrB

面积排名： 第73位

起源： 托勒密在《天文学大成》中列出的48个希腊星座之一

希腊名： Στέφανος

在牧夫座和武仙座之间，有一组星星排成半圆形，它代表克里特岛的阿里阿德涅公主的金色王冠，她嫁给狄俄尼索斯时就戴着这座王冠。据说，王冠是由火神赫菲斯托斯制作的，上面镶嵌着来自印度的珠宝。

克里特岛国王米诺斯的女儿阿里阿德涅，因帮助忒修斯杀死牛首人身怪米诺陶洛斯而闻名于世。阿里阿德涅实际上是米诺陶洛斯同母异父的妹妹，其母亲帕西法厄与国王米诺斯的公牛共处后生下了一个牛首人身怪。为掩饰家族耻辱，米诺斯将牛首人身怪囚禁在工匠大师代达罗斯设计的迷宫中。迷宫非常复杂，无论是牛首人身怪还是其他任何冒险进入其中的人，都找不到出口。

一天，雅典国王埃勾斯的儿子——英雄忒修斯来到克里特岛。忒修斯是一个强壮、英俊的男人，拥有像赫拉克勒斯一样的许多优秀品质，是一位无与伦比的摔跤手。阿里阿德涅对他一见钟情。当忒修斯提出要杀死牛首人身怪时，阿里阿德涅向代达罗斯征求意见。代达罗斯给了她一个线团，并建议忒修斯将线的一端系在迷宫入口的门上，一边往里走一边放线。赤手空拳杀死牛首人身怪后，忒修斯顺着这根线回到了迷宫入口。

忒修斯和阿里阿德涅一同起航，前往纳克索斯岛，但刚到岛上，忒修斯就

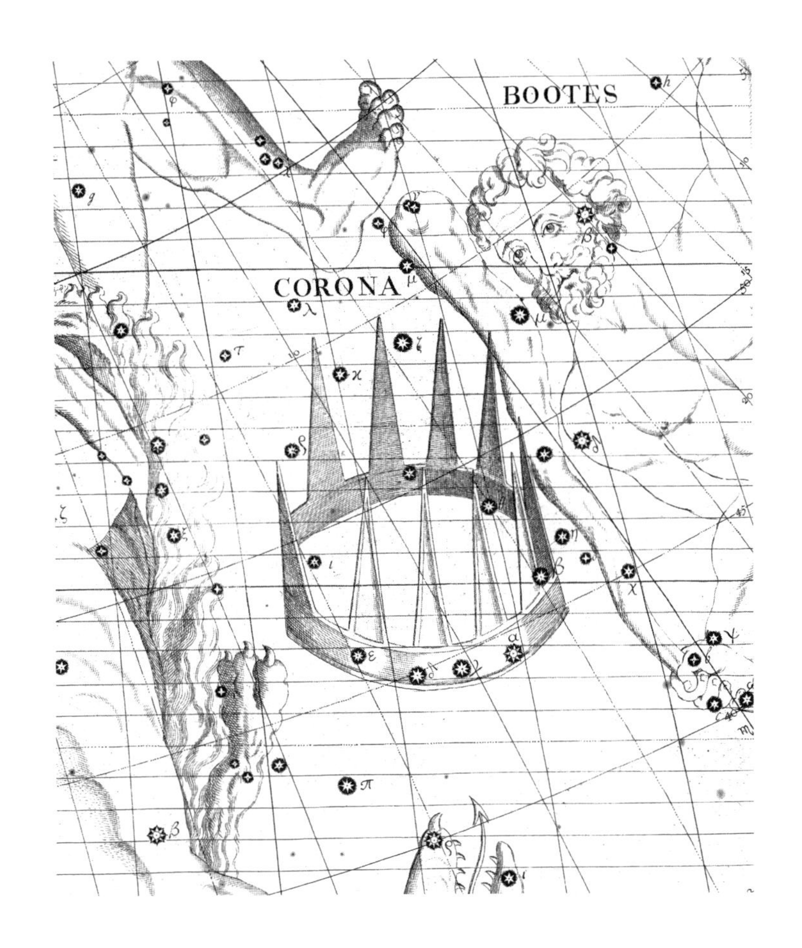

在《弗拉姆斯蒂德星图》中，北冕座是公主阿里阿德涅的宝石王冠。（密歇根大学图书馆收藏）

抛弃了她。阿里阿德涅坐在岛上咒骂忒修斯忘恩负义，狄俄尼索斯看到了她。狄俄尼索斯对阿里阿德涅一见钟情，当场便娶她为妻。

关于阿里阿德涅的王冠的来源，说法不一。有一个故事说，它是阿佛洛狄忒送给阿里阿德涅的结婚礼物。也有故事说，它是忒修斯从海神忒提斯那里得到的，王冠上闪耀的光芒帮助忒修斯找到了走出迷宫的路。不管怎么说，在他们结婚后，狄俄尼索斯高兴地将王冠抛向天空，王冠上的宝石变成了星星。

希腊人称北冕座为Στέφανος，意思是王冠或花环。在《天文学大成》中，托勒密列出了位于王冠上的八颗星星，它们组成一道弧形，从如今的北冕座π星延伸到北冕座ι星。北冕座中最亮的星星是北冕座α星，它是一颗2等星，正式名称是Alphecca（中文名贯索四），这个词来自阿拉伯语中的*al-fakkah*；它也曾一度被称作Gemma，在拉丁语中的意思是宝石。

对应的中国星座

北冕座是中国古代天文学家与西方天文学家以大致相同的方式描绘星座的少数几个例子之一，它在中西方都被描绘成了弧形，或者说是环形。因此，它在中国星图上很容易被认出来。中国天文学家用九颗星星组成这道环：从北冕座π星到北冕座ρ星的部分，名叫“贯索”，这是市井之贼的监狱；关押贵族罪犯的监狱叫“天牢”，它所在的位置更优越，在北边的大熊座天区中（紫微垣附近）。

北冕座χ星[1]位于星官“天纪”的一端，这个星官所包含的星星从北冕座一直延伸到旁边的武仙座中。

Corvus & Crater
—— 乌鸦座和巨爵座 ——

属格：Corvi，Crateris
缩写：Crv，Crt
面积排名：第70位，第53位
起源：托勒密在《天文学大成》中列出的48个希腊星座中的两个
希腊名：Κόραξ，Κρατήρ

乌鸦座和巨爵座是两个相邻的星座，它们在一个寓言故事中被联系在一起，这个故事至少可以追溯到公元前3世纪的埃拉托色尼时代。正如奥维德在《岁时记》中所说，阿波罗准备向宙斯献祭，派出乌鸦从流动的泉水中取水。乌鸦用爪子抓起碗，飞到一棵结满未成熟果实的无花果树上。乌鸦无视阿波罗的指令，等了几天，待果实成熟；此时，阿波罗不得不自己去寻找水源。

乌鸦饱食美味的果子之后环顾四周，寻找不在场证明。它用爪子抓起一条

1　在《仪象考成》中是北冕座ξ星。——译注

水蛇，将它带到阿波罗那里，怪水蛇堵住了泉水。但阿波罗的技能之一是预言术，他看穿了乌鸦的谎言，为了惩罚它，便让它总是口渴——这也许能解释为什么乌鸦的叫声那么刺耳。为纪念这一事件，阿波罗把乌鸦、杯子和水蛇都放在了天空中。

乌鸦被描绘成正在啄水蛇盘绕成圈的部位的样子，而水蛇则好像正试图移动杯子，以便乌鸦能喝到水。这只杯子通常被描绘成一只华丽的双耳杯，也就是希腊的双耳喷口杯，它向乌鸦倾斜，很诱人，但刚好位于口渴的乌鸦够不着的地方。这条水蛇是长蛇座，在另一个传说中，它被赫拉克勒斯给杀死了。

乌鸦是阿波罗的圣鸟，当巨大的怪物堤丰威胁到众神时，阿波罗化身为一只乌鸦逃走了。奥维德在《变形记》里讲的另一个故事中，乌鸦的羽毛曾像鸽子一样雪白，但后来它给阿波罗带了一个消息，说他的爱人科洛尼斯不忠。阿波罗一怒之下诅咒乌鸦，让它永世都是黑色的。

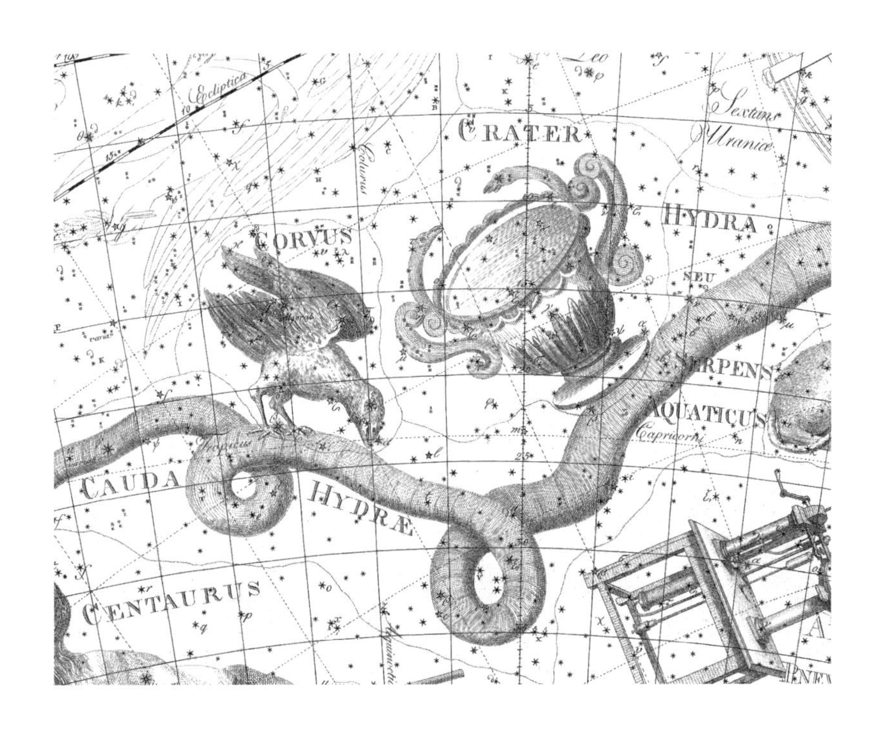

在《波德星图》的第19幅图中，乌鸦座和巨爵座是两个相邻的星座，位于长蛇座背上。在古希腊，krater是用于将酒与水混合的碗或瓶，而不是我们以为的杯子。（德意志博物馆收藏）

在希腊语中，巨爵座的名字是Κρατήρ，而乌鸦座的名字是Κόραξ。乌鸦座α星名为Alchiba（中文名右辖），代表乌鸦用来啄长蛇的喙；而乌鸦座β星代表乌鸦那牢牢抓在长蛇背上的爪子。在《天文学大成》中，托勒密说，这两颗星星和巨爵座底部的巨爵座α星一样，是巨爵座与长蛇座共享的星星；但在自己的星表中，托勒密只将这两颗星星列在了巨爵座中，并没有将它们列在长蛇座中。

乌鸦座中最亮的星星是乌鸦座γ星，名为Gienah（中文名轸宿一），它只比乌鸦座β星略亮，星等为2.6等（乌鸦座α星仅4.0等）。在《天文学大成》中，托勒密将这颗星星描述为位于“更靠前的右翅膀”上；然而，从乌鸦在天空中的位置来看，更靠前的翅膀实际上是左边那只（见上页图），所以看起来可能是托勒密或后来的抄写员把左右给弄颠倒了。乌鸦座δ星被称为Algorab（中文名轸宿三），它被托勒密置于“靠后的翅膀”上。

巨爵座中最亮的星星是巨爵座δ星，星等为3.6等，而巨爵座α星的星等仅为4.1等。因此，乌鸦座和巨爵座中，最亮的星星都不是α星。

对应的中国星座

在中国的星座系统中，如今的乌鸦座β星、乌鸦座γ星和乌鸦座ε星组成星官“轸”，即一种马车或战车；二十八宿中的第二十八宿（即最后一宿）名叫轸宿。紧挨着“轸”的两个对角的星星——乌鸦座α星和乌鸦座η星代表固定车轮的部件。[1]中心的星星乌鸦座ζ星，被称为“长沙”，代表棺材。[2]

巨爵座的星星加上长蛇座的一些星星，组成了一个巨大的蜘蛛状图案，这是一个由22颗星星组成的星官，名为“翼”，代表南方朱雀的翅膀。二十八宿中的第二十七宿，就叫翼宿。

1 这两颗星星分别是星官“右辖”和“左辖”。——译注

2 星占中长沙星主王侯寿命。——译注

Crux

—— 南十字座 ——

南天的十字

属格：Crucis

缩写：Cru

面积排名：第88位

起源：彼得鲁斯·普兰修斯

南十字座是88星座中最小的一个。南十字座的星星为古希腊人所知，并由托勒密在《天文学大成》中编目，但那时，它被视为半人马座后腿的一部分，而非一个单独的星座。后来，由于岁差的影响，天极相对于恒星的位置逐渐漂移，南十字座的星星从欧洲人的视野中消失了，直到16世纪才被南下的航海家重新发现。

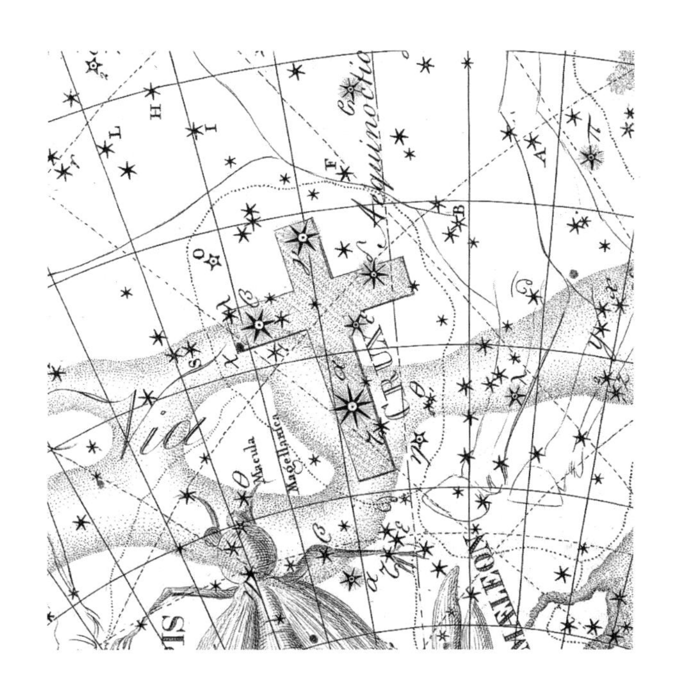

南十字座位于半人马座的后腿下方，其中的星星被希腊人视为半人马座的一部分。南十字座天区中包含一个暗尘埃云，现代天文学家称其为煤袋星云，但在《波德星图》的第20幅图中，波德将其命名为麦哲伦暗斑。（德意志博物馆收藏）

意大利探险家阿梅里戈·韦斯普奇（1454—1512）在1501年的星图上，似乎绘制了半人马座α星、半人马座β星和南十字座的星星，但最准确的早期绘制，是由意大利航海家安德烈亚·科尔萨利（1487—?）在1515年进行的。科尔萨利将其描述为“如此精致美丽，天空中没有其他符号可与其媲美”。此后，航海家开始使用南十字座作为指向南天极的指针；16世纪末，南十字座被天文学家纳为独立的星座。

最早使南十字座以现在这样的形象出现在天球仪上的，是荷兰制图师彼得鲁斯·普兰修斯（1598）和约多克斯·洪迪厄斯（1600）。普兰修斯早些时候曾绘制过一个风格化的南天十字，但其位置是在波江座以南的另一片完全不同的天区。第一个认出南十字真实身份的人，也许是英国地理学家、探险家罗伯特·休斯（1553—1632），显然，他很熟悉托勒密的星表。正如休斯在1594年出版的《地球仪及其使用论》一书中说到的，他在1591年至1592年环球航行期间亲眼看见了南十字的星星，并意识到“它们只不过是半人马脚下比较亮的星星”。

1597年，普兰修斯的同僚约多克斯·洪迪厄斯将休斯的书翻译成荷兰语。同年，普兰修斯收到了其同胞彼得·德克松·凯泽对南天恒星进行的第一次准确观测结果。毫无疑问，休斯当时将这些星星识别为半人马座的一部分是对的。

受益于这一启示，约翰·拜尔在1603年的《测天图》中给半人马座的后腿上画了一个十字架，但他仍然将这些星星标记为半人马座的一部分。在另一位荷兰航海家弗雷德里克·德豪特曼出版于1603年的南天星表中，南十字座的五颗主要的星星首次被列到一个单独的星座里，名为De Cruzero。第一幅将南十字座与半人马座分开展示的印刷星图，是1624年由德国天文学家雅各布·巴尔奇创作的。

南十字的星星和一只煤袋

南十字座中最亮的星星被称为Acrux（中文名十字架二），这个名称最初由海员们使用，其科学名称是南十字座α星。它在天球上位于赤纬−63.1度处，是最靠南的1等星。南十字座β星和南十字座γ星的名称分别是Becrux（中文名十字架三）和Gacrux（中文名十字架一），它们具有相似的现代起源；不过，国际天文学联合会认可的南十字座β星名称是Mimosa（中文名十字架三），Becrux只是它的另外一个名字，不是官方名。

南十字座中包含一个著名的暗云，名叫煤袋星云，它由气体尘埃组成，在明亮的银河背景下呈现为一片暗影。最早对它进行描述的，是阿梅里戈·韦斯普奇于1503年或1504年发表的一篇文章，该文将其形容为“巨大的黑色华盖”。

对应的中国星座

中国天文学家与托勒密所在的纬度差不多，因此他们能够看到的星星与托勒密相同，包括南十字的星星。然而，大约1 500年前，就像欧洲天文学家所看到的那样，岁差的影响逐渐将这些南天的星星带到了地平线之下。

我们如今称作南十字座α星、南十字座β星、南十字座γ星和南十字座δ星的星星，曾经是星官“库楼”的一部分，库楼代表一座军用仓库。在孙小淳和基斯特梅克的著作《中国汉代星空》中，这四颗星星在仓库的南端组成了一座菱形的塔。然而，这个图案后来被放在了比半人马座的星星更靠北的地方。可能因为南十字从他们的视野中消失了，所以中国天文学家在星图上逐渐将库楼的这一部分向北移。出于同样的原因，随着时间的推移，将星官向北移的类似操作也会对这片天区的其他星官产生影响。

Cygnus
—— 天鹅座 ——

属格： Cygni

缩写： Cyg

面积排名： 第16位

起源： 托勒密在《天文学大成》中列出的48个希腊星座之一

希腊名： Ὄρνις

天鹅座有一个更流行的名字，叫作北十字，实际上，它比著名的南十字要

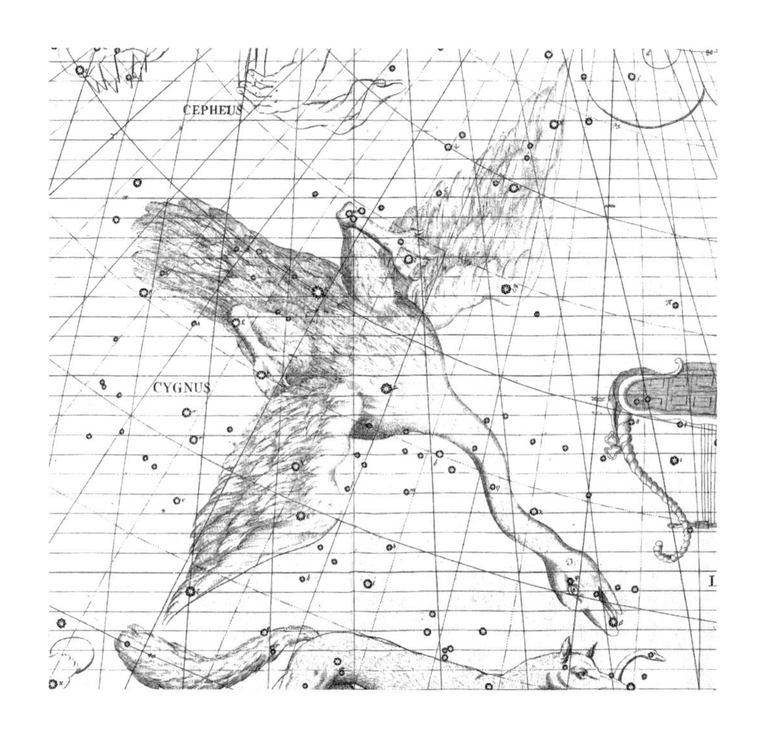

在《弗拉姆斯蒂德星图》中，天鹅正沿着银河飞翔。位于它尾巴根部的亮星是天津四，在这里简单地用希腊字母α标记。（密歇根大学图书馆收藏）

大得多，特征也更明显。这里的十字形状被希腊人形象化，成为一只沿着银河飞翔的天鹅，它脖子长长的，翅膀张开，尾巴短粗。阿拉托斯说它的局部有些朦胧，无疑是因为银河贯穿其中。神话学家告诉我们，天鹅不过是宙斯众多爱情之路上的一次伪装，至于宙斯追求的目标到底是什么，则众说纷纭。

有一个版本的故事可以追溯到公元前3世纪的埃拉托色尼，这个故事说，有一天宙斯看上了女神涅墨西斯，她住在雅典东北部一个名叫拉姆诺斯的地方。为逃避宙斯那令人厌恶的追求，她化身为各种动物，先是跳进河里，然后越过陆地，最后变成一只雁飞了起来。宙斯不甘示弱，变换各种形象去追她，且每一次都将自己变成比她个头更大、速度更快的动物，直到最终变成一只天鹅，抓住她并强占了她。希吉努斯讲了一个类似的故事，但没有提涅墨西斯变身的事。相反，他说宙斯假装是一只逃脱了老鹰追击的天鹅，而涅墨西斯给天鹅提供了庇护。直到涅墨西斯抱着天鹅睡了一觉之后，她才发现自己犯了错误。

这两个版本的故事结局都是涅墨西斯生了一枚蛋，然后蛋被送给了斯巴达女王勒达。有人说送蛋的人是赫尔墨斯，有人说是一位路过的牧羊人，他在森林里发现了一枚蛋。从蛋里孵出了美丽的海伦，她就是后来著名的特洛伊的海伦。

勒达与天鹅

一个简化的故事说，宙斯变成天鹅，在欧罗塔斯河畔引诱了勒达；基于这个故事，格马尼库斯·恺撒在提到天鹅时称其为“有翅膀的奸夫”。勒达是斯巴达国王廷达瑞俄斯的妻子，这样一来结果变得相当复杂，因为她在当天晚些时候与她的丈夫同床共枕。

有一种说法是，勒达生了一枚蛋，蛋里孵出了双胞胎卡斯托和波吕丢刻斯，还有海伦。据说这枚蛋的蛋壳被陈列在斯巴达的一座寺庙里，用丝带悬吊在天花板上。还有一种说法是勒达生了两枚蛋，其中一枚蛋里孵出了卡斯托和波吕丢刻斯，另一枚蛋里孵出了海伦和她妹妹克吕泰涅斯特拉。更令人困惑的一种说法是波吕丢刻斯和海伦是宙斯的孩子，而卡斯托和克吕泰涅斯特拉是廷达瑞俄斯的孩子。天空中的双子座纪念的就是卡斯托和波吕丢刻斯，而波吕丢刻斯更为人熟知的是他的拉丁名波吕克斯。

阿拉托斯将天鹅座简称为Ὄρνις，意思是鸟。半个世纪后，埃拉托色尼将其证认为天鹅（拉丁译名为Cygnus）。尽管埃拉托色尼认为这个星座是一只天鹅，但在大约350年后的《天文学大成》中，托勒密跟阿拉托斯一样，提到这个星座时称其为一只不知名的鸟。

天鹅座α星和天鹅座β星，再加一个黑洞

天鹅座最亮的星星Deneb（天鹅座α星，中文名天津四）标示的是天鹅的尾巴，其名字来自阿拉伯语中的*dhanab*，意思是尾巴。波德在星图中将其称为Deneb Edegige，这个词来自阿拉伯语中的*Dhanab al-Dajāja*，意思是母鸡的尾巴。令人惊讶的是，希腊人竟然没给这颗著名的星星起名。天鹅座α星是一颗极亮的超巨星，距离我们大约1 400光年远，它是所有的1等星中离我们最远的一

颗。它与天琴座的织女星、天鹰座的牛郎星，共同组成著名的夏夜大三角。

天鹅的喙上有一颗星星，名为Albireo（天鹅座β星，中文名辇道增七），小型望远镜显示，这是一对美丽的双星，成员星的颜色分别是漂亮的绿色和琥珀色，就像天上的红绿灯。德国历史学家保罗·库尼奇追溯了Albireo这个名字的曲折历史。它始于希腊语Ὄρνις的阿拉伯语翻译，而Ὄρνις是阿拉托斯和托勒密给这个星座起的名字。中世纪时，这个阿拉伯名被译回拉丁名时出错了，与一种草本植物的名字相混淆，写成了ab ireo。这个词就这样被误认为是天鹅座β星的阿拉伯名，并在此后被写为Albireo。因此，虽然Albireo这个名字看起来像阿拉伯语，但实际上毫无意义。

天鹅座位于银河之中，用双筒望远镜扫视，你会发现其中有许多迷人的区域。这里最著名的天体没法通过光学手段看见，那是一个距离我们6 000光年远的黑洞，名为天鹅座X-1，就在天鹅的脖子中央。

对应的中国星座

在中国天文学中，银河被形象化为一条天河。天津四和天鹅座翅膀上的八颗星星（包括天鹅座γ星、天鹅座δ星和天鹅座ε星）组成星官“天津”，代表天河上的渡口或桥梁。天河在这片区域似乎比较浅，正如我们如今所知，这是因为一团暗云遮住了后面那些星星的光，暗云的名字叫天鹅座暗隙。

在天鹅座北部，以天鹅座ι星为中心的四颗星星组成了星官“奚仲”，它以传说中一位驭手的名字命名，据说他发明了马车——也许奚仲就相当于中国的御夫座。

天鹅座和蝎虎座的七颗星星组成了星官“车府”，代表一个战车编组场，至于其中包含哪些星星，则说法不一。孙小淳和基斯特梅克认为，组成车府的星星都位于天鹅座中。有五颗星星从天琴座穿过星座边界进入天鹅座，止于天鹅座4和天鹅座8[1]，它们连成一条线，组成了星官“辇道”，这是一条连接皇家宫殿的道路。

令人惊讶的是，天鹅座β星和天鹅座颈部的其他星星，并没有被纳入任何中国星官。

1　在《仪象考成》中是天鹅座4和天鹅座17。——译注

Delphinus
— 海豚座 —

属格： Delphini

缩写： Del

面积排名： 第69位

起源： 托勒密在《天文学大成》中列出的48个希腊星座之一

希腊名： Δελφίν

对希腊水手来说，海豚是很常见的一种动物，因此，这些友好且聪明的动物出现在天空中也就不足为奇了。有两个故事解释了天空中为什么会有海豚座。根据埃拉托色尼的说法，这只活泼的海豚代表海神波塞冬派出的使者。

宙斯、波塞冬和哈得斯推翻了他们的父亲克洛诺斯之后，瓜分了天空、大海和冥界，波塞冬继承了大海。他在欧波亚岛附近为自己建造了一座宏伟的水下宫殿。尽管宫殿富丽堂皇，但波塞冬没有娶妻，总感觉空荡荡的，因此他准

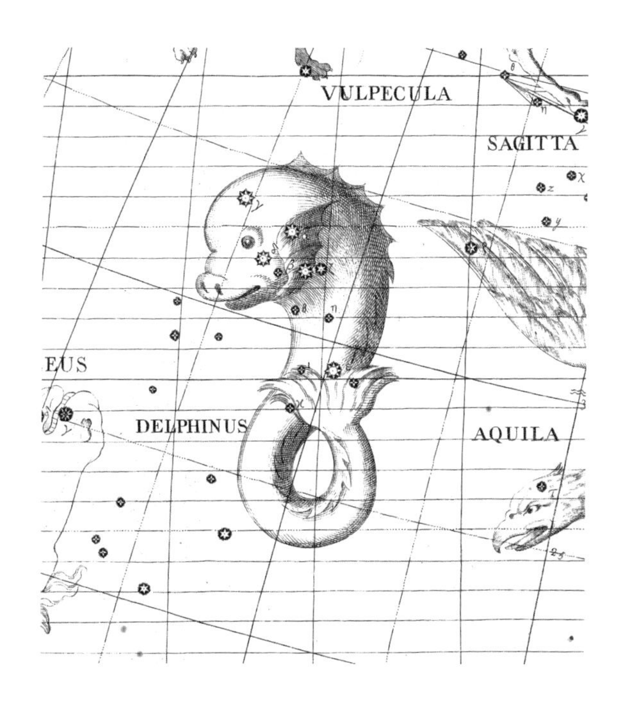

《弗拉姆斯蒂德星图》中，一只俏皮的海豚在群星间跳跃。（密歇根大学图书馆收藏）

备寻找一位妻子。他向安菲特里忒求爱，后者是涅瑞伊得斯海仙女中的一位，但她逃离了波塞冬的粗暴追求，躲到了其他仙女中间。波塞冬派使者去追她，其中包括一只海豚。海豚找到了她，抚慰她，并将她带回波塞冬身边，后来，她与波塞冬结婚了。出于感激，波塞冬把海豚的形象放在群星之间。

另一个版本的故事来自希吉努斯和奥维德，它说这只海豚拯救了阿里昂的生命，阿里昂是公元前7世纪存在于现实世界中的诗人、音乐家。他出生于莱斯沃斯岛，名声传遍整个希腊，据说他弹奏七弦琴的水平无可匹敌。结束了西西里岛和意大利南部的巡回演出后，阿里昂乘船返回希腊，水手们密谋杀死他并偷走他赚来的一小笔钱财。

当水手们拔出剑将他包围时，阿里昂请求他们允许自己再唱最后一首歌。他的歌声吸引了一群在船边游来游去、嬉戏跳跃的海豚。怀着对众神的信仰，阿里昂从船上一跃而下，一只海豚将他背回了希腊，后来，阿里昂在希腊跟袭击他的那些人对峙，那些人被判处了死刑。音乐与诗歌之神阿波罗，将海豚和代表阿里昂七弦琴的天琴一起放在了星座中。海豚座在希腊语中被称为Δελφίν或Δελφίς。

海豚座的星星

海豚座中有两颗星星的名字很特别，它们分别是Sualocin（海豚座α星，中文名瓠瓜一）和Rotanev（海豚座β星，中文名瓠瓜四）。它们首次出现，是在1814年由意大利天文学家朱塞佩·皮亚齐（1746—1826）编制的巴勒莫星表中。将这两颗星星的名字从后往前反着拼写，就成了Nicolaus Venator，这是尼科洛·卡恰托雷（1770—1841）的名字拉丁化之后的写法，此人是皮亚齐的助手，也是巴勒莫天文台的最终继任者。人们通常认为，卡恰托雷负责给星星命名，他也因此成为唯一的一个用自己名字给星星命名并侥幸过关的人。不过，也有可能是皮亚齐用这样的名字来奖励他的既定接任者，或者说“太子”（dauphin，与dolphin发音相近）。

大概因为海豚座的星星连起来像一只细长的盒子，它曾被大众叫作“约伯之棺”，但有时这个名字仅用于指代由海豚座α星、海豚座β星、海豚座γ星和海豚座δ星这四颗星星组成的菱形。“约伯之棺”的名字是何时由谁给起的，就不得而知了。

对应的中国星座

“约伯之棺”的星星（海豚座α星、海豚座β星、海豚座γ星和海豚座δ星），加上海豚座ζ星，组成了中国星官“瓠瓜”；而海豚座ε星、海豚座η星、海豚座θ星、海豚座ι星和海豚座κ星，组成了星官“败瓜”。这两个中国星官代表一对葫芦，它们可能来自葫芦藤，或者说是葫芦科的植物。葫芦是一种瓜，可食用，也可用于制作容器。瓠瓜据说是一种坚硬的干葫芦，可能用作容器或勺子；而败瓜则被描述为熟过头或腐烂的葫芦，显然，它已经从藤上脱落了。

Dorado
—— 剑鱼座 ——
金鱼

属格：Doradus
缩写：Dor
面积排名：第72位
起源：凯泽和德豪特曼的12个南天星座

剑鱼座是由荷兰航海家彼得·德克松·凯泽和弗雷德里克·德豪特曼在16世纪末引入的一个南天小星座。1598年，荷兰人彼得鲁斯·普兰修斯首次将剑鱼座描绘在天球仪上。1603年，剑鱼座首次出现在拜尔的《测天图》中。

剑鱼座代表一种发现于热带水域的色彩缤纷的鲯鳅，而不是在池塘和水族馆里常见的金鱼。荷兰探险家注意到这些大型掠食性鱼类会追逐飞鱼，因此星图中的剑鱼座被放在飞鱼座的后面。这个星座的名字也被写作Xiphias，作为Dorado的替代名称，它最早出现在约翰内斯·开普勒于1627年出版的鲁道夫星表中。1801年的《波德星图》中，约翰·波德将其写作Xiphias，如图所示。

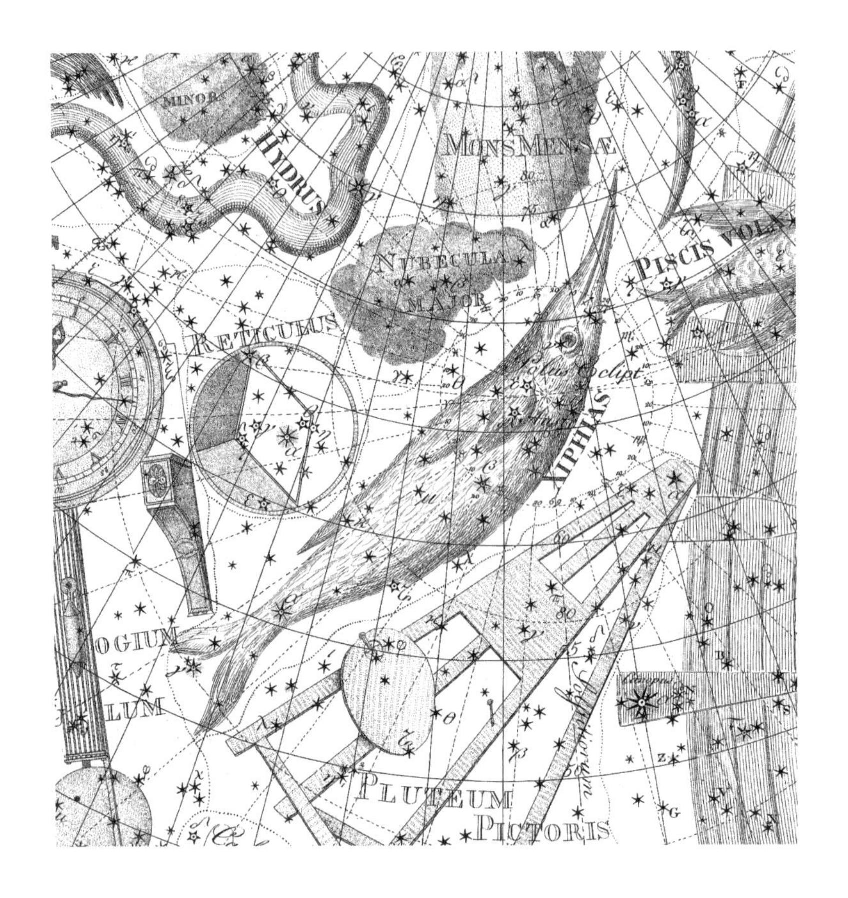

《波德星图》的第20幅图中，剑鱼座的名字显示为Xiphias，意思是“剑鱼”。其上方标示为Nubecula Major的天体，就是著名的大麦哲伦云。（德意志博物馆收藏）

大麦哲伦云和剑鱼座30

剑鱼座的主要声望，源于它所在的天区覆盖了大麦哲伦云的一大半。大麦哲伦云是与我们银河系相邻的一个小星系，距离我们大约170 000光年远。和杜鹃座天区的小麦哲伦云一样，关于它的最早描述，见于意大利探险家阿梅里戈·韦斯普奇在1503年或1504年发表的一篇文章。他在文中写道：“看到了三个华盖，两个亮，一个暗。”显然，韦斯普奇不仅看到了大小麦哲伦星系，还看到了煤袋星云，煤袋星云位于和北天极对应的南天极附近的南十字座中。另一位意大利探险家安东尼奥·皮加费塔（约1491—约1531）在1519年至1522

年与斐迪南·麦哲伦一起进行了第一次环球航行，他写道："两朵云，彼此有点分离，有点暗淡"。这两朵云最终被称为麦哲伦云（Magellanic Clouds），但如上页图所示，在1801年的约翰·波德星图集上，"云"的单词仍然写作nubecula（拉丁语中的"云"），这个写法比较知名。

埃德蒙·哈雷在1679年的《南天星表》末尾注释中提到"两朵云，被水手们称作麦哲伦云"。在1761年出版的南天星表的介绍中，法国天文学家尼古拉·路易·德·拉卡耶说，它们"通常被称为麦哲伦云"。然而，直到1847年，约翰·赫歇尔在他的《在好望角进行的天文观测结果》中发表了两幅画，题为"肉眼所见的两个麦哲伦云"，这个名字似乎才终于被确定下来。

顺便说一句，理查德·欣克利·艾伦在他的著作《星名的传说与含义》中，将大麦哲伦云的先验知识归功于10世纪的阿拉伯天文学家阿尔·苏菲，但这是对船底座和船帆座中一些星星的误解。实际上，直到15世纪末，阿拉伯人才从航海大师艾哈迈德·伊本·马吉德（约1430—约1500）那里得知麦哲伦云的存在，那时，大麦哲伦云在西方才刚刚为人所知。

在大麦哲伦云内，有一个巨大的星云NGC 2070，通常被称为蜘蛛星云，它非常亮，足以在1603年的约翰·拜尔南天星图上被当成一颗恒星。蜘蛛星云也被称为剑鱼座30或剑鱼座30星云。30是它在波德星表中的编号，波德星表在1801年与波德星图集一起出版。

Draco
—— 天龙座 ——

属格： Draconis

缩写： Dra

面积排名： 第8位

起源： 托勒密在《天文学大成》中列出的48个希腊星座之一

希腊名： Δράκων

天龙座是盘绕在北天极周围的一条龙，希腊人称其为Δράκων。传说这是

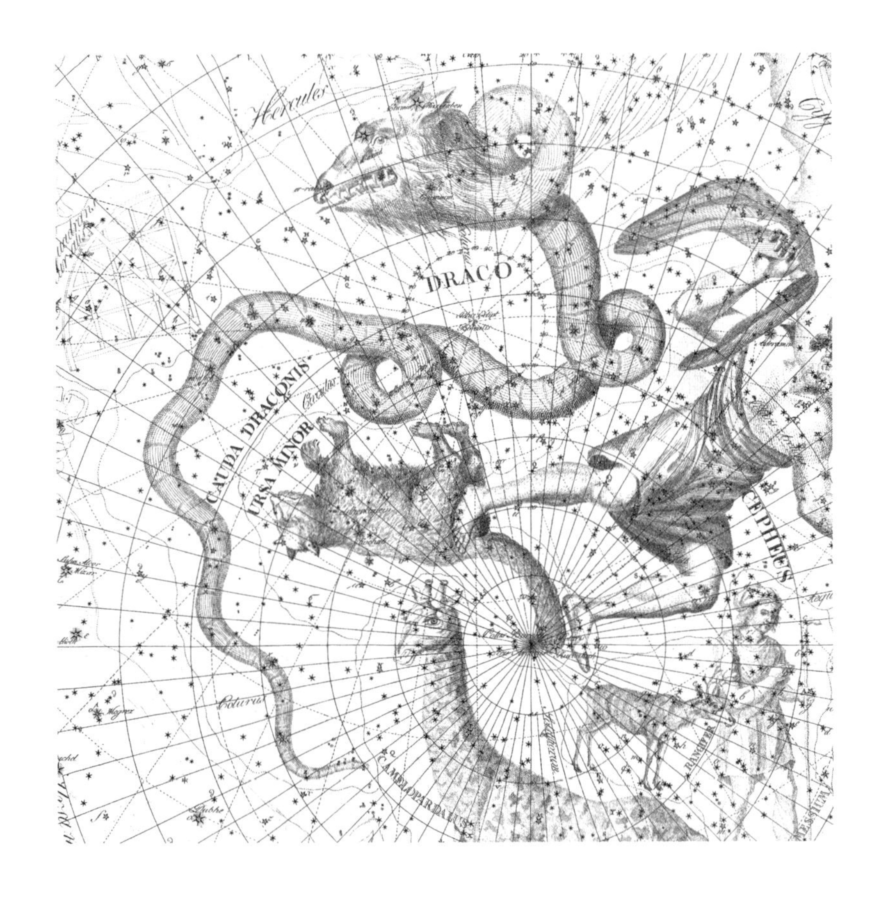

《波德星图》的第3幅图中，天龙座盘旋在北天极周围。天龙长长的尾巴在这幅图中被记为天龙尾，一直延伸到大熊和小熊之间的区域。在这幅图的上方，赫拉克勒斯的脚踩着天龙头。（德意志博物馆收藏）

赫拉克勒斯在他的一项任务中杀死的龙，在天空中，赫拉克勒斯（代表旁边的武仙座）的一只脚牢牢地踩在这条龙的脑袋上。这条名叫拉冬的龙，负责看守珍贵的金苹果树。

赫拉嫁给宙斯时，结婚礼物是金苹果树。她非常高兴，将这棵树种植在阿特拉斯山坡上的花园里，并让阿特拉斯的女儿赫斯珀里得斯姊妹看守它。多数权威人士认为，赫斯珀里得斯姊妹是三个人，但阿波罗多洛斯认为她们是四个人。事实证明，她们是不值得信赖的守卫，因为她们一直在摘苹果。因此赫拉采取了更严厉的措施，派了一条名叫拉冬的龙守在苹果树周围，以抵御偷盗者。

根据阿波罗多洛斯的说法，拉冬是怪物堤丰和厄喀德那的后代，厄喀德那是一种半身是女人，半身是蛇的生物。阿波罗多洛斯说，拉冬有一百个脑袋，每个脑袋都能用不同的声音说话。但赫西俄德说这条龙是海神福尔西斯和刻托的后代，没说它有多少个脑袋。天空中的这条龙，只有一个脑袋。

大英雄赫拉克勒斯的任务之一，是从金苹果树上偷一些苹果。为此，他用毒箭杀死了这条龙。罗得岛的阿波罗尼俄斯回忆说，在赫拉克勒斯射杀拉冬的第二天，阿尔戈英雄们就遇到了拉冬的尸体。这条龙待在苹果树的树干上，盘绕着的身体已经死去，尾巴还在抽搐。它那因毒药而溃烂的伤口上有一些苍蝇，它们也已经被毒死了。旁边的赫斯珀里得斯姊妹因龙的死去而感到悲痛，她们用白色的手臂遮住龙的金色脑袋。赫拉将龙的形象放在天空中，设为天龙座。

天龙座的星星

天龙座所占的天区面积相当大，在全天星座中排名第八，但这个星座并不是特别显眼。天龙座中最亮的星星是天龙座γ星，星等为2等，其名字Eltanin（中文名天棓四）来自阿拉伯语中的*al-tinnin*，意思是蛇。根据托勒密的说法，它位于龙的头顶。天龙座γ星被乔治·艾里爵士（1801—1892）授予“现代天文学诞生之星”的荣誉，因为它是詹姆斯·布拉德利（1692—1762）的观测目标，1728年，布拉德利宣布自己发现了光行差。这是地球绕太阳运行的第一个观测证明。

天龙座α星位于龙身上，其名字Thuban（中文名右枢）来自阿拉伯词语*ra's al-tinnin*高度变形之后的词，意思是蛇的头。天龙座β星位于龙的眼睛附近，其名字Rastaban（中文名天棓三）是同一个阿拉伯词语高度变形后的另一个词。天龙座β星、天龙座γ星、天龙座ν星和天龙座ξ星组成一个菱形，西方人将其看作龙的头部，但阿拉伯贝都因人将其想象为四头母骆驼，中间有一头小骆驼，小骆驼由一颗未被托勒密提及的6等星来代表，阿拉伯人称之为*al-ruba'*，如今写作Alruba。天龙座μ星是双星，星等为5等；在托勒密的描述中，它位于龙的舌头上，名为Alrakis（中文名天棓增九），这个词来自阿拉伯语中的*al'rāqis*，意思是“小跑的骆驼”。

对应的中国星座

在中国天文学家的想象中，有两堵垣墙包围着北天极天区，天龙座的区域包含了这两堵垣墙的大部分（有关这片天区的更多信息，参见第263页小熊座）。东垣墙始于天龙座ι星，经天龙座θ星、天龙座η星、天龙座ζ星和其他一两颗身份不确定的星星，一直延伸到仙王座中。西垣墙从天龙座α星开始，经天龙座κ星和天龙座λ星，一直延伸到大熊座，随后进入鹿豹座。

在天龙座最北端，最靠近天极的星官是“天柱”，它由五颗暗弱的星星组成，身份不明。这些柱子据说被用于张贴政令，但它们也可能代表支撑天空的柱子。天柱南边是星官“御女”，它由四颗星星组成，代表天帝的妃子[1]，所涉及的星星尚不确定。旁边是“女史”（天龙座ψ星），代表一位在宫中负责水钟（漏刻计时）的女官；这里还有天帝的官方记录员或抄写员“柱下史”（也称柱史），它可能是天龙座φ星或天龙座χ星。紫微垣的东垣墙更远处的五颗星星（可能是天龙座ω星、天龙座27、天龙座19、天龙座18和天龙座15），组成了星官“尚书”，也就是天帝的秘书。天龙座和小熊座南边交界处，六颗暗弱的星星组成了天帝寝宫的“天床”。

在紫微垣的西垣墙外，北斗的北边，天龙座7和天龙座8组成了星官“内厨”，这是天帝一家的私人厨房。天上还有一个厨房叫“天厨”，它位于东垣墙外，由天龙座δ星、天龙座σ星、天龙座ε星、天龙座ρ星、天龙座64和天龙座π星组成。天厨供政府官员和天帝的客人使用。

再往南是星官“扶筐”，由天龙座39、天龙座45、天龙座46、天龙座ο星、天龙座48、天龙座49和天龙座51组成。它代表一只盛放桑叶的篮子，桑叶是用来喂蚕的。天龙座与武仙座接壤之处的南边是星官“天棓”，代表天帝的御前侍卫或打谷的连枷，这是同一中国星官代表不同含义的又一例证。天棓由天龙座头部的四颗星星（天龙座β星、天龙座γ星、天龙座υ星和天龙座χ星）加上武仙座ι星组成。

1 应为侍女。——译注

Equuleus
— 小马座 —

属格： Equulei

缩写： Equ

面积排名： 第87位

起源： 托勒密在《天文学大成》中列出的48个希腊星座之一

希腊名： Ἵππου Προτομή

小马座是个微不足道的星座，全天面积第二小，它是公元2世纪希腊天文学家托勒密列出的48个星座之一。400年前的阿拉托斯还不知道这个星座，它的设立通常被归功于托勒密。在《天文学大成》中，托勒密称它为Ἵππου Προτομή，意思是“马的前半部分”；Equuleus是它后来的拉丁名。

《波德星图》的第10幅图中，小马座的形象是一匹小马驹，它位于飞马座头部的旁边。（德意志博物馆收藏）

然而，这并不是故事的全部。比托勒密早一两个世纪的希腊作家盖明诺在他的《现象导论》一书中告诉我们，喜帕恰斯在公元前2世纪引入了一个名为Protome hippou（原始河马）的星座。我们没有喜帕恰斯的原作可查，但它很可能就是托勒密在自己的星表中采纳的星座。因此，小马座的真正创立者似乎是喜帕恰斯，而非托勒密。

托勒密为小马座分配了四颗星星，它们如今被称作小马座α星、小马座β星、小马座γ星和小马座δ星，但托勒密没有给出这些星星的亮度估计值，只是简单地用“暗弱”来描述它们；事实上，它们的星等是4等和5等。小马座被想象为一个马头的形象，紧挨着著名的飞马座的头。埃拉托色尼和希吉努斯等早期神话学家从未提到过这匹小马，但也许托勒密（或喜帕恰斯）想到了希佩与她的女儿墨拉尼佩的故事；这个故事有时会被套用到飞马座上，但它似乎更适合小马座。

希佩是半人马喀戎的女儿，有一天被丢卡利翁的孙子埃俄罗斯引诱了。为了向喀戎隐瞒自己怀孕的秘密，她逃到山里，在那里生下了墨拉尼佩。当她的父亲来找她时，希佩向众神求助，他们将她变成了一匹母马。阿耳忒弥斯将希佩的形象置于群星之中，她在天空中仍在躲避喀戎（其代表星座是半人马座），只露出个脑袋。

小马座中最亮的星星是4等星小马座α星，其名字Kitalpha来自阿拉伯语中的*Qiṭ'at al-Faras*，意思是“马的一部分”，星座的名字与这颗星的名字相同。

对应的中国星座

在中国的星座系统中，小马座α星与宝瓶座β星组成了跟死亡和哀悼有关的星官“虚”，二十八宿中的第十一宿叫作虚宿。在虚宿和第十二宿危宿之间，有四组代表神灵的星星，他们在各种事务上担任仲裁者。小马座δ星和小马座γ星组成“司非”（掌管是非），而小马座β星和小马座9组成“司危”（掌管吉凶）。另外两个星官“司禄”和“司命”分别掌管官爵和生死，它们位于飞马座和宝瓶座的边界上。

Eridanus
—— 波江座 ——
河流

属格： Eridani

缩写： Eri

面积排名： 第6位

起源： 托勒密在《天文学大成》中列出的48个希腊星座之一

希腊名： Ποταμός

阿拉托斯将神话中的名字Ἠριδανός用于这个星座，但其他许多权威人士，包括《天文学大成》的作者托勒密，都将其简称为Ποταμός，意思是“河流”。埃拉托色尼还有另一种说法，他说这个星座代表尼罗河，“唯一的一条从南向北流的河流”。希吉努斯认同这个说法，并说老人星（Canopus）就位于天河的尽头，就像卡诺珀斯岛（Canopus）位于尼罗河河口一样。然而，他在这一点上弄错了，因为老人星所在的位置标记的是阿尔戈号的舵桨，而不是河流的一部分。希吉努斯显然误解了埃拉托色尼的说法，埃拉托色尼只是说老人星位于河流“下方”，意思是它位于天空中更偏南的地方。

埃拉托色尼和希吉努斯都忽略了一个事实，即天河被想象成从北向南流，与真正的尼罗河水流方向相反。更令人困惑的是，后来的希腊和拉丁语作家将波江座证认为从西向东流经意大利北部的波河。

在神话中，波江座出现在太阳神赫利俄斯之子法厄同的故事中。法厄同请求父亲允许他驾驶太阳神战车穿越天空，赫利俄斯勉强同意了这个请求，但也警告了法厄同他将面临什么样的危险。赫利俄斯建议道：“穿越天空时，沿着我的车轮痕迹走”。

当黎明女神在东方打开大门，法厄同热情地登上了太阳神的金色战车，车上镶嵌着闪闪发光的珠宝，但法厄同并不清楚自己的处境。四匹马立即感觉到车上乘坐了不同的人，战车比以前轻巧，马匹冲上天空，脱离轨道，到了人迹罕至的地方。战车像一艘压舱很差的船，在马匹的身后摇来晃去。即使法厄同知道真正的轨道在哪里，他也没有足够的技巧和力量来控制缰绳。

战马向北疾驰而去，北斗星头一次变得炙热起来，此前一直因寒冷而行动迟缓的天龙，也在炙烤中感到闷热并愤怒地咆哮。法厄同从令人眩晕的高处俯瞰，惊慌失措，脸色苍白，双膝因恐惧而颤抖。终于，他看到天蝎张开巨螯、扬起毒尾，准备发起攻击。这一景象太可怕了，法厄同昏了过去，缰绳从他手中脱落，马匹开始失控地狂奔。

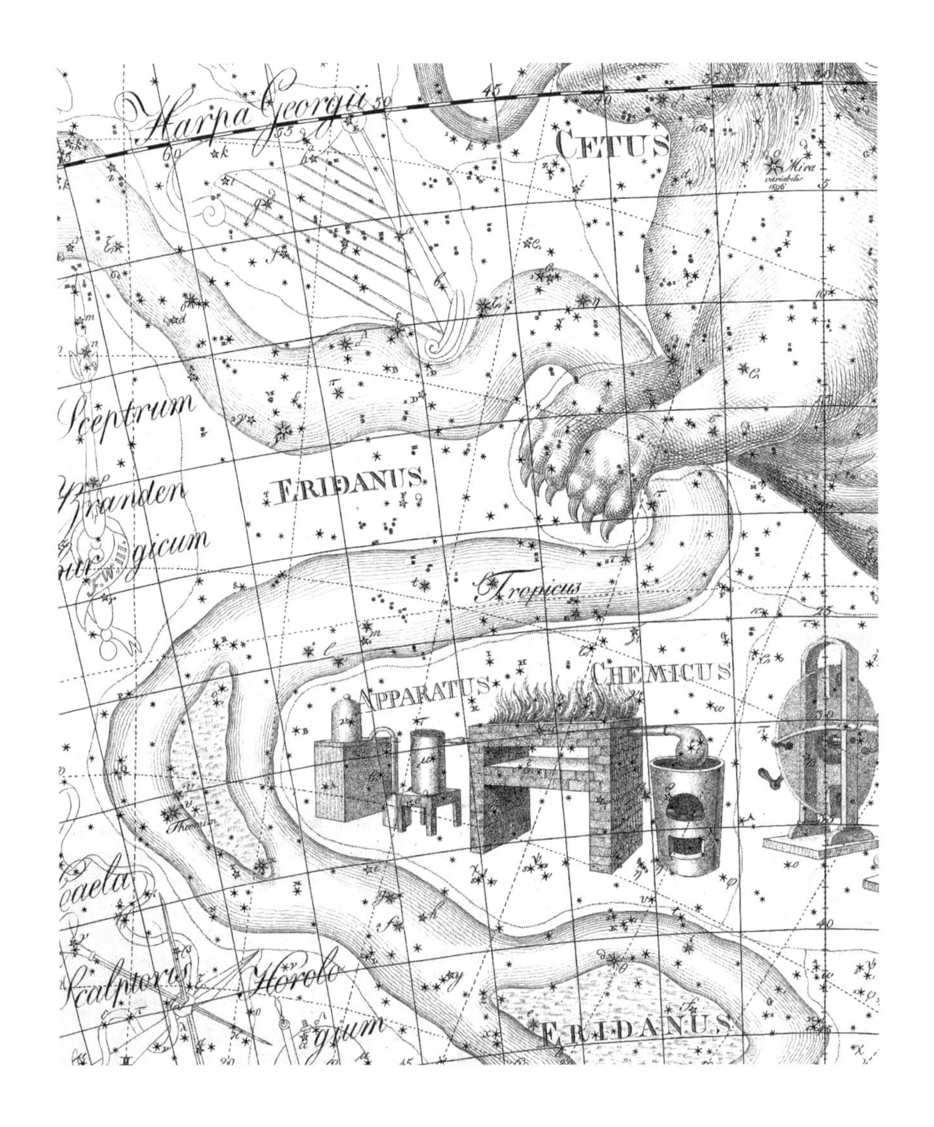

《波德星图》的第17幅图中，波江座从北向南蜿蜒流淌。右上角是鲸鱼座的鳍，下方那个星座被波德标记为Apparatus Chemicus（化学仪器座），如今我们称之为天炉座。（德意志博物馆收藏）

在《变形记》第二卷中，奥维德生动地描述了法厄同的这次疯狂之旅。战车坠得太低，以至于大地都被烧着了。在热烟的笼罩下，法厄同被马群卷走，不知身在何方。神话学家说，就是在那时，地球上的利比亚变成了沙漠，埃塞俄比亚人的皮肤变黑，海洋也干涸了。

为了结束这个灾难性的事件，宙斯用雷电击落了法厄同。少年脑后飘荡着燃烧的长发，好似流星一样一头扎进波江之中。一段时间后，阿尔戈英雄在顺流航行时，发现法厄同的尸体仍在冒烟，散发出一股恶臭，鸟儿在这种气味中窒息而死。阿拉托斯提到波江座时说它“所剩无几”，以此暗示这条河的大部分河水都被法厄同坠落时的热量给烤干了。

天空中的波江座

波江座是一个长长的星座，在天空中面积排名第六，它从猎户座脚下一直蜿蜒到南天的杜鹃座附近。如今的波江座是所有星座中南北跨度最大的（将近60度）。波江座中最亮的星星是1等星波江座α星，其名字Achernar（中文名水委一）来自阿拉伯语中的*akhir al-nahr*，意思是河流的尽头；这颗星星位于天空中赤纬–57.2度处，它确实标志着波江座的最南端。

然而，在托勒密所在的那个年代，这条河在往北17度的地方（即拜尔标记为波江座θ星之处）就干涸了。当波江座在16世纪后期向南扩展时，Achernar这个名字从波江座θ星转移到了现在的位置。波江座θ星被更名为Acamar（中文名天园六），这个名字与Achernar来自同一个阿拉伯词语。如今的波江座α星是唯一的一颗未在托勒密《天文学大成》中列出的1等星，因为它太靠南了，托勒密所在的地方看不见它。

1598年，波江座首次出现在彼得鲁斯・普兰修斯制作的天球仪上，水流朝着如今波江座α星所在的位置向南流淌。从1595年至1597年第一次前往东印度群岛的荷兰航海家彼得・德克松・凯泽的观测中，普兰修斯获得了有关南天恒星的信息。扩展波江座的想法来自普兰修斯、凯泽，还是其他一些曾见过这颗星星的早期航海家，我们不得而知。也许普兰修斯受到了英国地理学家、探险家罗伯特・休斯的影响，休斯在1591年至1592年环球航行期间研究了南方的天空。休斯在1594年出版的名为《地球仪及其使用论》的书中写道，他看到了三颗在英格兰永远没法看到的南天1等星，其中一颗“位于波江座的尽头”；休斯所说的这颗星星，只可能是如今的水委一。

在1603年的拜尔《测天图》上可以清楚地看到，波江座的南部延伸到水委一，共由五颗星星组成。拜尔将这五颗星星收在随附的星表中，并用希腊字母ι、κ、φ、χ和α从北向南进行标记，这种用法一直沿用至今。在拜尔星图中荷兰航海家创立的12个南天新星座那一页的左下方，也可以看到这五颗星星。

根据阿拉伯星名专家保罗・库尼奇的说法，贝都因阿拉伯人把如今我们称为水委一和北落师门（位于南鱼座天区）的星星想象成一对鸵鸟。

对应的中国星座

如今波江座的大部分区域，在中国的天空中被两个星官占据着。靠北的那个星官叫“天苑”，它是由16颗星星组成的一道大弧线，从波江座γ星开始，经波江座δ星和波江座η星，延伸到波江座τ-9星，就像现代人想象的波江座北部的大拐弯一样；在中国，这组星星是饲养牛羊的牧场。靠南的那个星官叫“天园”，由13颗星星组成，从波江座υ-1星开始，经波江座θ星，向南到达波江座κ星，也可能到得更远，就像现代人想象的波江座南部一样；这组星星代表天上种满果树的果园，可能是西王母的果园（但在敦煌手稿中，这个星官被写为“天圃”，代表一座菜园）。

沿着如今猎户座和天兔座的边界，从北向南，有九颗星星组成一条长链，这个星官叫作“九斿”，指的是旗帜上的九条飘带，它是这片天区狩猎场景的一部分（更多信息，参见第194页猎户座）。在波江座北部，九斿旁边有九颗星星组成一个环，这个星官叫作“九州殊口”，代表为远道而来的游客提供服务的翻译官。

波江座β星、波江座ψ星、波江座λ星与猎户座τ星一起，在参宿七旁边组成一个正方形，这个星官被称为“玉井”，它是贵族专用的井；普通士兵用的井位于南边的天兔座，名叫“军井”。

Fornax
—— 天炉座 ——
熔炉

属格：Fornacis

缩写：For

面积排名：第41位

起源：尼古拉·路易·德·拉卡耶的14个南天星座

1751年至1752年，法国人尼古拉·路易斯·德·拉卡耶前往好望角，对南天的恒星进行观测后引入了天炉座这个不起眼的星座。它隐藏在波江水流的一个拐弯处。

拉卡耶最初在其1756年的平面天球图上称天炉座为le Fourneau，并将它描绘为化学家用于蒸馏的熔炉。1763年，拉卡耶在平面天球图上将这个名字拉丁化为Fornax Chimiae。

有时，人们说，拉卡耶创立这个星座是为了纪念他的同胞安托万·拉瓦锡，化学的奠基人之一。这是一种误解，因为拉卡耶的南天星座图首次出版时，拉瓦锡只有13岁。事实上，这个星座与拉瓦锡之间有联系，是由于近半个世纪后约翰·波德在1801年的《波德星图》中重新创立了这个星座。拉瓦锡将水分解成氢气和氧气的实验图发表于《基本化学论文》（1789），而波德对天炉座的形象描绘就是基于那幅实验图。波德将其重命名为化学仪器座，但多数天文学家仍继续使用拉卡耶最初设立的星座名称。

1845年，英国天文学家弗朗西斯·贝利根据约翰·赫歇尔的建议，在《英国天文协会星表》中将拉卡耶设立的所有包含两个单词的星座名都简化为一个单词，天炉座的名字被简化为Fornax。从那时起，这个星座就被称为Fornax。

天炉座中最亮的星星天炉座α星只有3.9等。

对应的中国星座

在中国的星座系统中，天炉座中的暗星（可能是天炉座υ星、天炉座π星和天炉座μ星）组成一个三角形，这就是星官“天庾”，代表田间成堆的谷物（露天仓库）。在这片天区，谷仓是整个收割场景的一部分；整个收割场景也包括旁边玉夫座的星官“铁锧”——它代表收割用的镰刀——还包括北边鲸鱼座中的粮仓。

Gemini
— 双子座 —

属格：Geminorum
缩写：Gem
面积排名：第30位
起源：托勒密在《天文学大成》中列出的48个希腊星座之一
希腊名：Δίδυμοι

双子座代表希腊神话中的双胞胎卡斯托和波吕克斯。它们的名字拉丁化之后的写法如今已为我们所熟知，分别是Castor和Pollux（有时写作Polydeuces，波吕丢刻斯）。希腊人将他们统称为Dioskouroi（拉丁语为Dioscuri），其字面意思是“宙斯之子”。然而，由于他们出生时的情况特殊，神话学家们对两人是否真是宙斯之子存在争议。

他们的母亲是斯巴达女王勒达，有一天，宙斯化作天鹅（现在由天鹅座代表）与她共处。当晚，她又与自己的丈夫廷达瑞俄斯同床共枕。两次结合都富有成效，因为勒达随后生了四个孩子。在最为大家普遍接受的版本中，波吕克斯和海伦（后来以特洛伊的海伦而闻名）是宙斯的孩子，长生不死；而卡斯托和克吕泰涅斯特拉是廷达瑞俄斯之子，因此是凡人。

卡斯托和波吕克斯从小就是最亲密的朋友，他们从不争吵，也不会在没有相互协商的情况下擅自行动。据说他们长得很像，甚至穿着也很像，就像同卵双胞胎一样。卡斯托是一位著名的骑手、战士，他教赫拉克勒斯击剑，而波吕克斯是一位拳击冠军。

这对形影不离的双胞胎加入了伊阿宋和阿尔戈英雄的远征，前去寻找金羊毛。当阿尔戈英雄登陆波塞冬之子阿米科斯统治的小亚细亚地区时，波吕克斯的拳击技巧派上了用场。阿米科斯是世界上最大的恶霸，旅客只有在拳击比赛

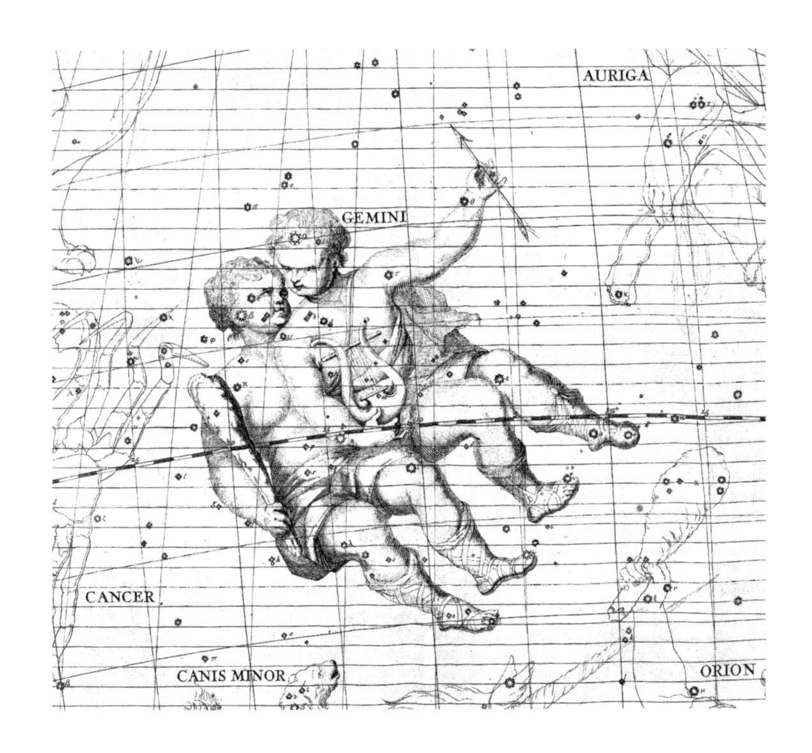

《弗拉姆斯蒂德星图》中，双子座代表密不可分的双胞胎卡斯托和波吕克斯。右边是卡斯托，他拿着一把七弦琴和一支箭，而波吕克斯拿着一根棍棒。卡斯托和波吕克斯同时也是标记双胞胎头部的那两颗亮星的名字。（密歇根大学图书馆收藏）

中打败他才能离开，而阿米科斯总能赢得比赛。他走到阿尔戈号停泊的岸边，要求船员们派一个人来跟他对战。波吕克斯被这个男人的傲慢激怒了，他立刻接受了挑战。两人戴上皮手套，波吕克斯就像斗牛士绕过一头冲锋的公牛一样，轻松地避开了冲撞而来的对手，一拳击中阿米科斯的头部，击碎了他的头骨。

在阿尔戈英雄带着金羊毛返航的途中，卡斯托和波吕克斯对船员们来说更有价值了。罗得岛的阿波罗尼俄斯简要介绍说，在从罗纳河口到斯托卡德斯群岛（如今土伦附近的耶尔群岛）的航行中，阿尔戈英雄的安全要归功于卡斯托和波吕克斯。据推测，他们遇到了风暴，但具体情况不详。阿波罗尼俄斯说，他向我们保证，从那以后，这对双胞胎在其他航行中就成了救世主，一直是水手们的守护神。希吉努斯说，海神波塞冬赋予这对双胞胎以力量，使他们能拯救那些遭遇海难的水手，他们的坐骑白马也是海神的馈赠。

水手们相信，在海上风暴期间，这对双胞胎会以一种名为圣埃尔莫之火的现象出现在船舶索具上，正如公元1世纪的罗马作家普林尼在其著作《自然史》一书中所描述的那样：

> 在一次航程中，星星出现在船坞和船的其他部分……如果有两颗星，则说明安全，预示航行成功……因此，这两颗星被称为卡斯托和波吕克斯，人们向它们祈祷，以祈求海神的援助。

相反，如果只能看到一颗星星，那就是海伦娜，她被认为是灾难的征兆。

卡斯托和波吕克斯因为两位漂亮的女子，与另一对双胞胎伊达斯和林叩斯发生了冲突。伊达斯和林叩斯（也是阿尔戈号的船员）与福柏和希拉拉订婚了，但卡斯托和波吕克斯带走了她们。伊达斯和林叩斯前去追赶，两对双胞胎展开了战斗。卡斯托被林叩斯的剑刺穿，波吕克斯杀死了林叩斯。伊达斯攻击波吕克斯，但被宙斯的一道雷电击退。

另一个版本的故事说，这两对为两位女子而发生争吵的双胞胎已经和解，但还是会为一起偷来的一些牛该怎么分配而发生冲突。不管怎样，波吕克斯为他死去的兄弟感到悲痛，请求宙斯让他们两人一起获得永生。宙斯将他们设为双子座，放置在天空中，在那里，他们紧紧相拥，形影不离。

另一个版本的故事——阿波罗与赫拉克勒斯

阿拉托斯仅将这个星座称为双胞胎（Δίδυμοι，即Didymoi），并没有指明他们是谁；但一个世纪后，埃拉托色尼将他们命名为Dioskouroi，指卡斯托和波吕克斯。另一种观点来自希吉努斯，他认为这个星座代表阿波罗与赫拉克勒斯，他们都是宙斯之子，但不是双胞胎。在《天文学大成》中，托勒密称这个星座为双子座（Δίδυμοι）；但后来的一本晦涩难懂的占星学专著称双子座为Tetrabiblos，称卡斯托为“阿波罗之星”，称波吕克斯为“赫拉克勒斯之星”，支持了希吉努斯提出的说法。

有一些星图将这对双胞胎的形象画成了阿波罗与赫拉克勒斯。例如，前面展示的约翰·弗拉姆斯蒂德星图集的插图中，双胞胎中有一人被描绘成手拿竖琴和箭的样子，这正是阿波罗的特征，而另一人则像赫拉克勒斯一样手拿一根棍棒。《波德星图》中也是这样描绘的。波德在星图上将卡斯托和波吕克斯分别称为阿波罗和阿布拉恰勒斯，后者似乎是赫拉克勒斯名字的一种奇怪的变形形式，它来自阿拉伯语，最终进入星表。

双子座的星星

双子座中最亮的两颗星星标志着双胞胎的头部，名字分别是卡斯托（中文名北河二）和波吕克斯（中文名北河三）。天文学家发现，北河二实际上是一个由六颗星星组成的复杂系统，它们因引力聚集在一起，但在肉眼看来像是一颗星星。北河三是一颗橙色的巨星。尽管北河二被标记为双子座α星，但它比北河三（即双子座β星）要暗大概0.5等。与它们所代表的双胞胎不同，北河二和北河三并没有相关性，它们与我们之间的距离并不相同，分别为51光年和34光年。双子座η星被称为Propus（中文名钺），这个词来自希腊语πρόπους，意思是“前面的脚”；这个名字最早由埃拉托色尼引入，原因是这颗星星位于双胞胎中靠前的那个人的左（前）脚上。

对应的中国星座

在中国天文学中，如今双子座的大部分区域被星官“井”（有时称为“东井”）占据着，它代表一口井，由双子座腿上的八颗星星组成，它们分别是双子座λ星、双子座ζ星、双子座36、双子座ε星、双子座ξ星、双子座γ星、双子座υ星和双子座μ星。它们一起组成像汉字“井”一样的形状。二十八宿中的第二十二宿，叫作井宿。井宿是二十八宿中最宽的一个，覆盖的经度范围足有33度，甚至比黄道十二宫的一个宫（其宽度均为30度）还要宽。井的旁边是如今的双子座η星，它是星官“钺”，代表一把战斧，用于将腐败之人和不道德之人斩首。

双子座α星和双子座β星不是井的一部分。相反，它们与附近的双子星ρ星组成星官“北河”（“南河”位于小犬座中，由南河三和其他两颗星星组成）。

北河和南河分别位于黄道的北边和南边，因此也被解释为城门或岗哨。北河的两端分别是星官“积水”和“积薪”，它们各为一颗星星，分别代表酿酒用的水和炊事用的柴火；孙小淳和基斯特梅克将相关星星鉴定为双子座o星和双子座ψ星，但双子座κ星看起来更适合后者。

从双子座θ星到双子座κ星[1]或双子座φ星，有五颗星星组成星官“五诸侯”，代表五位封建领主或王爷，他们担任天帝的顾问或老师。双子座δ星是黄道上的一个三角形的顶点之一，三角形的星官名为“天樽”，代表一只三足酒杯或水罐。

“水位”是由四颗星星组成的曲线，通常被认为从小犬座延伸至巨蟹座，但一些旧版本的星图将其显示为从双子座68延伸至双子座85，这是中国星官随时间推移而改变位置的又一个例子。

Grus
—— 天鹤座 ——

属格： Gruis

缩写： Gru

面积排名： 第45位

起源： 凯泽和德豪特曼的12个星座

16世纪末，荷兰航海家彼得·德克松·凯泽和弗雷德里克·德豪特曼最早对南天星空进行了观测，而后引入了12个星座，天鹤座是其中之一。天鹤代表一种脖子比较长的涉禽——鹤。可能他们创立星座时想到了印度和东南亚的赤颈鹤，这是体形最大的一种鹤类，身高近6英尺。

1598年，天鹤座首次出现在彼得鲁斯·普兰修斯和约多克斯·洪迪厄斯的天球仪上，名为Krane Grus，这个词在荷兰语和拉丁语中是鹤的意思。德豪特曼在1603年的南天星表中将其称为Den Reygher，意思是苍鹭，但约翰·拜尔在1603年的《测天图》中采用的是星座最初的名字——Grus。

---

1 《仪象考成》不包括此星，而包括双子座τ星、双子座ι星和双子座υ星。——译注

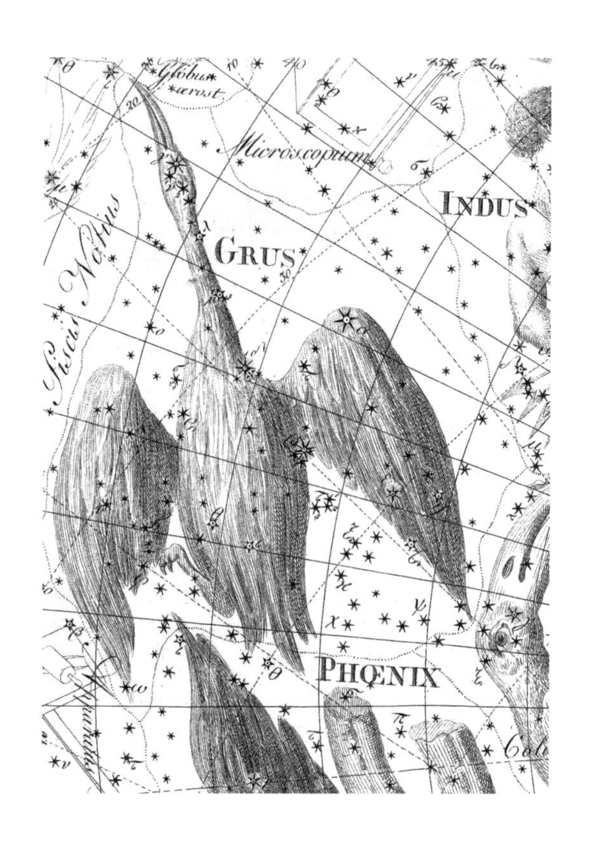

《波德星图》的第20幅图中，天鹤伸长了脖子。（德意志博物馆收藏）

天鹤座的另一个名称Phoenicopterus（火烈鸟座）在1605年首次出现于莱顿大学图书管理员保罗·梅鲁拉（1558—1607）的《宇宙志》中，他从普兰修斯那里获得了有关南天新星座的信息。火烈鸟座的名字再次出现，是在1625年前后由荷兰天球仪制造商彼得·范登基尔（1571—1646）制作的天球仪上，他是普兰修斯的另一位合作者。不过，可能因为拜尔的星图集广受欢迎，受此影响，这个星座一开始的名字Grus最终胜出。

天鹤座是由南鱼座南边的星星组成的。标示天鹤座头部的那颗星星如今被我们称作天鹤座γ星，事实上，它取自最古老的希腊星座南鱼座，在《天文学大成》中，托勒密描述它"位于鱼尾巴尖上"。后来，拜尔等人将南鱼的尾巴拉直了，使其不再与天鹤的头部重叠。

天鹤座中最亮的星星是2等星天鹤座α星，其名字Alnair（中文名鹤一）

来自阿拉伯语*al-nayyir min dhanab al-ḥūt*的缩写，意思是“鱼尾上的亮星”。它之所以叫这个名字，是因为16世纪的阿拉伯天文学家将南鱼的尾巴向南延伸，突破了托勒密设定的星座界限。它根本不是原初希腊版本里的那颗星星。

天鹤座没有与其有关的传说，但在希腊神话中，鹤对赫尔墨斯来说是神圣的。

对应的中国星座

天鹤座的星星非常靠南，所以它们几乎没有出现在中国的星座系统中。然而，中国星官“败臼”的一部分位于这片区域，它代表一种损坏的臼。败臼由四颗星星组成，呈桶状。如今的天鹤座γ星可能是其中一颗星，天鹤座λ星可能也是其中的一员。组成败臼的其他星星位于北边的南鱼座中。

Hercules
—— 武仙座

属格：Herculis
缩写：Her
面积排名：第5位
起源：托勒密在《天文学大成》中列出的48个希腊星座之一
希腊名：Ἐνγόνασι

武仙座的起源非常古老，连希腊人也不知道它的真实身份是什么，他们称这个星座为Ἐνγόνασι或Ἐνγόνασιν，其字面意思是“跪着的人”。希腊诗人阿拉托斯形容这个人因劳累而筋疲力尽，双手高举，单膝弯曲，一只脚踩在巨龙拉冬的头上。“我们不知道他的名字，也不知道他在做什么。”阿拉托斯说。但是，在阿拉托斯之后一个世纪，埃拉托色尼将这个星座形象确定为赫拉克勒斯，他战胜了一条巨龙，那条龙曾负责守卫赫斯珀里得斯姊妹照看的那棵金苹果树。希吉努斯引用希腊剧作家埃斯库罗斯的话，给出了不同的解释。他说，赫拉克勒斯在与利古里亚人的战斗中因受伤而筋疲力尽，跪倒在地。

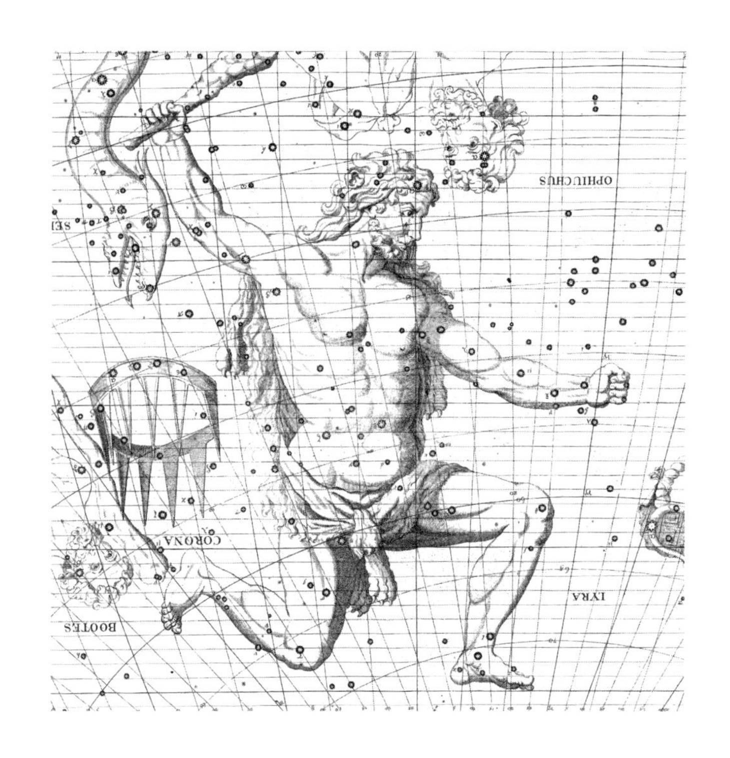

《弗拉姆斯蒂德星图》中，武仙座呈跪姿。在天空中，他被描绘成双脚朝向北天极、左脚踩在天龙座头上的样子。赫拉克勒斯身披狮子皮，右手挥舞着一根棍棒，这是他最喜欢的武器。在这幅图中，他的左手是空的，但在其他星图中，他的左手上抓着三头地狱犬（见第286页）或苹果树枝。（密歇根大学图书馆收藏）

赫拉克勒斯是希腊和罗马最伟大的英雄，相当于苏美尔英雄吉尔伽美什。所以，希腊人只是在后来才给他分配了一个星座，真是令人惊讶。其中一个原因可能是有时人们认为，双子座所代表的双胞胎之一是赫拉克勒斯，双胞胎中的另一个是阿波罗。

赫拉克勒斯的完整传奇故事漫长而复杂，并在被讲述的过程中不断演变。赫拉克勒斯是宙斯和阿尔克墨涅的私生子，阿尔克墨涅是凡间最美丽、最聪明的女子，宙斯变身为她的丈夫安菲特律翁与她相见。另一个说法是由此生出的婴儿名叫阿尔客得斯、阿尔开俄斯，甚至是帕莱蒙。赫拉克勒斯这个名字是后来才出现的。宙斯的妻子赫拉对丈夫的不忠感到愤怒。更糟糕的是，宙斯在赫拉睡觉时将婴儿赫拉克勒斯放在她胸前，让他吮吸她的乳汁。喝下女神的乳汁后，赫拉克勒斯长生不死。

随着赫拉克勒斯不断长大，他的体型、力量、使用武器的技能超过了其他所有人，但他始终被赫拉的嫉妒所困扰。赫拉没法杀死他，因为他是不死之身，所以她发誓要让他的生活尽可能地不愉快。在赫拉的邪恶咒语下，赫拉克勒斯疯狂地杀死了自己的孩子。恢复理智后，他懊悔地去得尔菲神谕所，询问如何才能为自己的可怕行为赎罪。神谕命他为迈锡尼国王欧律斯透斯效力12年。就在那时，神谕给他起了赫拉克勒斯这个名字，意思是“赫拉的荣耀”。

赫拉克勒斯的功绩

欧律斯透斯为赫拉克勒斯安排了一系列任务，共十项，被称为“赫拉克勒斯的任务”。第一项任务是杀死一头在涅墨亚周围土地上发威的狮子。任何武器都无法穿透这头狮子的皮，所以赫拉克勒斯把它勒死了。他徒手剥掉了狮子皮，用狮子皮当披风，把张开大嘴的狮头的皮当头盔，显得更加威武。涅墨亚狮子的星座是狮子座。

第二项任务是摧毁潜伏在勒耳那城附近的沼泽地、吞噬粗心路人的多头怪物九头蛇。赫拉克勒斯与怪物展开了搏斗，但他一砍下蛇头，就会又长出两个蛇头。更糟糕的是，一只大螃蟹从沼泽里爬出来，咬住了赫拉克勒斯的脚。他愤怒地踩在螃蟹上，向他的车夫伊俄拉俄斯寻求帮助。每当他砍掉一个蛇头，伊俄拉俄斯就用火灼烧蛇的断颈处，以防长出更多的头。赫拉克勒斯摧毁了九头蛇的内脏，并将自己的箭浸在它的毒血中——这一行为最终给他带来了灭顶之灾。为表纪念，螃蟹和九头蛇都被设成了星座（分别为巨蟹座、长蛇座）。

在接下来的两项任务中，赫拉克勒斯受命去捕捉两头难以捉摸的动物——一头金角鹿和一头凶猛的野猪。也许最著名的任务是他的第五项任务，即打扫厄利斯国王奥吉亚斯那满是粪便的马厩。赫拉克勒斯与国王达成协议，他将在一天内将马厩清理干净，以换取国王十分之一的牛。赫拉克勒斯改变了两条河流的走向，完成了任务。但奥吉亚斯声称自己被骗了，翻脸不认账，并将赫拉克勒斯从厄利斯境内驱逐出去。

为了完成下一项任务，赫拉克勒斯来到斯廷法洛斯镇，在那里，他驱散了一群怪鸟，那些鸟抖落的羽毛犹如射出的利箭。怪鸟中的幸存者飞往黑海，后来袭击了伊阿宋和阿尔戈英雄。接下来，赫拉克勒斯航行到克里特岛，捕捉一头正在那片土地上肆虐的喷火公牛。有人认为它就是金牛座所代表的牛。赫拉克勒斯的第八和第九项任务是将色雷斯国王狄俄墨得斯的食肉马和亚马孙女王希波吕忒的腰带带给欧律斯透斯。

最后，赫拉克勒斯被派去偷革律翁的牛，革律翁是一个三头三身的怪物，统治着西边的厄里提亚岛。航行到那里时，赫拉克勒斯在直布罗陀海峡竖了几根柱子，它们后来被称为赫拉克勒斯之柱。赫拉克勒斯用一支箭刺穿了三头三身怪物的侧面，然后将牛赶回了希腊。在穿过法国南部的利古里亚时，他遭到当地军队的袭击。对方人数太多，赫拉克勒斯的箭都用完了。他跪倒在地，向他的父亲宙斯祈祷；宙斯让石块如倾盆大雨般落下去。赫拉克勒斯向袭击者们投掷石块，击溃了他们。根据埃斯库罗斯的说法，武仙座的形象因此呈跪姿。

新增两项任务——任务扩展

当赫拉克勒斯完成最后一项任务归来，懦弱而狡猾的欧律斯透斯拒绝让他退出，因为赫拉克勒斯在杀死九头蛇的过程中借助于帮手，还在清理马厩的任务中试图获利。因此，欧律斯透斯又设置了两项额外的任务，它们甚至比之前的任务更难。第一项任务是从赫拉的花园中偷走金苹果，花园位于阿特拉斯山的斜坡上。当赫拉嫁给宙斯时，这棵结着金色果实的树是大地女神盖亚送给她的结婚礼物。赫拉让阿特拉斯的女儿赫斯珀里得斯姊妹守卫这棵树，但她们偷走了一些珍贵的金苹果。所以，如今，天龙拉冬盘绕在树上，以防金苹果再被偷窃。

经过一段英勇的旅程，赫拉克勒斯解救了被缚的普罗米修斯，来到种植金苹果树的花园。不远处站着阿特拉斯，他肩上扛着天。赫拉克勒斯用一支箭精准地射杀了拉冬，赫拉将巨龙定为天龙座。赫拉克勒斯被告知（阿波罗多洛斯说告知者是普罗米修斯）不要自己摘苹果，所以他让阿特拉斯去摘苹果，自己帮他暂时扛着天。之后，赫拉克勒斯急忙将扛天的重任交还给阿特拉斯，自己带着金苹果离开了。

赫拉克勒斯的第十二项任务，也是最艰巨的任务，是去冥界捉住有三个脑袋的地狱看门犬。地狱犬有一条龙尾巴，身上缠着蛇。很难想象有比这更令人厌恶的生物，但赫拉克勒斯被涅墨亚狮子皮保护着，能免受地狱犬的尾巴和它身上的蛇的伤害，他赤手空拳与地狱犬搏斗，将它制服后带给了欧律斯透斯。国王非常震惊，他没想到还能看到赫拉克勒斯活着回来。这样，所有的任务都完成了，欧律斯透斯别无选择，只能让赫拉克勒斯恢复自由。

赫拉克勒斯之死

赫拉克勒斯之死是真正的希腊悲剧。完成各项任务之后，赫拉克勒斯迎娶了国王俄涅斯年轻美丽的女儿德亚涅拉。一起旅行时，赫拉克勒斯和德亚涅拉来到了涨水的埃文努斯河，半人马涅索斯正在那里运送乘客过河。赫拉克勒斯自己游过河，德亚涅拉则由涅索斯运送过河。涅索斯被她的美貌所吸引，试图占有她，赫拉克勒斯将一支沾着九头蛇毒血的箭射向了涅索斯。

垂死的涅索斯把自己的一些血给了德亚涅拉，欺骗她说，这些血可以用作爱情咒语（使赫拉克勒斯不会爱上别人）。德亚涅拉天真地收下了，并将其妥善保管，直到很久以后，她怀疑赫拉克勒斯移情别恋。为了重燃他的爱意，德亚涅拉给了赫拉克勒斯一件衬衫，并在衬衫上涂抹了垂死的涅索斯给她的血。赫拉克勒斯穿上它，在体温的作用下，九头蛇的蛇毒渗透他的肌肤，直抵骨头。

赫拉克勒斯无比痛苦，在乡间乱撞，撕毁了树木。他意识到自己无法从这痛苦中解脱，便在俄塔山上为自己建了一个火葬堆，将自己原本披着的狮子皮展开，躺在上面，终于平静下来。火焰燃烧了他凡人的部分，而不死的那部分则上升到奥林匹斯山上，与众神会合。他的父亲宙斯把他变成了一个星座，如今我们用他的拉丁名赫拉克勒斯称呼它。

在天空中，赫拉克勒斯被描绘成手拿一根棍子的形象，棍子是他最喜欢的武器。有人认为，赫拉克勒斯的十二项功绩代表黄道十二星座，但从其中几个星座中很难看出这种联系。

武仙座的星星

武仙座是全天面积第五大的星座，但并不是特别显眼。武仙座α星是一颗星等为3到4等的红巨星，其名字Rasalgethi（中文名帝座）来自阿拉伯语，意思是“跪者的头”。武仙座β星和武仙座δ星的名字分别是Kornephoros（中文名河中、天市右垣一）和Sarin（中文名魏、天市左垣一），它们位于武仙座的左右肩，武仙座的左臂朝向天琴座。武仙座ε星、武仙座ζ星、武仙座η星和武仙座π星组成了一个独特的四边形，勾勒出他的骨盆，这个形状也被称为“拱顶石”。在有些星图中，例如在约翰·拜尔的《测天图》中，赫拉克勒斯被描绘为左手拿着赫斯珀里得斯的苹果树上的一根树枝。约翰·赫维留在自己的星图集中用三头怪物地狱犬取代了苹果树枝，而英国雕刻家约翰·塞尼克斯在1721年或1722年的平面天球图上将这两种形象结合在了一起（地狱犬缠绕着苹果树枝）。

武仙座的左膝处是武仙座θ星，下胫骨处是武仙座ι星，他的左腿踩在被征服的天龙头上。武仙座的右膝处是武仙座τ星。在托勒密时代，如今被我们称为牧夫座ν星的星星是赫拉克勒斯的右脚底，这是邻近星座共享恒星的又一个例子。约翰·拜尔将这颗星星记为牧夫座ν星和武仙座ψ星，如今，它被单独分配给了牧夫座。

从天文学上讲，武仙座中最著名的天体是球状星团M13，它是北天星空中球状星团的最佳代表。M13是埃德蒙·哈雷在1714年偶然发现的，当时哈雷在牛津大学担任几何学教授。哈雷将其描述为“一小块，当夜空宁静且没有月亮时，肉眼可见”。至于哈雷究竟是用肉眼发现了它，还是用望远镜发现了它，他没有说。

对应的中国星座

武仙座的南半部及其南边蛇夫座的大部分区域，被中国古人想象成“天市垣”，包含左右两道垣墙。右（西）垣墙的北端是武仙座β星，随后是武仙座γ星和武仙座κ星；垣墙继续向南延伸到巨蛇头，一直到蛇夫座区域。左（东）垣墙始于武仙座δ星，随后经武仙座λ星、武仙座μ星、武仙座ο星和武仙座133（或附近的另一颗星星），进入天鹰座、巨蛇尾和蛇夫座。

在垣墙的北边，九颗星星排成一条长链，从武仙座θ星开始，穿过武仙座ε星和武仙座ζ星，进入北冕座，组成星官“天纪”。

天纪以北，武仙座π星、武仙座69和武仙座ρ星组成星官“女床”，可能指天帝的后宫。同样是在这片天区，从武仙座到旁边的牧夫座，有七颗星星连成一串，组成星官“七公”，代表政府高级官员。中国星官中的“七公”有两个完全不同的版本，一个版本的星星是从武仙座42到牧夫座δ星，而另一个版本则认为它呈东西走向，从武仙座η星到牧夫座β星。[1]在武仙座的最北端，武仙座η星是星官“天棓”的一部分，天棓代表连枷或棍棒，其中大部分星星位于天龙座中。

天市垣的中心是武仙座α星，在中国被称为“帝座”，代表中央权威天帝的宝座。在帝座旁边，武仙座和蛇夫座的四颗星星连成一串，其中包括武仙座60；它们组成星官“宦者”，代表一个或多个侍奉天帝的太监。附近还有“斗”和“斛”，分别是用来计量液体和谷物的容器，象征计量标准。天市垣左垣墙附近有两对星星，分别位于武仙座95和武仙座102处，是星官“帛度”和“屠肆”。帛度代表布商，屠肆代表肉铺。

Horologium
—— 时钟座 ——

属格： Horologii

缩写： Hor

面积排名： 第58位

起源： 尼古拉·路易·德·拉卡耶的14个南天星座

时钟座是法国人尼古拉·路易·德·拉卡耶在1751年至1752年绘制南天星图后引入的小型南天星座之一。拉卡耶写道，时钟座代表一个钟摆式时钟，用于为观测计时。拉卡耶于1756年在他的第一张星图上以法语名称引入了这个星座，称之为l'Horloge，但在1763年的第二版星图中，他将星座名拉丁化为Horologium。

时钟座的形象被描绘成一个拥有完整标记的表盘，上面甚至还有秒针。这片天区的星星亮度不超过4等，且非常稀疏，能拥有这样完整的形象描绘，确

1　前者为明清时期的版本，后者为宋元时期的版本。——译注

实是一项了不起的壮举。在某些星图中，时钟座最亮的星星——时钟座α星标记着钟摆末端的摆锤，如《波德星图》的插图所示；而其他一些星图，例如拉卡耶本人的星图，将时钟座α星放在一个驱动砝码上。时钟座位于拉卡耶的另一个新星座的旁边，那个星座如今被称为网罟座；网罟座代表拉卡耶望远镜目镜中的菱形叉丝，他用望远镜观测恒星凌日现象时，用时钟计时。

理查德·欣克利·艾伦在他于1899年出版的《星名的传说与含义》一书中，给这个星座起了一个由两个单词组成的名字Horologium Oscillatorium，但拉卡耶从来没这么称呼过它。目前尚不清楚艾伦为何使用包含两个单词的名字，因为早在19世纪末艾伦写书时，最初只包含一个单词的名字Horologium就已经确立了。

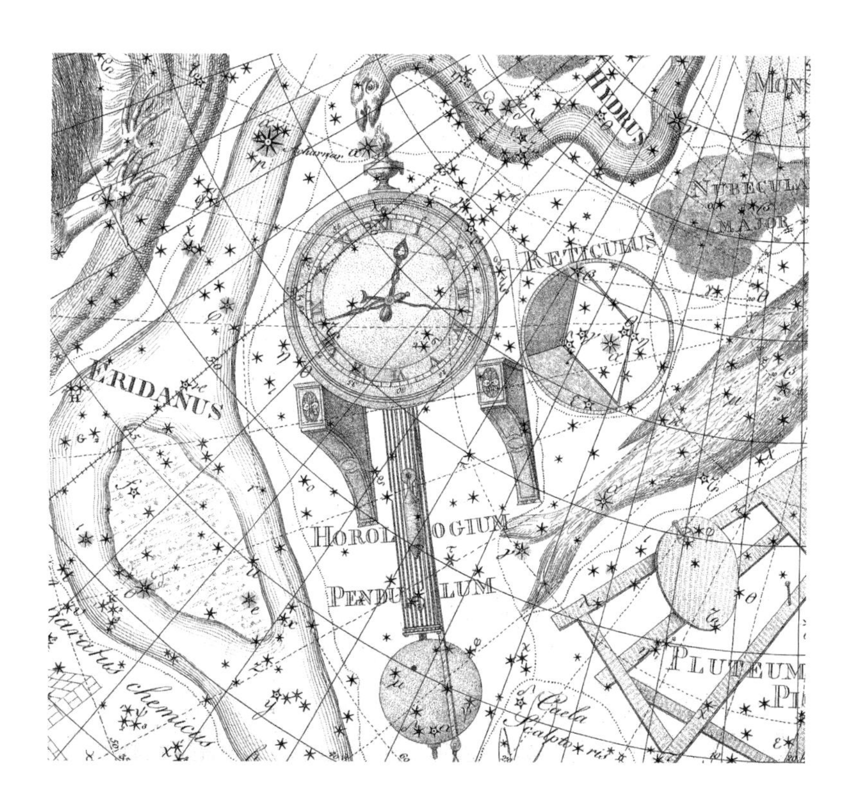

《波德星图》的第20幅图中，时钟座的名字是Horologium Pendulum。波德将其描绘为一个拥有九根金属棍的烤架式钟摆，这是英国钟表匠约翰·哈里森在1726年发明的一种钟表。拉卡耶一开始描绘的星座形象，是荷兰科学家克里斯蒂安·惠更斯于1656年最初发明的那种设计更为简单的钟表。（德意志博物馆收藏）

Hydra
—— 长蛇座 ——
水蛇

属格：Hydrae

缩写：Hya

面积排名：第1位

起源：托勒密在《天文学大成》中列出的48个希腊星座之一

希腊名：Ὕδρος

长蛇座是全天88星座中面积最大的，在天空中蜿蜒跨越的经度超过全天的四分之一。它的头部位于巨蟹座南边，尾巴尖位于天秤座和半人马座之间。长蛇座从最西边到最东边，总长为102.5度。尽管长蛇座非常庞大，但它并没有什么突出之处。星座中唯一值得注意的亮星是2等星Alphard（中文名星宿一），这个词来自阿拉伯语中的*al-fard*，意思是"孤独的一个"，非常贴切。

关于这条水蛇，有两个传说。第一个，也是我们最熟悉的，是长蛇座代表赫拉克勒斯在第二项任务中与之搏斗并将其杀死的九头蛇。它是一种多头生物，是怪物堤丰和半人半蛇女怪厄喀德那的后代。因此，九头蛇是守护金苹果的那条龙——天龙座所纪念的龙的妹妹。据说九头蛇有九颗头，其中有一颗头是不死的。不过，它在天空中只有一颗头——或许就是不死的那颗。

九头蛇住在勒耳那城附近的一片沼泽中，它从那里穿过周围的平原，捕食牛群，破坏乡村。据说它呼出的气体，甚至它足迹的气味都有毒，任何吸入那些气息或气味的人都会痛苦地死去。

赫拉克勒斯乘着战车来到九头蛇的巢穴，向沼泽射出燃烧的箭，迫使它进入一片开阔地带，在那里展开搏斗。九头蛇缠住赫拉克勒斯的一条腿；赫拉克勒斯用棍子砸碎了蛇的头，但刚摧毁一颗蛇头，在原来的位置又长出两颗新的蛇头。还有一个麻烦是一只巨大的螃蟹从沼泽中钻出来，袭击了赫拉克勒斯的另一只脚，但赫拉克勒斯一脚踩在螃蟹身上，把它踩碎了。巨蟹座纪念的就是那只螃蟹。

赫拉克勒斯向他的车夫伊俄拉俄斯求助，每当他砍掉一颗蛇头，伊俄拉俄斯就用火灼烧断颈，以防那里长出更多蛇头来。最后，赫拉克勒斯砍下了九头蛇不

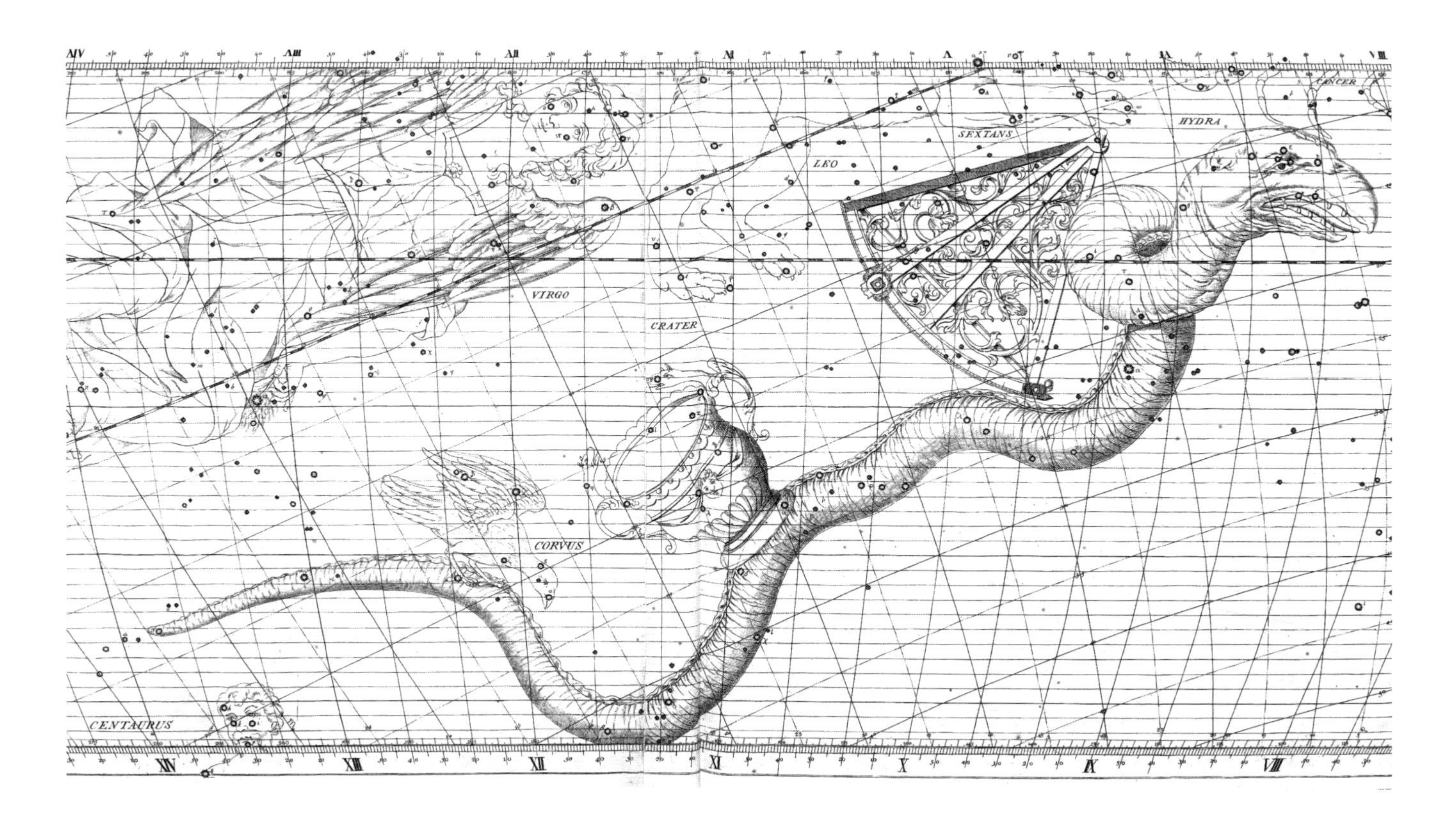

《弗拉姆斯蒂德星图》中，长蛇座蜿蜒曲折，跨越了一个对页。长蛇的背上是乌鸦座和巨爵座，这两个星座在传说中是相互关联的。因为长蛇座很长，所以要用折页才能将其放在一张星图上。1801年的约翰·波德星图集上，长蛇座的头部和尾部与相邻页面的星图重叠。在那部星图集中，波德给它起了另一个名字Serpens Aquaticus。（密歇根大学图书馆收藏）

死的那颗头，把它埋在路边的一块巨石下。他切开九头蛇的身体，将箭浸入毒血。

第二个传说将水蛇与它背上的乌鸦（乌鸦座）和杯子（巨爵座）联系在一起。在这个故事中，乌鸦被阿波罗派去拿碗取水，但它却在树上闲逛，吃无花果。当乌鸦最终回到阿波罗身边时，它抱怨说水蛇堵住了泉水。但阿波罗知道乌鸦在撒谎，于是惩罚了乌鸦，把它放在天空中，在那里，水蛇一直在阻止乌鸦从碗里喝到水。

埃拉托色尼和托勒密都称这个星座为Ὕδρος，但这个写法代表雄性的蛇，这条水蛇其实是雌性，所以他们写错了。阿拉托斯使用的是Ὕδρη，这个写法代表雌性的蛇，他写对了。如今，天空中还有一条雄性水蛇，那就是16世纪末荷兰航海家引入的南天小星座水蛇座。

对应的中国星座

长蛇座天区包含三个中国星官，二十八宿中有三个宿以这三个星官命名。[1] 第一个是星官“柳”，二十八宿中的第二十四宿名叫“柳宿”。柳由我们想象为九头蛇头部的星星组成（长蛇座θ星、长蛇座ω星、长蛇座ζ星、长蛇座ρ星、长蛇座ε星、长蛇座δ星、长蛇座σ星和长蛇座η星），但在中国天文学中，这些星星标志着南方朱雀的头。柳代表柳树，而柳树是传统中哀悼与重生的象征；因此，在柳宿的前一宿，即在巨蟹座天区设立鬼宿，可能是一件很重要的事。中国的同一个星官可以代表多个含义，也有说法认为柳代表一位厨师。他位于“外厨”北边的天空中，那里是准备宰杀动物的地方。外厨是由六颗星星组成的一个环，组成它的星星当中包括长蛇座C和长蛇座F。

外厨以南，有一颗名为“天记”的星星（可能是长蛇座12，但在某些资料中也被证认为船帆座λ星），代表一位评估者，动物的大小是否达到能被宰杀的标准，由他来评定。该区域内的几个星官都围绕着一个共同的主题，这种情况在中国的天空中很常见。

长蛇座天区中的第二个星官是“星”（二十八宿中的第二十五宿以此为

1　此处说法不太准确。实际上长蛇座天区涉及的星官组并非三组，更不是只有三个星官。——译注

名），也被称为“七星”，它由七颗星星排成一串，以长蛇座α星为中心；这串星星始于北边的长蛇座ι星，终于南边的长蛇座26。星也标记着南方朱雀的脖子，长蛇座α星被称为鸟星。

长蛇座天区中的第三个星官是“张”（二十八宿中的第二十六宿以此为名），指张开的网，可能是用于捕捉飞鸟。它由六颗星星组成，其中包括长蛇座λ星、长蛇座μ星和长蛇座υ1星。张也被认为是弓箭手的弓，弓箭手由旁边巨爵座中的星星组成。

巨爵座以南的两颗星星（可能是长蛇座β星和长蛇座χ星）组成了星官“军门”，代表军营的大门。同样是在这片天区，另外四颗星星组成了星官“土司空”，一位工务部长。要想确定“青丘”所在的位置，会有点尴尬。最初，它是由半人马座内的七颗暗星组成的环，但岁差的影响使得偏南的那些星星不再能被看见，所以青丘包含的星星向北移动到长蛇座中。孙小淳和基斯特梅克再现公元3世纪的中国天空时，将青丘置于半人马座，使其与乌鸦座南边的长蛇座边界重叠。但后来的另一张星图显示，现在青丘所在的位置，是以前军门和土司空的区域。

在长蛇座尾巴附近，长蛇座γ星和长蛇座π星组成了星官“平”，代表高级执法官员。长蛇座尾端附近，另外两个中国星官也符合司法主题：“顿顽”（可能是长蛇座54和长蛇座58，但也有人将其放置在豺狼座中）象征审讯、审判；“折威”由跨越天秤座边界的七颗暗星组成，代表刽子手或斩首。

Hydrus
—— 水蛇座 ——

体形较小的水蛇

属格： Hydri

缩写： Hyi

面积排名： 第61位

起源： 凯泽和德豪特曼的12个星座

水蛇座是北天那条大水蛇——长蛇座在南天的对应星座，请注意不要混淆。这是天空中星座形象出现重复的几个例子之一，其他例子包括大熊座和小熊座、大犬座和小犬座、狮子座和小狮座、飞马座和小马座、北冕座和南冕座，以及三角座和南三角座。

水蛇座是荷兰航海家彼得·德克松·凯泽和弗雷德里克·德豪特曼在16世纪末引入的12个南天星座之一，1598年首次出现在彼得鲁斯·普兰修斯的天球仪上。它代表的可能是荷兰探险家在航程中看见的海蛇。水蛇座的蛇是雄性，而更大的希腊星座——长蛇座所代表的那条蛇是雌性。为强调性别差异，尼古拉·路易·德·拉卡耶在1756年出版的南天平面星图上将水蛇座命名为l'Hydre Mâle（雄水蛇）。

水蛇座经历的“再设计”比其他星座都要多。最初，它被想象为在杜鹃座和孔雀座脚下蠕动，后来，在1603年的约翰·拜尔《测天图》中，水蛇座绕过南天极，到了天燕座旁边。这种描述是以现已失传的凯泽星表为基础的。在同年稍晚一些出版的德豪特曼星表中，水蛇的尾巴尖并没有向南延伸那么远，到我们现在所知的南极座ν星就结束了。

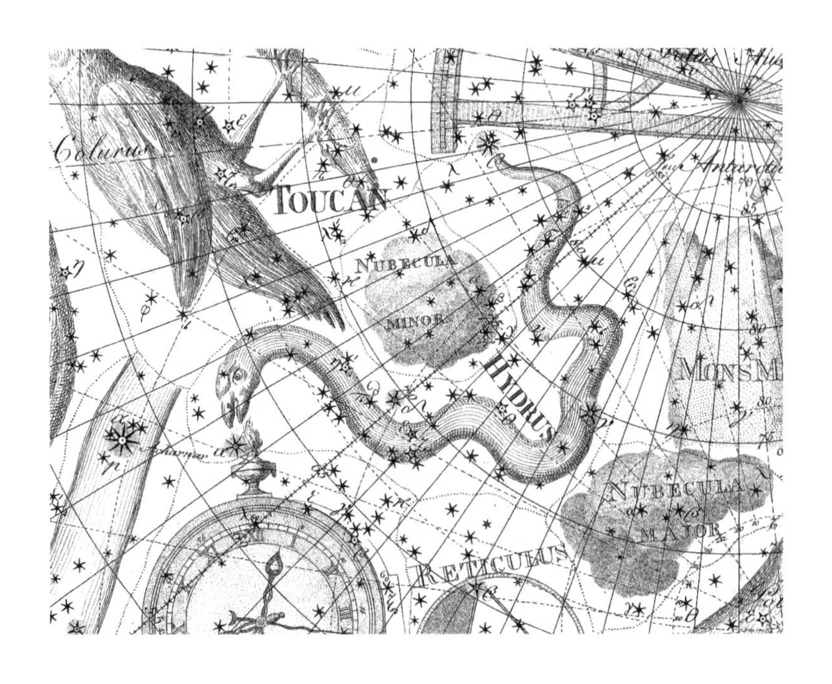

这是《波德星图》的第20幅图中的水蛇座。中心位置标记为Nubecula Minor的天体是小麦哲伦云。大麦哲伦云Nubecula Major的一部分，在图片右下角可见。（德意志博物馆收藏）

荷兰人威廉·扬松·布劳制作的两座天球仪，很好地展示了凯泽和德豪特曼版本的水蛇座之间的差异。第一座天球仪可追溯到1602年，是根据普兰修斯和洪迪厄斯利用凯泽的观察数据制作的天球仪复制而成的，其中描绘的杜鹃座和孔雀座，各有一只爪子放在蛇背上。拜尔遵循同样的总体设计，但引入了两道艺术曲线（水蛇背部的弯曲处）供鸟爪抓握。

次年，在布劳制作的第二座天球仪上，水蛇座的画法略有不同。在这座天球仪上，布劳使用了当时刚刚出版的德豪特曼星表中的星星数据。其中，水蛇座的尾巴到孔雀座脚下就结束了，离天燕座还很远，所以杜鹃座的爪子没碰到水蛇。

一个半世纪后，在拉卡耶对南天星空进行重组期间，情况发生了更严重的变化。他改变了水蛇座的路线，使它在大小麦哲伦云之间经过，并在这个过程中将它的一些星星转移到了杜鹃座（包括现在被称为杜鹃座47球状星团的"星星"）。此外，拉卡耶还剪掉了蛇的尾巴，为他自己创立的星座之一——南极座让路。他还从水蛇座中征用了两颗星星，给了他创立的另外两个星座——时钟座和网罟座。如波德所示，拉卡耶截断的水蛇座，止于水蛇座β星处。我们如今在天空中看到的，就是这条长度更短的蛇。

水蛇座中最亮的星星是3等星，但它们都没有被命名。

Indus
— 印第安座 —
印第安人

属格： Indi
缩写： Ind
面积排名： 第49位
起源： 凯泽和德豪特曼的12个星座

印第安座是荷兰航海家彼得·德克松·凯泽和弗雷德里克·德豪特曼在16世纪末前往东印度群岛的航程中绘制的12个南天星座之一。它于1598年首次出现在荷兰制图师彼得鲁斯·普兰修斯的天球仪上，并于1603年首次出现

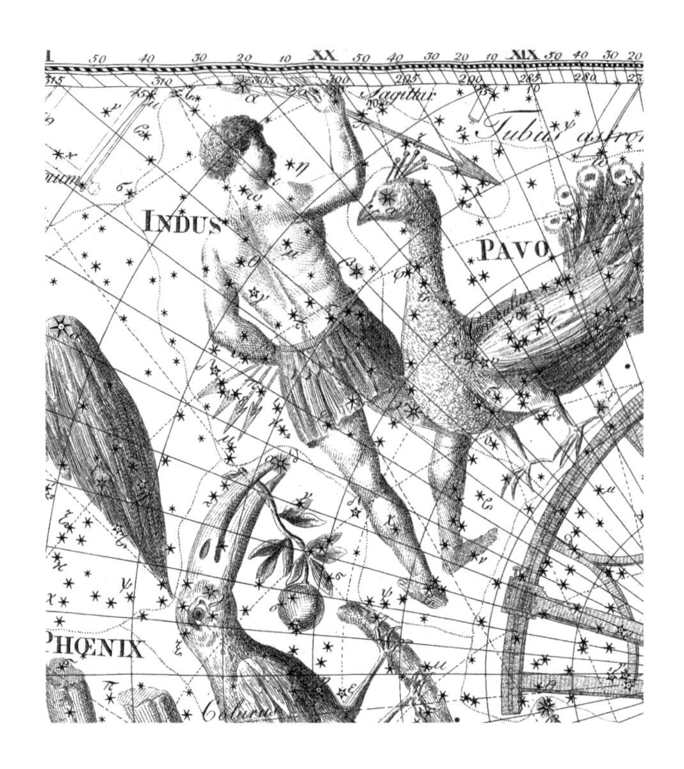

《波德星图》的第20幅图中，印第安座的形象是一位印第安人，他的一只手挥舞着一支箭，另一只手握着好几支箭。在1603年拜尔最初的描绘中，印第安座正面朝向我们，左手拿着长矛。波德将他转了个身，所以我们在这幅图中看到的是他的后背，这么做也许是为了让他用右手执矛。在赫维留的星图集中，人物展示出正面的形象，看起来似乎是一位女性。（德意志博物馆收藏）

在约翰·拜尔的星图集《测天图》上。

印第安座的形象被描绘成挥舞着长矛，好像在打猎的样子。目前尚不清楚他是不是马达加斯加人，荷兰舰队在向东航行的途中曾在那里停留了几个月，并开展了许多天文观测。他也可能是东印度群岛或非洲南部的人。这个形象还有可能是象征性的，用以代表探险家在从南美洲到印度群岛的旅行中遇到的所有土著民族。不管怎么说，拜尔的《测天图》等早期描绘，与一本书中马达加斯加人的版画极为相似，那幅版画出自对荷兰人第一次航行到东印度群岛的记述，书名是《德豪特曼领导的第一艘前往东印度群岛的船》，1598年首次出版（感谢罗伯特·范根特提供参考资料）。

印第安座最亮的星星为3等星，但它们都没有被命名。

Lacerta

—— 蝎虎座 ——

蜥蜴

属格： Lacertae

缩写： Lac

面积排名： 第68位

起源： 约翰内斯·赫维留的7个星座

这个不起眼的星座，是波兰天文学家约翰内斯·赫维留在其1687年的星表中引入的，它夹在天鹅座和仙女座之间，就像一只蜥蜴夹在岩石之间。赫维留给它起了另一个名字Stellio，这是一种蜥蜴，也称星蜥，但这个次要的名字很快就被废弃了。

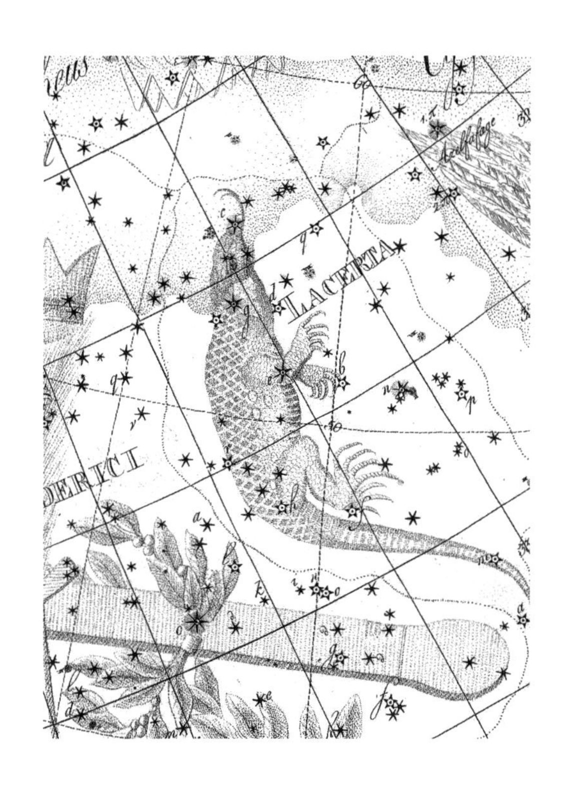

《波德星图》的第4幅图中，蝎虎座在天鹅座（右上）和已被废弃的星座腓特烈荣誉座（下，如今是仙女座的一部分）之间滑行。（德意志博物馆收藏）

在1725年的《大不列颠星表》中，英国天文学家约翰·弗拉姆斯蒂德将一组排列成三角形的星星纳入蝎虎座，使蝎虎座向北延伸，这些星星曾被赫维留描绘为仙王座头巾的一部分。后来，波德等制图师将这三颗星星描绘为放大的蜥蜴的头，它们如今被称为蝎虎座α星、蝎虎座β星和蝎虎座9。蝎虎座α星和蝎虎座β星是蝎虎座中最亮的两颗星星，但星等只有4等。它们是蝎虎座中仅有的两颗带希腊字母的星星；这些字母不是由赫维留分配的，而是由弗朗西斯·贝利在1845年的《英国天文协会星表》中分配的。

蝎虎座的所有星星都没有被命名，也没有任何与星座相关的传说。

对应的中国星座

在中国天文学中，蝎虎座的北部位于一个蜘蛛形图案的中心，组成这组图案的星官叫作“螣蛇”，代表飞蛇。螣蛇总共包含22颗星星，对中国星官来说，这是一个很大的数字。对这个星官的形状和范围的描绘，存在多种版本。人们普遍认为，它由一串一直延伸到仙女座的星星组成，止于仙女座ι星；其余的说法可能将它延伸到仙后座、仙王座和天鹅座。但是，孙小淳和基斯特梅克将这个星座的范围限定在蝎虎座和仙女座中。

在蝎虎座的南部，如今被称为蝎虎座1的星星成为星官“杵”的顶端，这个星官代表一根杵，它悬停在“臼”的上方，臼是旁边飞马座中的星官。星官“车府”代表用于停放战车的场地，其中的星星从天鹅座延伸到蝎虎座。

Leo
—— 狮子座 ——

属格：Leonis

缩写：Leo

面积排名：第12位

起源：托勒密在《天文学大成》中列出的48个希腊星座之一

希腊名：Λέων

埃拉托色尼和希吉努斯都认同，狮子之所以被放置在天空中，是因为它是百兽之王。神话中，它是涅墨亚的狮子，在赫拉克勒斯的十二项任务中被杀死。涅墨亚是科林斯西南的一座小城。那里的狮子住在一个山洞里，山洞有两个入口，狮子出现时会抓走当地的居民，使居民变得越来越少。狮子是一种出身不明的野兽，无懈可击；据说它是双头狗的后代，或是怪物堤丰的后代，又或是月亮女神塞勒涅的后代。它的皮能抵御所有武器，赫拉克勒斯在向狮子射箭时发现，箭射到它身上会被弹开。

赫拉克勒斯没有被吓倒，他举起大棒，追击狮子，狮子退回到洞穴中。赫拉克勒斯堵住其中一个入口，从另一个入口进去。他与狮子展开搏斗，用巨大的手臂锁住狮子的喉咙，将它勒死。赫拉克勒斯将狮子的尸体扛在肩上，胜利而归。后来，他用狮子锋利的爪子割断狮子皮，把它做成斗篷穿在身上。狮子张大的嘴巴在赫拉克勒斯头顶上下摆动，这让他看起来比以往任何时候都更加可怕。

《波德星图》的第13幅图中，狮子正准备突袭。在它的胸口处，可以看到明亮的轩辕十四，这颗星星被标记为狮子座α星。狮子座位于黄道上，黄道是太阳在天空中走过的路径，用粗虚线标示。（德意志博物馆收藏）

希腊人称这个星座为Λέων，这是“狮子”的简化写法；它的形状像一只蹲伏在群星之间的狮子，很容易辨认。呈镰刀状排列的六颗星星，勾勒出狮子头部和胸部的轮廓。在镰刀下方，标示狮子心脏（根据托勒密的描述）的是星座中最亮的星星——狮子座α星，我们称它为Regulus（中文名轩辕十四），这个词在拉丁语中的意思是小国王。托勒密在《天文学大成》中称它为Βασιλίσκος（巴西利斯科斯），意思也是小国王。在比托勒密约早两个世纪的时候，“巴西利斯科斯”这个名字首次出现在希腊作家盖明诺的著作中。早期的作家阿拉托斯和埃拉托色尼根本没给这颗星星命名。巴比伦人将这颗星星称为LUGAL，意思是国王。

根据星名专家保罗·库尼奇的说法，拉丁名Regulus在16世纪初首次出现在三位不同学者的出版物中，他们似乎各自从希腊语中获得了这个名词：彼得鲁斯·阿皮亚努斯（1495—1552）在1524年和1533年用了这个名称；特拉布宗的乔治在1528年出版的《天文学大成》译本中使用了它；德国数学家约翰内斯·维尔纳（1468—1522）是最早的一位，他是在1522年发表的一篇关于天球运动的论文中提出的。哥白尼是最早采用这个名字的人之一，他有时被错认为是这个星名的创立者。约翰·波德在他的狮子座星图上使用的词是Kelb，这个词来自阿拉伯语*Kalb*，意思是心脏。

狮子座的其他星星和一个星团

狮子座的尾巴尖是狮子座β星，其名字Denebola来自阿拉伯语中的*dhanab al-asad*，意思是狮子的尾巴。阿拉伯人也称其为*al-Ṣarfa*，意思是变化，这里指季节变化：它在秋日黎明太阳升起（日升）前升起，标志着凉爽天气的开始；而它在春日黎明落下，预示着炎热天气的到来。

狮子座γ星被称为Algieba，这个词来自阿拉伯语中的*al-jabha*，意思是前额。这似乎令人费解，因为根据托勒密的说法，它位于狮子的脖子上；但阿拉伯人在这里看到的狮子比希腊人想象的要大得多，它从双子座沿着黄道延伸到室女座，向北延伸到大熊座。狮子座γ星是著名的双星，由一对黄巨星组成，用小型望远镜可将它们区分开。狮子座δ星在希腊语中被称为Zosma，意思是腰带或腰布，这个词在文艺复兴时期被错误地用在这颗星上；事实上，它位于狮子的臀部。

托勒密列出了八颗位于狮子座身体外的“未划定”的星星。其中三颗星在狮子尾巴的北边组成了一个三角形，标志着托勒密所说的“模糊的一团”的角落。如今，我们所称的梅洛特111大型疏散星团，是后发座的一部分，后发座在16世纪成为一个单独的星座。这三颗“未划定”的星星如今被称为狮子座γ星、后发座7和后发座23。托勒密在其中最后一颗星星上添加了一个奇怪的描述——“形状像常春藤叶”，大概是说三颗星星整体组成的形状和内部模糊的一团像常春藤叶。

对应的中国星座

在中国星图上，狮子座的镰刀形状是可识别的，但却是一个与狮子完全不同的星座的一部分。从镰刀顶部延伸出一条蜿蜒的线，经狮子座λ星和狮子座κ星，向北进入天猫座。这串星星总共有17颗，其中包括狮子座α星和它两侧的狮子座ο星、狮子座ρ星；整个星官被称为“轩辕”，代表黄龙（有些人认为它代表黄帝的灵魂）。

五帝座一（狮子座β星）不是轩辕的一部分，但在神话中与之有关联。在中国，五帝座一被称为黄帝。这个名字来自一位据说是中华文明主要创始人的传奇统治者；黄龙（轩辕）在狮子座的其他星星中蜿蜒而行，代表他在天空中永垂不朽。所以轩辕与附近的黄帝是为数不多的可以与希腊星座相媲美的神话星座。

黄帝北边、南边、西边和东边的四颗暗星掌管着四季。黄帝和它们一起组成一个名叫“五帝座”的星官。五帝的战车“五车”由五颗星星组成，它们勾勒出的形状对应西方星座中的御夫座。

在这五位天神的北边，是真正的皇太子“太子”，由狮子座93代表；他的贴身侍从“从官”（狮子座92）恭敬地待在远处，护卫“虎贲”（狮子座72）也在保持警惕。五帝、太子和从官，属于一个名为“太微垣”的更大的区域，太微垣代表天帝会见枢密院官员的场所，它覆盖的区域从狮子座延伸到旁边的室女座。太微垣的一面垣墙由排成一串的五颗星星组成，从狮子座δ星开始，向南经过狮子座θ星、狮子座ι星和狮子座σ星，到达室女座β星。

从狮子座向北延伸到小狮座的四颗暗星连成一线，组成星官“少微”，代表欢迎黄帝来到太微垣的贤人异士，或学者顾问的随从。关于这些星星的身份有不同的说法，不过它们有可能是从狮子座54到小狮座41的四颗星星。

中国人在这片区域中想象出的较小的星座中，狮子座χ星和邻近的其他两颗星星[1]组成了星官“酒旗”，代表酒商或商人的旗帜，它可能与南边长蛇座天区的厨房（外厨）有关。由跨越黄道的狮子座58、狮子座59组成的“灵台”代表天文台，它本来只是一座简单的瞭望塔。狮子座υ星和另外两颗星星组成“明堂”，这是行政中心，每年年初皇帝在此公布年历；其中的“明”字可能代表皇帝本人的光辉存在。

Leo Minor
—— 小狮座 ——

属格：Leonis Minoris

缩写：LMi

面积排名：第64位

起源：约翰内斯·赫维留的7个星座

小狮座代表一只与狮子座相伴的小狮子，由波兰天文学家约翰内斯·赫维留在其1687年的星表和星图集中引入。它由大熊座和狮子座之间的18颗暗星组成，短命的约旦河座（见第294页）曾流经那里。小狮座最亮的星星只有4等，它没有与之相关的传说。

为什么没有α星？被疏忽的奇怪故事

奇怪的是，小狮座中并没有标记为α星的星星，但有小狮座β星。这似乎是19世纪英国天文学家弗朗西斯·贝利的疏忽所致。赫维留没给自己新设立

1　在《仪象考成》中是狮子座ψ星、狮子座ξ星和狮子座ω星。——译注

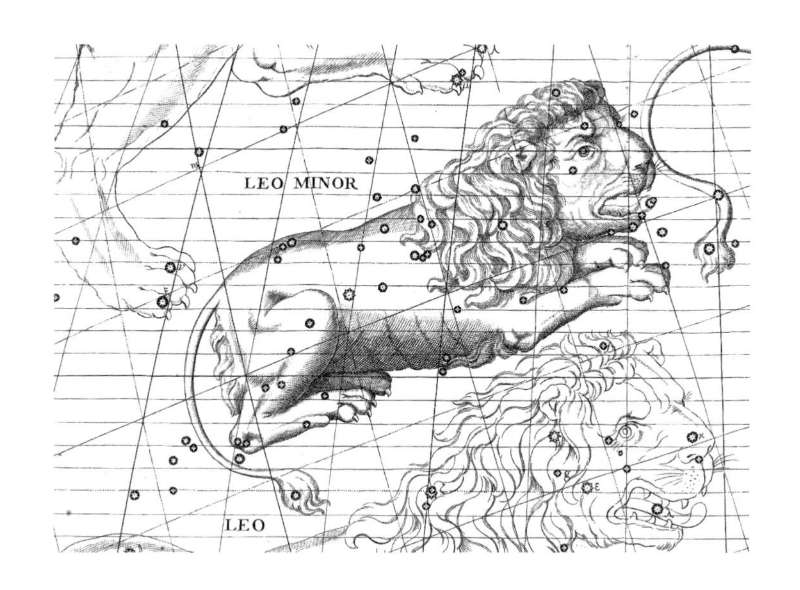

《波德星图》的第6幅图中，小狮座的形象是一只小狮子，它就位于狮子座的头顶上方，大熊座的后爪下面。（德意志博物馆收藏）

的那些星座中的星星进行编号，所以150年后，贝利做了这件事。在1845年的《英国天文协会星表》中，贝利将字母β分配给了小狮座中第二亮的星星，但错误地没给最亮的星星（狮子臀部的小狮座46，中文名势四）标字母。

Praecipua是哪颗星？

关于小狮座中最亮的星星的命名，还有更多的错乱。理查德·欣克利·艾伦在其《星名的传说与含义》一书中说，赫维留将小狮座中最亮的星星称作Praecipua，意思是首领，后来意大利天文学家朱塞佩·皮亚齐在1814年的巴勒莫星表中将其用作星名。然而，我在赫维留星表中没有找到任何提及Praecipua的说法，但这个名字确实曾出现在皮亚齐的星表中。艾伦还指出，皮亚齐将这颗星星命名为小狮座46，但他又一次弄错了；美国历史学家莫顿·瓦格曼指出，皮亚齐记为Praecipua的星星实际上是小狮座37，他错误地认为那颗星星比小狮座46亮。现在，Praecipua这个名字被正式用于小狮座中最亮的星星小狮座46，而不是较暗的小狮座37，这就非常合理了。

对应的中国星座

小狮座天区的中国星官也很混乱。中国天文学家最初确定了一个名为“内平”的星官，即理官或调解人，它由小狮座β星、小狮座30、小狮座37和小狮座46组成。但后来，同样的位置上出现了一个名叫“势”的星官，代表宫廷太监，而内平则转移到了西边一些较暗的星星上。

同样令人困惑的，是向南延伸到狮子座的四颗星星组成的一条线，它被称为“少微”，代表天帝的四位学者顾问。关于少微是否包括小狮座的一颗、两颗或三颗星星，以及具体包括哪颗星星，说法各不相同。少微这个名字随后用来指代附近的另外四颗星星，但不确定具体是哪四颗。

Lepus
—— 天兔座 ——
野兔

属格： Leporis
缩写： Lep
面积排名： 第51位
起源： 托勒密在《天文学大成》中列出的48个希腊星座之一
希腊名： Λαγωός

希腊人将这个星座称为Λαγωός，意思是野兔；Lepus是后来的拉丁名。埃拉托色尼告诉我们，赫尔墨斯将野兔放在天空中，是因为它的速度很快。埃拉托色尼和希吉努斯都提到了野兔非凡的生育能力，正如亚里士多德在他的《动物志》中所说的那样：“野兔会在任意季节繁殖生育，会在怀孕期间复孕（即再次怀孕），每个月都会产崽。”

天兔、猎户和猎户的狗一起构成了一幅有趣的画面。阿拉托斯描写了一只狗（大犬座）在一场无休止的比赛中追逐野兔的场景：“大犬紧随天兔而升起，当天兔落下时，大犬的眼睛望着天兔。”但从星座在天空中的位置来看，野兔似乎更像是蹲伏在猎人脚下。

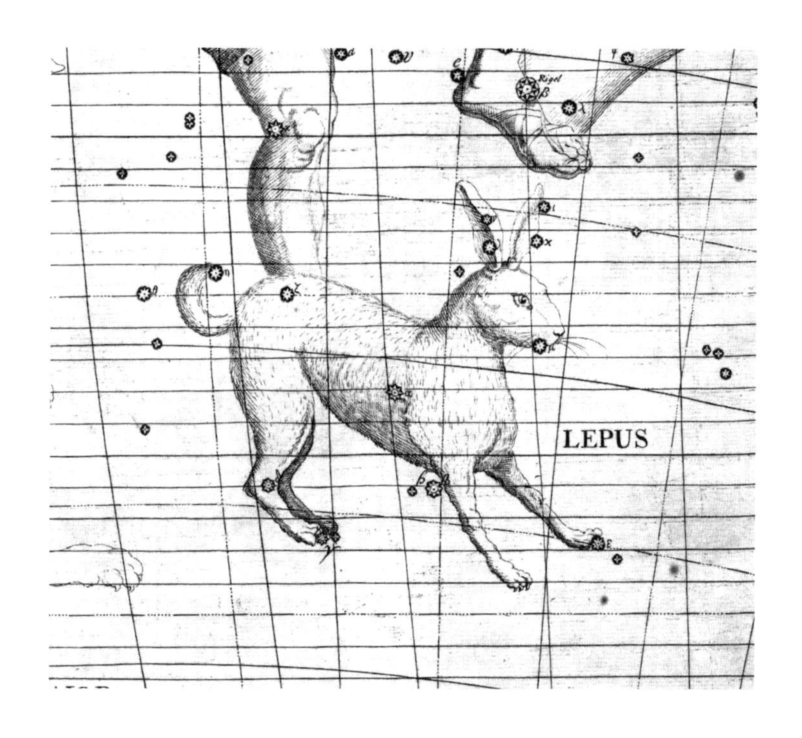

《弗拉姆斯蒂德星图》中，天兔蜷缩在猎人（猎户座）的脚下。（密歇根大学图书馆收藏）

希吉努斯给我们讲了一个关于野兔的寓言故事。曾几何时，莱罗斯岛上没有野兔，直到一个男人带来了一只怀孕的雌性野兔。很快，大家都开始养野兔了，没多久，岛上挤满了野兔。它们侵占田地，摧毁庄稼，使人们陷入饥荒。居民们齐心协力将野兔赶出了他们的岛屿。他们把野兔的形象放在群星之间，以提醒人们：物极必反，盛极必衰。

天兔座中最亮的星星是猎户座α星，它是一颗3等星，其名字Arneb（中文名厕一）来自阿拉伯语中的*al-arnab*，意思是野兔，和星座名的含义一样。它位于野兔身体的中间。天兔座κ星、天兔座ι星、天兔座λ星和天兔座ν星勾勒出了野兔长长的耳朵。

对应的中国星座

在中国的天空中，天兔座以北的四颗星星，即天兔座ι星、天兔座κ星、天兔座λ星和天兔座ν星，组成了星官“军井”，指一口军用的水井；在猎户座与波江座之间的边界上，贵族们有他们自己的井，名叫“玉井”。天兔座α星、天兔座β星、天兔座γ星和天兔座δ星，组成了星官“厕”，代表天上的一个厕所，天空的这片区域描绘了人们参加年度狩猎活动的场景，厕所也许就是供那些人使用的。这里还有用于保护隐私的星官“屏”，它由天兔座μ星和天兔座ε星组成。在厕的南边，天鸽座中有一颗星星代表粪便。

Libra
— 天秤座 —

属格：Librae
缩写：Lib
面积排名：第29位
起源：托勒密在《天文学大成》中列出的48个希腊星座之一
希腊名：Χηλαί

我们称之为天秤座的天区，在古希腊时代被一只蝎子的螯占据着，那只蝎子代表天蝎座。希腊人称这片区域为Χηλαί，其字面意思是螯，证据存在于天秤座中单颗星星的名字里（见下文中天秤座α星与天秤座β星的名字来源）。经过后来的发展，天秤座现在是一个比天蝎座稍大的星座，但不那么显眼。

公元前1世纪，罗马人就将天平的形象赋予这片天区，至于这样的含义是在什么时候由谁引入的，已无从查证。在写于公元150年前后的《天文学大成》中，托勒密也称这个星座为螯；当时这个名称已被取代，但他更愿意遵循希腊传统，例如，天秤座在法尔内塞天球上呈现为一对天平，而法尔内塞天球是在托勒密写《天文学大成》的那个时代制作出来的罗马雕塑。

对罗马人来说，天秤座是一个受欢迎的星座。据说，罗马建立时，月亮就位于天秤座。“意大利属于天平，这是它应有的标志。在天平之下，罗马和它对世界的主权得以建立。”罗马作家马尼利乌斯说。他将天秤座描述为“四季平衡、昼夜交替的标志”。

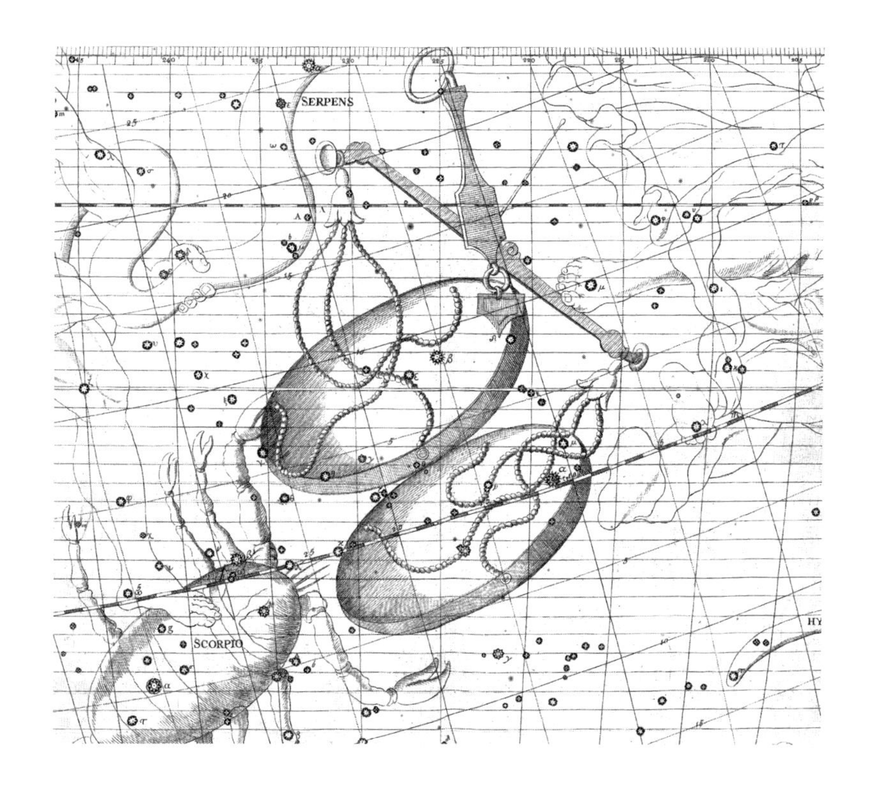

这是《弗拉姆斯蒂德星图》中天秤座的托盘，左下角是天蝎座，右上方是室女座的脚。（密歇根大学图书馆收藏）

这表明，罗马人将天秤座想象为一架天平，因为在秋分时太阳位于天秤座内，此时昼夜平分。不过，马尼利乌斯说的是占星符号（黄道十二宫），而非天文星座（黄道星座）：到了罗马时代，秋分点不再位于天秤座内，而是移动到了旁边的室女座中，但天秤宫位置不变。秋分点跨过天秤座边界进入室女座的时间，是公元前730年前后。

事实上，把这片天区想象为天平的想法，可以追溯到比罗马时代更早的时间。巴比伦人将这个区域称为ZIB.BA.AN.NA，即天上的天平，大约在公元前1000年，秋分点确实在这片群星之间。因此，似乎是罗马人复活了一个甚至在希腊时代之前就已经存在的星座。

天秤座是黄道星座中唯一代表无生命物体的星座；其他11个黄道星座都代表动物或神话人物。一旦确定了天秤座的形象是带有一对秤盘的天平，就可以很自然地将它与天蝎座完全分开，并将它与另一个黄道星座形象——室女座联系起来；室女座被认为是正义女神戴克或阿斯特雷亚。天秤座因此成为女神高举的正义天平——尽管在天空中天秤位于室女脚下。

天秤座α星的星等为2.7等，其名字Zubenelgenubi来自阿拉伯语，意思是“南边的螯”，它提醒希腊人，这个星座就是天蝎的螯。天秤座β星比天秤座α星稍亮一点，星等为2.6等，其名字Zubeneschamali来自阿拉伯语中的*al-zubānā al-shamālī*，意思是“北边的螯”。

对应的中国星座

在中国的天空中，由天秤座α星、天秤座ι星、天秤座γ星和天秤座β星组成的星官被称作“氐”，代表天帝与其妻子和两个妃子过夜的宫殿。中国二十八宿中第三宿的名字叫作氐宿。氐通常被翻译为“根”，据说这源于该星官出现在10月初早晨的天空中，那时地面干涸，树根暴露在地面之上。氐也被形象化为东方苍龙的爪子或胸部。

天秤座θ星和天秤座48是星官“西咸”的一部分。西咸是由四颗星星组成的一条线，指向北边的天蝎座，代表这片区域的一堵墙；另一面墙“东咸”在蛇夫座中。在天秤座南部，有几个中国星官组成了骑兵营地的一部分，分布在黄道以南的大片地区。星官“阵车”由排列成三角形的星星（可能是天秤座σ星和豺狼座以南的两颗星星）组成，代表战车的编队；而星官“天辐”（可能是天秤座υ星和天秤座τ星）是一堆方便取用的备用辐条，用于修补损坏的车轮。

天秤座中有一颗星星位于黄道上或黄道附近，靠近天蝎座边界，被称为“日”；它位于金牛座中的“月”星的对面，代表太阳位于满月对面。日星的身份不确定；它似乎最有可能是天秤座κ星，但也有人将其证认为天蝎座1或天蝎座2。

比日星更具争议性的是“亢池”的位置，它代表一座有船的湖，象征旅客乘水而来或离开。孙小淳和基斯特梅克认为，亢池最初由天秤座11、天秤座16、天秤座δ星以及室女座的三颗星星组成。但后来它移到了更靠北的地方，要么跨越了室女座和牧夫座之间的边界，要么完全在牧夫座中。

Lupus

—— 豺狼座 ——

狼

属格： Lupi

缩写： Lup

面积排名： 第46位

起源： 托勒密在《天文学大成》中列出的48个希腊星座之一

希腊名： Θηρίον

古希腊人称这个星座为Θηρίον，代表一种身份不明的野兽，而罗马人称其为Bestia，即野兽。在人们的想象中，它被一根叫作荆棘的长杆刺穿，这根长杆握在旁边半人马座的手里。因此，半人马座和这只动物通常被视为一个组合形象，不过托勒密在《天文学大成》中将它们各自列为单独的星座。

埃拉托色尼说，半人马正抱着这只动物走向祭坛（天坛座），好像要献祭。希吉努斯将这只动物简单地称为“受害者”，而格马尼库斯·恺撒则说，半人马要么是正从林中带走猎物，要么是正把它带向祭坛。这个星座被证认为狼似乎始于文艺复兴时期，据追溯，巴比伦人将这个星座证认为UR.IDIM，意思是野狗或狼。

还有一种说法试图将其与阿卡迪亚国王吕卡翁联系起来，吕卡翁用宙斯亲儿子的肉去招待宙斯，结果受到惩罚，变成了一匹狼（参见第63页牧夫座）。但神话学家似乎忽视了一点：那个故事与这个星座没有任何关系。豺狼座是从巴比伦人那里引入的，这一事实也许能够解释为什么希腊人没有关于它的神话。豺狼座中的星星都没有被命名。

对应的中国星座

豺狼座的大部分区域，都被一个名为“骑官”的中国星官占据着，据说它代表骑兵军官或天帝的卫兵。骑官由27颗星星组成，是星星数量最多的中国星官之一。骑官以南的豺狼座κ星是骑兵将军“骑阵将军”，豺狼座ζ星、豺狼

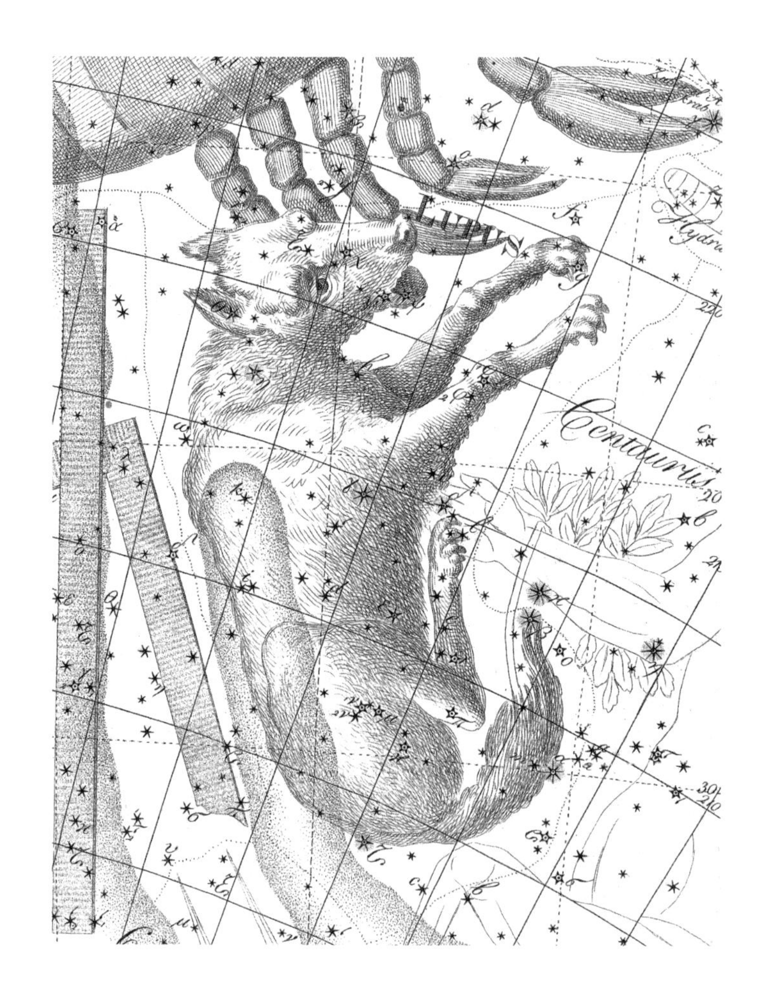

《波德星图》的第15幅图中，豺狼座所代表的狼被半人马（图片右侧画面之外）手握的一根长杆刺穿。半人马正把它带向祭坛——天坛座（图片左侧），似乎准备用它献祭。（德意志博物馆收藏）

座ρ星和豺狼座σ星为“车骑”，代表车马。骑兵之后是步兵，以“积卒”十二星为代表；积卒的大部分星星位于旁边的天蝎座中，不过它也包括豺狼座η星和豺狼座的另外两颗星星。“阵车”是由三颗星星（可能是豺狼座1、豺狼座2和天秤座σ星）排成的三角形，代表战车的编队，而“从官”（豺狼座χ星和可能是豺狼座ψ星的星星）代表一名军医。这一整片区域，加上半人马座附近的军火库“库楼”，以及天秤座北部的其他军事主题星座，让人联想到军队集结参加战斗的画面。

Lynx
— 天猫座 —
猞猁

属格： Lyncis

缩写： Lyn

面积排名： 第28位

起源： 约翰内斯·赫维留的7个星座

波兰天文学家约翰内斯·赫维留于1687年引入了这个星座。其他天文学家早已使用望远镜进行观测，但赫维留仍继续用肉眼观测恒星。法国天文学家皮埃尔·伽桑狄在1644年写道，赫维留拥有“猞猁般的眼睛”，天猫座的设立可以被视为试图证明这一点。事实上，赫维留在他的《天文学导论》中写道，任何想要观察到天猫座的人，都需要有“猞猁的眼力”，但他无疑夸大了自己编入星表中的19颗暗星的暗弱程度，起码夸大了一个星等。

天猫座填补了大熊座和御夫座之间的一片空白天区，这片区域的面积大得惊人，比双子座还要大，但除了一颗3等星（天猫座α星）之外，里面没有亮于4等的星星。托勒密在《天文学大成》中将这里的几颗星星列为所谓的大熊座之外“未划定”的星星。在1515年的阿尔布雷希特·丢勒北天星图中，我们可以看到这些星星。17世纪早期，荷兰天文学家彼得鲁斯·普兰修斯将这些星星纳入他的新星座，使之成为约旦河座的一部分，但最终还是赫维留的天猫座存在的时间更长。

赫维留在他的星图集《赫维留星图》上，称这个星座为天猫座，而在随附的星表中，他写的是“猞猁”或“老虎”。不过，在赫维留展示的插图中，这个星座的形象看起来既不像猞猁，也不像老虎。

目前我们还不清楚赫维留是否想到了神话人物林叩斯，林叩斯拥有世界上最敏锐的视力——他甚至能够看到地下的东西。林叩斯和其孪生兄弟伊达斯与阿尔戈英雄一起航行。当他们与其他神话中的双胞胎卡斯托和波吕克斯闹翻时，他们感到非常悲伤（见第140页双子座）。

天猫座α星是天猫座中最亮的星星，星等为3.1等，它也是天猫座中唯一

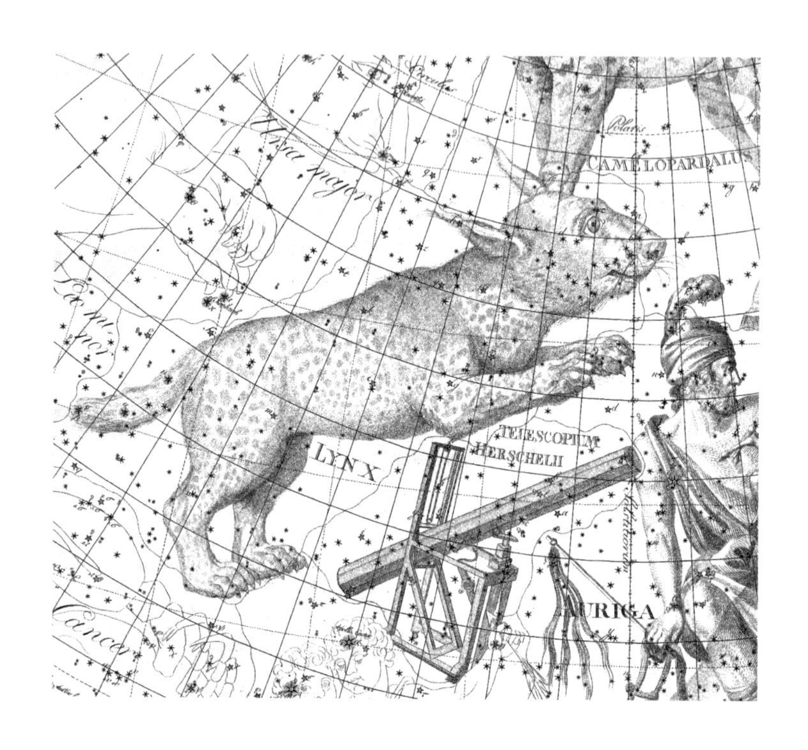

这是《波德星图》的第5幅图中的天猫座。（德意志博物馆收藏）

的一颗有希腊字母的星星；这个字母是英国天文学家弗朗西斯·贝利在1845年的《英国天文协会星表》中标定的。

放错位置的星星

英国第一位皇家天文学家约翰·弗拉姆斯蒂德在给天猫座及其周边区域的几颗星星编目时出错了，从而在天猫座及周边区域造成了混乱。例如，弗拉姆斯蒂德星表中的天猫座44，实际上位于大熊座的胸口，由他编为大熊座10和大熊座19的星星，根本不在大熊座中，而是在天猫座的尾部。同样，他在鹿豹座中列出的第50号星星位于该星座以南，正好在天猫座内。为避免混淆，这些恒星的官方弗拉姆斯蒂德星号当中的大多数已经被天文学家放弃了，但有时出于历史原因，他们也会使用旧星号。因此，在有些天猫座星图中，你会看到一颗标号为大熊座10的星星。

对应的中国星座

天猫座α星、天猫座38和另外两颗未编号的星星，组成了中国星官“轩辕”的北部；轩辕即黄龙或黄帝，它从狮子座延伸到天猫座。但这片天空非常空旷，以至于喜欢暗弱星座的中国人也没法在这片区域想象出什么。

Lyra
—— 天琴座 ——

竖琴

属格： Lyrae
缩写： Lyr
面积排名： 第52位
起源： 托勒密在《天文学大成》中列出的48个希腊星座之一
希腊名： Λύρα

天琴座是一个很紧凑但很显眼的星座，以全天第五亮星织女星为标志。在神话中，天琴座是伟大的音乐家俄耳甫斯的七弦琴，俄耳甫斯进入冥界的冒险是希腊最著名的故事之一。这是有史以来的第一把七弦琴，由宙斯和玛雅（普勒阿得斯七姊妹之一）的儿子赫尔墨斯发明。赫尔墨斯在阿卡迪亚的库勒涅山的洞穴外发现了一只乌龟，他用乌龟壳制作了一把七弦琴。赫尔墨斯清理了乌龟壳，在上面系了七根牛肠线，线的数目与普勒阿得斯姊妹的人数相同。他还发明了弹奏乐器的拨片。

赫尔墨斯年轻时偷了阿波罗的一些牛，七弦琴拯救他于水火之中。阿波罗愤怒地要求赫尔墨斯把牛还回来，但当他听到七弦琴的美妙音乐时，决定把牛留给赫尔墨斯，以此换取七弦琴。埃拉托色尼说，阿波罗后来将七弦琴交给了俄耳甫斯，让他为歌曲伴奏。

俄耳甫斯是他那个时代最伟大的音乐家，他的歌曲能让岩石和溪流也为之入迷。他甚至能用七弦琴的音乐将成排的橡树吸引到色雷斯海岸，他也因此而闻名。俄耳甫斯加入了伊阿宋和阿尔戈英雄寻找金羊毛的旅程。当阿尔戈英雄

天琴座的形象常被想象为一只鹰或秃鹫抱着竖琴，二者都出现在《波德星图》的第8幅图中。秃鹫的喙尖附近是明亮的织女星，这里写作Wega；波德还给这颗星星起了另外一个名字Testa（在拉丁语中的意思是壳），指的是传说中赫尔墨斯用于制造七弦琴的乌龟壳。拜尔和波德描绘的竖琴，都是用丝带系在秃鹫脖子上的，而赫维留画的是秃鹫用爪子抓着竖琴。弗拉姆斯蒂德星图上没有秃鹫，只有竖琴。（德意志博物馆收藏）

们听到海妖（曾将几代水手引向毁灭）的诱人歌声时，俄耳甫斯用相反的旋律歌唱，淹没了海妖的声音。

俄耳甫斯和欧律狄刻

后来，俄耳甫斯娶了仙女欧律狄刻。一天，欧律狄刻被阿波罗的儿子阿里斯塔俄斯看到了，他一时冲动，开始纠缠她。欧律狄刻在躲避他的追逐时踩到一条蛇，随后被毒蛇咬死。失去了年轻的妻子，俄耳甫斯伤心欲绝，他下到冥界请求找回妻子。这样的要求是以前从未有过的。但他的音乐之声甚至迷住了冥王哈得斯冰冷的心，后者最终同意让欧律狄刻陪俄耳甫斯回到人间，但有一个严苛的条件：俄耳甫斯全程都不得回头，直到他们夫妇安全地重见阳光。

俄耳甫斯欣然接受，带着欧律狄刻穿过通向地面的黑暗通道，弹奏七弦琴为她引路。身后跟着鬼魂令他感到不安。他始终无法确定自己心爱的人是否跟随在后，但他不敢回头。最终，当他们接近地面时，他已经六神无主。他转身确认欧律狄刻是否在身后——就在那一刻，她滑回了冥界深处，再也无法回到他身边。

俄耳甫斯伤心欲绝。此后，他在乡间游荡，哀伤地弹奏着他的七弦琴。许多女子向这位伟大的音乐家示爱，但他更愿意与男孩为伴。

俄耳甫斯之死

关于俄耳甫斯之死，有两种说法。奥维德在他的《变形记》中讲述的一个版本说，当地的女子因被俄耳甫斯拒绝而感到受了冒犯，有一天，俄耳甫斯坐着唱歌时，那些女子联手对付了他。她们向他投掷石块和长矛。起初，俄耳甫斯的音乐迷住了那些武器，使它们落在他的脚下，并没有伤害到他；但那些女子发出非常嘈杂的声音，最终淹没了音乐的魔力，那些武器因而击中了目标。

另一个说法来自埃拉托色尼，他说俄耳甫斯因为没有向天神狄俄尼索斯献祭而招致他的愤怒。俄耳甫斯视太阳神阿波罗为至高无上的神，经常坐在潘盖翁山的山顶等待黎明，以便能第一个用旋律向太阳致敬。为了报复他的这种怠慢，狄俄尼索斯派追随自己的暴徒将俄耳甫斯的四肢撕扯下来。不管怎么说，俄耳甫斯终于在冥界与他心爱的欧律狄刻相会了，而缪斯女神则在其父亲宙斯的认可下，将七弦琴置于群星之中。

织女星和其他星星

托勒密将天琴座中最亮的星星简称为ύρα，与星座本身同名。如今，这颗星星使用的名字Vega来自阿拉伯语中的*al-nasr al-waqi'*，意思是俯冲的鹰或秃鹫，*nasr*这个词可以表示鹰或秃鹫，而Vega这个名字的起源是*waqi'*，指的是鸟下落或俯冲。之所以出现这种描述，是因为阿拉伯人将织女星及其附近的两颗星星——天琴座ε星和天琴座ζ星，想象成一只翅膀弯折的鹰或秃鹫向猎物俯冲而下。这是阿拉伯人在这片天空想象出的两只鹰之一；另一只鹰位于天鹰座，由牛郎星及其两侧相邻的两颗星星组成，看上去像一只展翅翱翔的鹰。天琴座在欧洲星图上经常被描绘成一只位于七弦琴后面的鹰，这种描绘融合了阿拉伯和希腊的传统，如前面的波德星图所示。

天琴座β星的名字Sheliak来自阿拉伯语，意思是竖琴，与星座本身的意思相同。天琴座β星是一颗著名的变星。天琴座γ星的名字Sulafat来自阿拉伯语，意思是乌龟，这颗星星得名于赫尔墨斯用以制造七弦琴的乌龟壳。天琴座β星和天琴座γ星之间是指环星云，它是一颗垂死的恒星抛出的气体壳层，经常出现于天文学书籍中。

对应的中国星座

织女星和邻近的星星——织女座ε星和织女座ζ星，在中国古代被称为“织女”。在中国一个流行的民间故事中，织女据说是天帝的孙女。她为众神制作美丽的丝绸，但她爱上了一个卑微的放牛郎，天鹰座的亮星牛郎星代表那个放牛郎。结婚成家后，二人都开始玩忽职守。为了防止他们的工作进一步中断，天帝严厉地将他们分开，把他们放在银河的两岸。牛郎被留下来抚养他们的两个儿子，牛郎星两侧的两颗星星代表的就是这两个儿子。此后，这对夫妇只被允许每年夏天在一个夜晚相见，届时喜鹊在银河之上用翅膀搭起鹊桥。情侣们每年农历七月初七庆祝的七夕节，通常是在公历8月（有时是7月底）。

天琴座β星、天琴座γ星、天琴座δ星和天琴座ι星，组成星官“渐台”，也就是校准水钟（漏刻）、日晷以及乐器等物品的地方。对这个星官的早期解释说，它最初代表织女（织女星）使用的织布机。

从天琴座R开始，经天琴座η星和天琴座θ星，到达天鹅座的五颗星星连成一线，组成了星官“辇道”，这是天帝在宫殿之间穿行时所走的道路。

Mensa

— 山案座 —

桌山

属格： Mensae

缩写： Men

面积排名： 第75位

起源： 尼古拉·路易·德·拉卡耶的14个南天星座

山案座是法国天文学家尼古拉·路易·德·拉卡耶为纪念南非开普敦附近的桌山而创立的一个又小又暗弱的南天星座，拉卡耶曾在桌山对南天恒星进行编目。在1756年出版的第一版平面天球图中，拉卡耶给它起了个法文

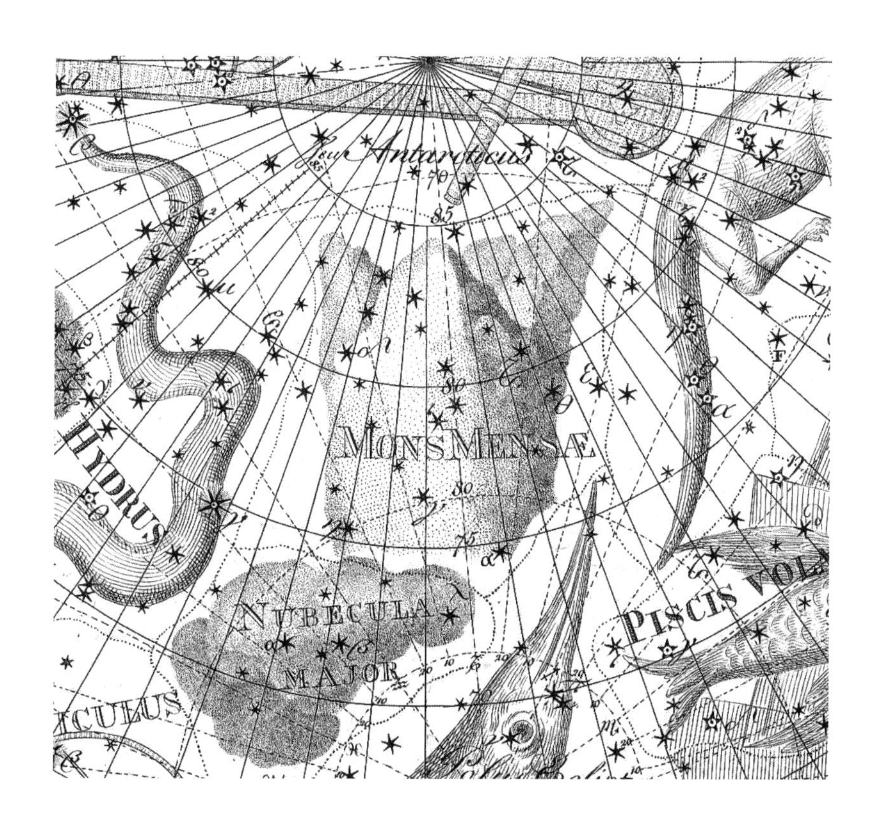

《波德星图》的第20幅图中，山案座的名字按照拉卡耶的写法，写作Mons Mensae。大麦哲伦云让人想起真正的桌山上覆盖着的云。（德意志博物馆收藏）

名称Montagne de la Table，但在1763年的第二版星图中，他将星座名拉丁化为Mons Mensae。1844年，英国天文学家约翰·赫歇尔提议将星座名缩短为Mensa。弗朗西斯·贝利在1845年的《英国天文协会星表》中采纳了这一建议，此后这个星座就被称为Mensa。

山案座包含大麦哲伦云的一部分，大麦哲伦云是我们银河系的一个邻近星系，它的存在，使山案座看起来像是被白云覆盖着，正如拉卡耶所说，就像“猛烈的东南风到来时”在真正的桌山上有可能看到所谓的“桌布云”一样。山案座最亮的星星只有5等。

Microscopium
—— 显微镜座 ——

属格： Microscopii

缩写： Mic

面积排名： 第66位

起源： 尼古拉·路易·德·拉卡耶的14个南天星座

显微镜座是代表科学仪器的南天星座之一，由法国天文学家尼古拉·路易·德·拉卡耶于1751年至1752年创立。在这里，它代表的仪器是一种复杂显微镜的早期形式，也就是使用多个镜头的显微镜。

拉卡耶在1756年的星图上首次以le Microscope这个名字展示了该星座，但在1763年出版的第二版星图中，拉卡耶将星座名拉丁化为Microscopium。他将其描述为“一个方盒上面有根管子”，但约翰·波德在1801年的《波德星图》中，给星座形象添加了一个放有标本的载玻片（见下页图）。

显微镜座位于摩羯座前腿下方的天区，这片区域只有5等星和更暗的星星。显微镜座包含六颗“未划定”的星星，托勒密将它们列为南鱼座之外的星星；其中之一是这个星座中最亮的星星显微镜座γ星，其星等为4.7等，位于下图中管子的一侧。显微镜的目镜端由一颗6等星标示，它是显微镜座δ星。显微镜座唯一比较特别的，是任何人都可以在这里想象出一个单独的星座。

对应的中国星座

尽管我们所熟知的显微镜座区域因其暗弱而被古希腊人忽略了，但中国天文学家在这里至少想象出了一个星座，它被称为“九坎”，代表九口水井或运河。毫无疑问，九坎的水会被用于灌溉“天田”，即北边摩羯座天区中天帝的农田。（不过，并非所有权威人士都认为“九坎”在显微镜座中，孙小淳和基斯特梅克认为它位于更靠西的人马座，包括人马座θ星和人马座ι星。）

也有些说法将星官“离瑜”放在显微镜座中。离瑜代表翡翠首饰，由三颗星星组成，但从对它所做的位置描述来看，摩羯座天区似乎更适合它。

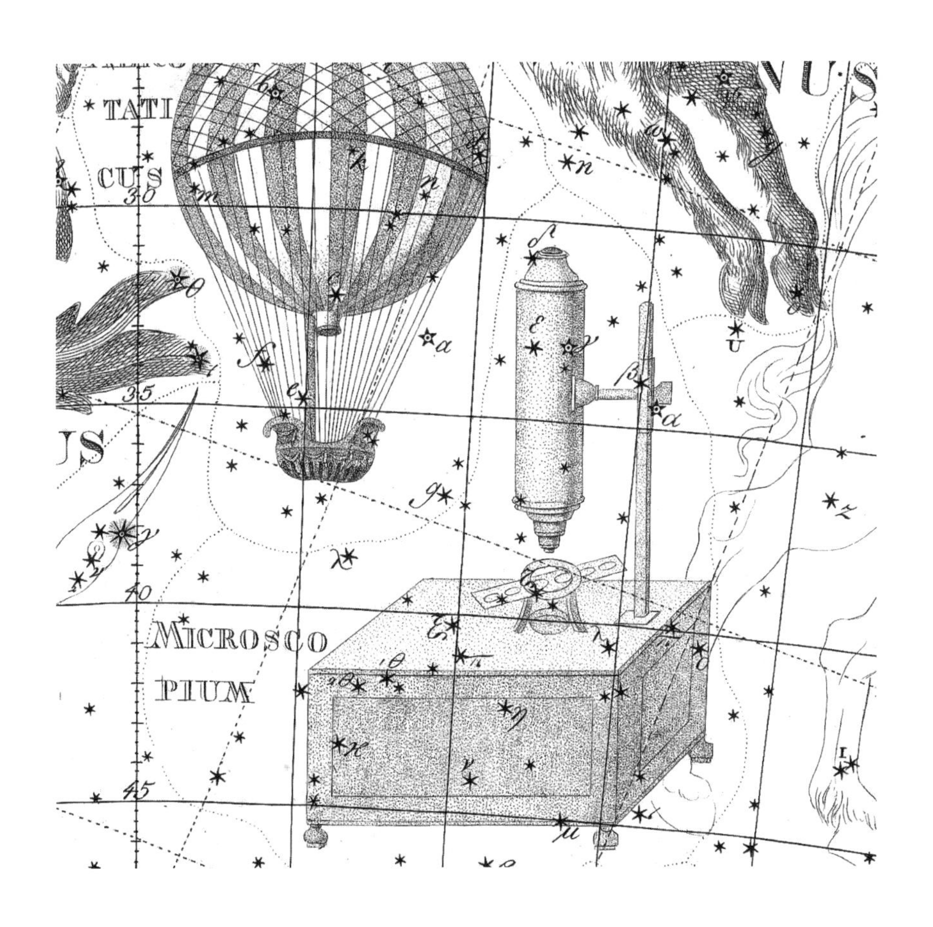

《波德星图》的第16幅图中，显微镜座呈现为正准备观察载玻片上的标本的样子。它旁边是一个已被废弃的星座——热气球座。它的上边是摩羯座的前腿。（德意志博物馆收藏）

Monoceros
—— 麒麟座 ——
独角兽

属格：Monocerotis

缩写：Mon

面积排名：第35位

起源：彼得鲁斯·普兰修斯

麒麟座代表的是神话中的独角兽，它并不为古希腊人所知。1612年，荷兰神学家、制图师彼得鲁斯·普兰修斯首次在其天球仪上描绘了这个星座，星座名写的是Monoceros Unicornis。也是在这座天球仪上，首次出现了普兰修斯创立的另一个星座——鹿豹座。

1624年，德国天文学家雅各布·巴尔奇在其著作《恒星平面天球图的天文学应用》的星图上，首次用Unicornu这个名字描绘麒麟座，因此，有时人们错误地将这个星座的创立归功于巴尔奇。巴尔奇在书中指出了《圣经》中据说提到了独角兽的几段文字，但这些段落如今被认为是当初译错了。目前尚不清楚普兰修斯是否参考了这些《圣经》引文而引入了这个星座，但独角兽长期以来一直被基督教视为纯洁的象征。波兰天文学家约翰内斯·赫维留在他于1690年出版的颇具影响力的星图和星表中，采用了Monoceros这个名字，从而确保了它被其他天文学家所接受。

美国天文学家本杰明·阿普索普·古尔德在1879年的星表里为星座中最亮的六颗星星分配了希腊字母。然而，根据现代测量结果，麒麟座β星比麒麟座α星更亮，因此这又是一个α星非最亮星的星座。（英国天文学家弗朗西斯·贝利早先在1845年的《英国天文协会星表》中尝试标定字母时弄错了；由于疏忽，他漏掉了字母α和β，并将字母γ分配给了后来古尔德标定为α星的那颗星星。）

麒麟座占据了长蛇座和猎户座之间的大片区域，那里没有希腊星座。它并不显眼（其中最亮的星星是4等星），但它位于银河中，并包含许多迷人的天体，其中最引人注目的是玫瑰星云，这是一团呈花环状的发光气体，气体中包裹着恒星。

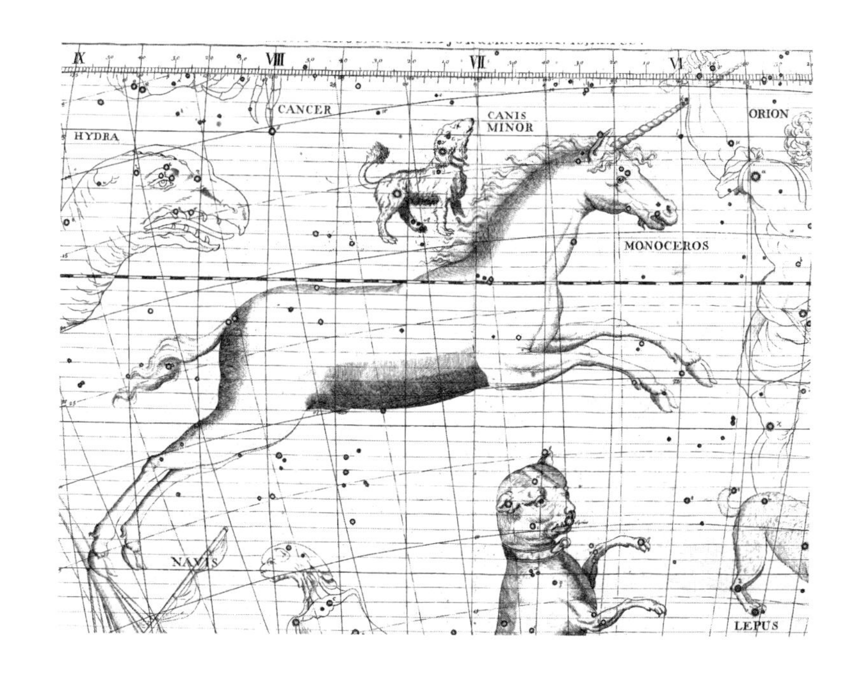

《弗拉姆斯蒂德星图》中，麒麟座在大犬座（下方）和小犬座（上方）之间腾跃。（密歇根大学图书馆收藏）

这个星座没有与之相关的传说，因为它是一个后来设立的形象。星座中的星星都没有被命名。

对独角兽的描绘

在1594年的普兰修斯世界地图上，他在一个边角里展示了独角兽（麒麟座）和长颈鹿（鹿豹座），这幅地图描绘了来自亚洲的动物；它们与一些大象一起出现，还有一只似乎是肥尾羊，再往右是一些单峰驼。

独角兽把角浸入溪流中，为其他动物净化水源，这样的姿势让人想起大约一个世纪前在荷兰南部编织的“狩猎独角兽”挂毯中的场景，普兰修斯很可能见过那种挂毯。然而，在天空中，独角兽并没有低着头，而是高昂着头和角。也许，天空中小犬座和大犬座的存在，让普兰修斯想起狩猎挂毯上独角兽周围的狗。此外，他可能在猎人（猎户座）和河流（波江座）附近看到了天空与挂毯之间的进一步联系。

对应的中国星座

中国天文学家擅长从暗弱的星星中创造星座，但在麒麟座这片天区，他们也遇到了困难。麒麟座8、麒麟座13和麒麟座17，加上双子座南部的一颗星星，组成了星官“四渎”，代表中国的四条大河（长江、黄河、淮河和泗河）。麒麟座δ星和另一颗可能是麒麟座18的星星组成星官“阙丘”，代表通往宫殿的大门两侧的两座小丘。根据孙小淳和基斯特梅克的说法，“天狗”的一部分在麒麟座中，天狗是一种护卫犬，其中大部分星星都位于船尾座北部，也有其他说法将天狗置于更靠南的位置。麒麟座β星和麒麟座γ星似乎没有出现在任何中国星官中。

Musca
—— 苍蝇座 ——

属格：Muscae
缩写：Mus
面积排名：第77位
起源：凯泽和德豪特曼的12个南天星座

苍蝇座是南十字座南边的一个小星座。它由彼得·德克松·凯泽和弗雷德里克·德豪特曼设立于16世纪末，是他们根据荷兰第一次远征东印度群岛期间观察到的星星所创立的12个南天星座之一。1598年，荷兰人彼得鲁斯·普兰修斯在天球仪上首次描绘了这个星座，但由于某种原因，普兰修斯没有给星座命名。凯泽死后，在德豪特曼于1603年完成的星表中，它被称为De Vlieghe，在荷兰语中的意思是苍蝇。

同样是在1603年，约翰·拜尔在其星图《测天图》中展示了12个新的南天星座，这只昆虫被他称为Apis，意思是蜜蜂，这是一个被广泛使用了两个世纪的曾用名。荷兰历史学家埃利·德克尔认为，之所以出现这种写法，是因为拜尔从约多克斯·洪迪厄斯在1600年和1601年制作的天球仪中复制了南天星

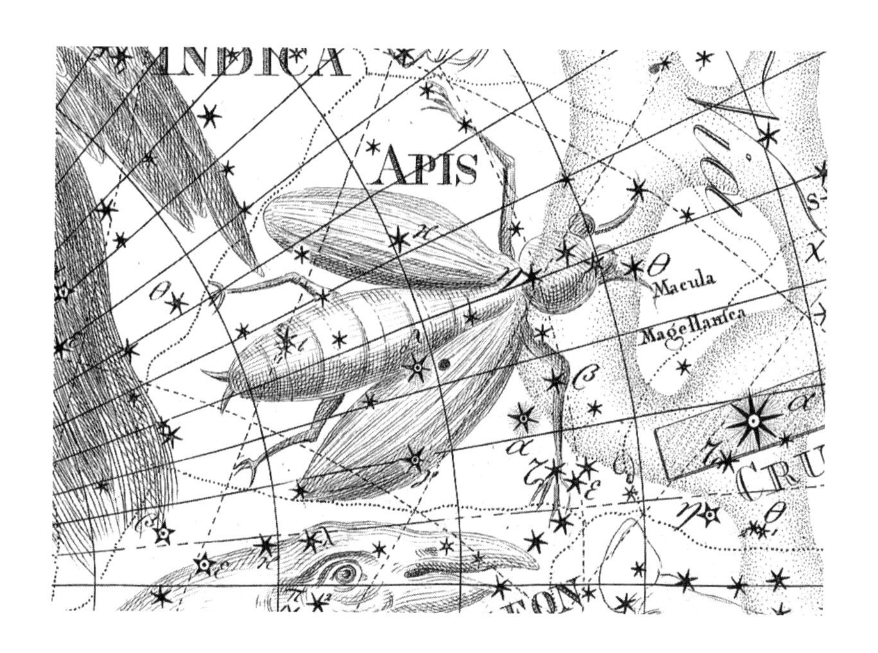

《波德星图》的第20幅图中的苍蝇座，曾以Apis为名，其意思是蜜蜂（但看上去更像黄蜂）。它的下边是蝘蜓座的头，右边与煤袋星云重叠；煤袋星云在这里被写作Macula Magellanica（麦哲伦暗斑），星云的大部分位于南十字座天区。（德意志博物馆收藏）

座，但天球仪上有星座形象却没有星座名。由于不知道它代表什么，拜尔错误地将其识别为蜜蜂，而不是苍蝇。

法国天文学家尼古拉·路易·德·拉卡耶于1756年在他的南天星图中正确地将这种昆虫证认为一只苍蝇（称其为 la Mouche），但约翰·波德在1801年的《波德星图》中追随拜尔，将该星座证认为蜜蜂，而非苍蝇，如上图所示。

1602年，另一位荷兰制图师（也是普兰修斯的竞争对手）威廉·扬松·布劳首次使用拉丁名Musca来标示这个星座。普兰修斯本人直到1612年才为这个星座取名，他在当年生产的天球仪上将其命名为Muia，这个词在希腊语中意为苍蝇。有一段时间，它被称为Musca Australis（南蝇座），因为当时北天还有一只苍蝇，名为Musca Borealis（北蝇座）。

苍蝇座最亮的星星是苍蝇座α星，它是一颗3等星。苍蝇座中的星星都没有被命名，也没有关于这只苍蝇的传说。

Norma

— 矩尺座 —

直角尺

属格： Normae

缩写： Nor

面积排名： 第74位

起源： 尼古拉·路易·德·拉卡耶的14个南天星座

矩尺座是法国天文学家尼古拉·路易·德·拉卡耶在1751年至1752年绘制南天星图后引入的星座之一。它由天坛座和豺狼座之间的暗星组成，这些星星未被托勒密编目。在1756年的平面天球图上，拉卡耶称这个星座为l'Equerre et la Regle，将其描绘为绘图员的三角尺和直尺。

拉卡耶把矩尺座放在圆规座（星座名被拉卡耶写为le Compas，如今写为Circinus）和南三角座旁边，圆规座是拉卡耶创立的，南三角座是荷兰航海家凯泽和德豪特曼在早期创立的。拉卡耶将矩尺座形象化为建筑师的水平仪，这三个星座组成了测量和建筑工具三件套。在1763年版的平面天球图上，拉卡耶将矩尺座的名称拉丁化，并缩写为Norma；不过，就像1801年的约翰·波德星图集那样，其他人更喜欢使用其全名Norma et Regula。矩尺座中最亮的星星只有4等，星座中所有的星星都没有被命名。

历史学家理查德·欣克利·艾伦的著作《星名的传说与含义》被大家广泛引用，这本书称这个星座为the Level and Square。艾伦说，弗拉姆斯蒂德星图的法语版（即让·福尔坦的《天体图集》）将其写为Niveau，意思是水平仪；但看一眼该星图集就会知道，他弄错了——另一个名字Level实际上被用于南天的三角形，即南三角座上。艾伦似乎误读了法语星图，并将名称安到了错误的星座上，这是多年以来对星图的误读最终导致星名错误的又一个例子。从那以后，艾伦的错误引起了一些混乱。

自拉卡耶时代以来，星座边界发生了变化，所以矩尺座中不再有标记为α或β的星星。拉卡耶指定的α星和β星如今是天蝎座的一部分，它们分别被称为天蝎座N和天蝎座H。顺便说一句，矩尺座与船尾座、船帆座一样，里

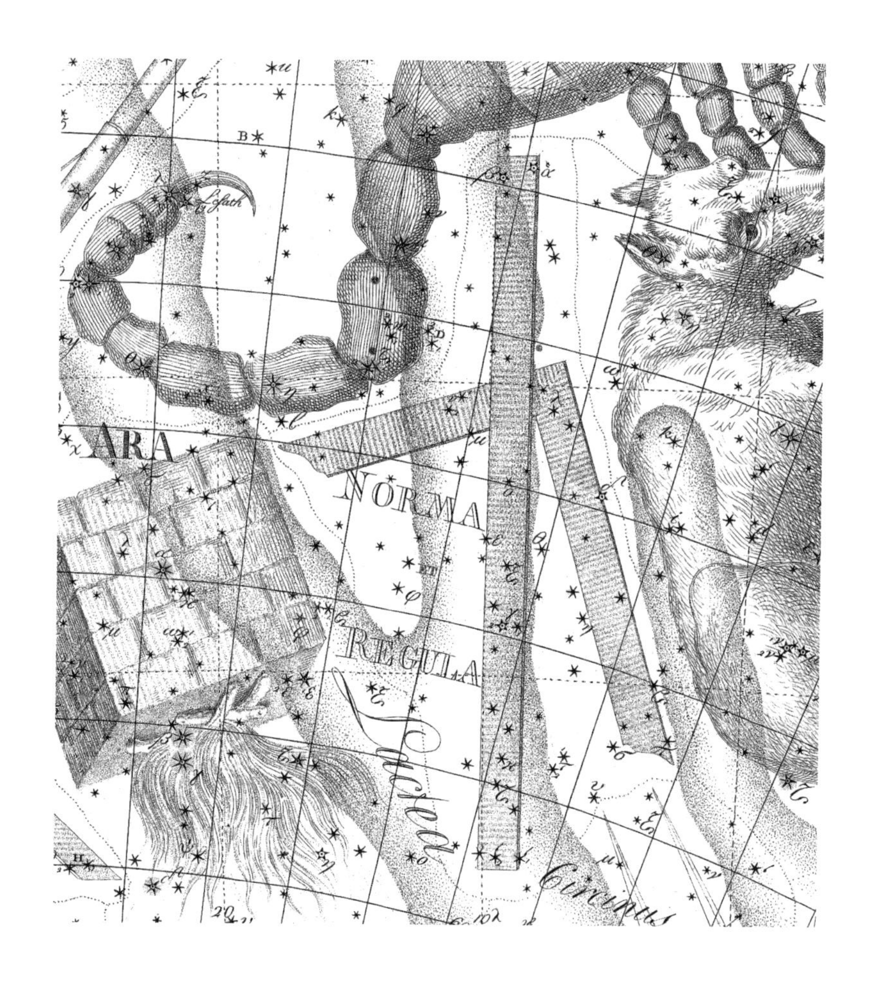

《波德星图》第15幅图中的矩尺座显示的是旧名Norma et Regula。由于星座边界的变化，矩尺座顶部标记为α和β的星星如今是天蝎座的一部分，被记为天蝎座N和天蝎座H。（德意志博物馆收藏）

面都没有标记为α和β的星星，因为它们曾经都是一个更大的星座——南船座的一部分；当南船座被拉卡耶拆分掉时，α和β这两个字母最终被分给了船底座。

对应的中国星座

尽管矩尺座是一个现代星座，但它里面的星星与其邻居天坛座和豺狼座中的星星赤纬相近，所以，就像希腊人一样，古代中国人是能在天空中看到它们的。希腊人没有将这里的任何星星纳入星座，但中国人做到了。矩尺座北部有多达四颗的星星是星官“积卒”的一部分；积卒是一座兵营，其中的大部分星星在天蝎座中。孙小淳和基斯特梅克将这四颗星星确定为矩尺座δ星、矩尺座ε星、矩尺座μ星和矩尺座λ星。其他人虽然赞同矩尺座中的星星与积卒有关，但具体是哪些星星以及有多少星星属于积卒，则说法不一。

Octans
—— 南极座 ——
八分仪

属格： Octantis
缩写： Oct
面积排名： 第50位
起源： 尼古拉·路易·德·拉卡耶的14个南天星座

南极座是18世纪50年代法国天文学家尼古拉·路易·德·拉卡耶引入的14个新的南天星座之一。它代表一种名叫八分仪的导航仪器，八分仪是1730年由英国人约翰·哈德利（1682—1744）发明的。在1756年版的星图上，拉卡耶最初将其命名为l'Octans de Reflexion；但在1763年的第二版星图中，拉卡耶将星座名简化为Octans。

拉卡耶将南极座称为“导航仪上用于观测天极高度的主要仪器”，这个星座恰好覆盖了南天极所在的位置。但是，尽管占据的位置特殊，南极座中几乎没什么引人注目之处，其中没有亮于4等的星星。在构建星座时，拉卡耶并入了几颗原本属于水蛇座和天燕座的星星，这两个星座是16世纪末由荷兰航海家创立的。在这个重组的过程中，拉卡耶对这片天空进行了大改造。

八分仪的扇形框架为一段45度的弧，即圆的八分之一，它也因此而得名。导航员通过望远镜观察地平线，并调整可移动臂，直到沿着地平线能看到太阳或星星的反射像。在后来的设计中，这段弧从圆的八分之一变成了六分之一，仪器成了现代的六分仪。

南极座的星星和南天极

不幸的是，南天极并没有一颗像北极星那样明亮的星星。离南天极最近的、肉眼可见的星星是南极座σ星，它距离南天极1度，星等为5.4等，一点也不显眼。拉卡耶在他的星表中给这颗星星分配了一个字母σ，但没在星图上标记它。目前，南天极正在远离南极座σ星，进入一片更加空空荡荡的天区。下一颗离南天极最近的肉眼可见的恒星将是南极座ι星，其星等为5.5等，它在公元2800年前后将刚好与南天极相距1.5度。

南极座是α星非星座中最亮星的又一个例子。其中最亮的是南极座ν星，其星等为3.7等。南极座α星的星等为5.2等，它是全天所有星座的α星里最暗的一颗。与它最接近的竞争对手——山案座α星比它亮不到0.1等。

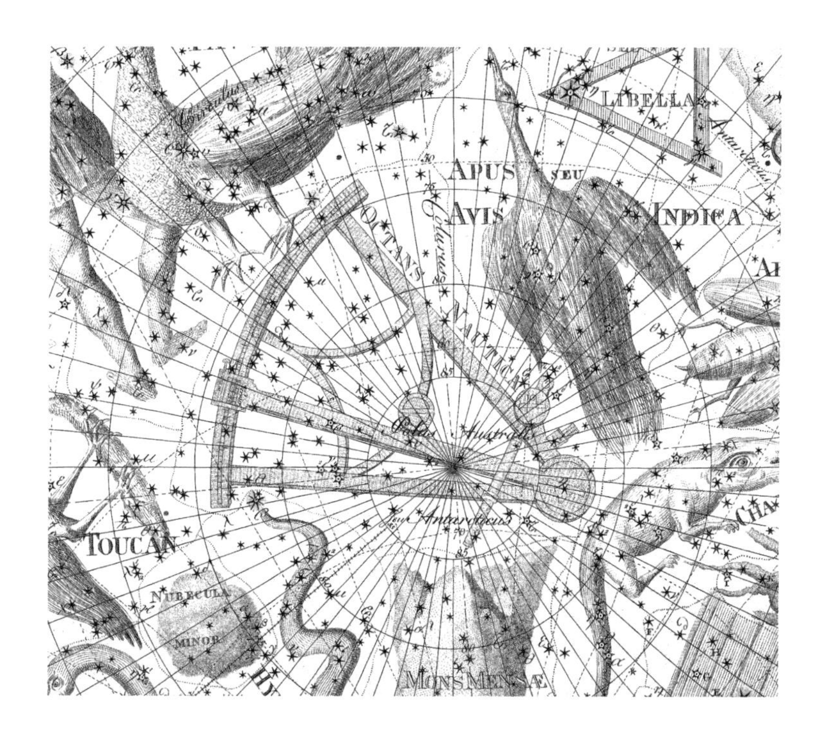

《波德星图》的第20幅图中，南极座覆盖了南天极。它在图中的名字是Octans Nautica。八分仪是现代六分仪的前身。在这幅图中，天燕座位于右上方，水蛇座的尾巴尖在左下方，孔雀座的脚在右上方。（德意志博物馆收藏）

Ophiuchus
— 蛇夫座 —

属格： Ophiuchi

缩写： Oph

面积排名： 第11位

起源： 托勒密在《天文学大成》中列出的48个希腊星座之一

希腊名： Ὀφιοῦχος

蛇夫座Ophiuchus代表一个男子，其腰间缠绕着一条蛇。他左手握着蛇头，右手握着蛇尾。蛇由另一个单独的星座——巨蛇座代表，巨蛇座在88星座中是独一无二的，它被分成了两半——位于蛇夫座一侧的蛇头和位于蛇夫座另一侧的蛇尾。阿拉托斯和希吉努斯等神话学家将蛇描述为盘绕在蛇夫座腰部的样子，包括1515年的丢勒星图在内的早期插图都是这样描绘的；但从拜尔星图开始，蛇通常被描绘为穿过蛇夫的身体或双腿之间的样子。

蛇夫座名字的希腊语写法是Ὀφιοῦχος，在拉丁文中是Ophiuchus。它也曾被叫作Serpentarius，这个名字可以在一些较老的星图集，例如约翰·波德和约翰内斯·赫维留的星图集上找到。弗拉姆斯蒂德和波德都在各自的星表中使用了这个名字，但在星图上，他们将蛇夫座标记为Ophiuchus，如此处弗拉姆斯蒂德星图集的插图所示。

希腊人认为蛇夫是医神阿斯克勒庇俄斯。他是阿波罗和科洛尼斯的儿子（但也有人说他母亲是阿耳西诺厄）。故事始于科洛尼斯在怀有阿波罗的孩子后，又怀上了凡人伊斯库斯的孩子。一只乌鸦将这个令人不悦的消息带给了阿波罗，但它并没有得到预期的回报，此前，乌鸦一直是白色的，在这之后它被阿波罗诅咒，变成了黑色。

阿波罗一怒之下用箭射死了科洛尼斯。他没有眼睁睁地看着自己的孩子一起死去，而是在火焰吞没科洛尼斯的时候从其子宫里取走了未出生的婴儿，并将婴儿带到了智慧的半人马喀戎（在天空中由半人马座代表）那里。

喀戎把阿斯克勒庇俄斯当作自己的儿子抚养长大，教他医术和狩猎之术。阿斯克勒庇俄斯精通医术，不仅能救人，还能使人死而复生。

阿斯克勒庇俄斯和蛇

有一次，在克里特岛，米诺斯国王的小儿子格劳科斯在玩耍时掉进蜂蜜罐里淹死了。正当阿斯克勒庇俄斯盯着格劳科斯的尸体时，一条蛇滑了过去。他用手杖打死了蛇；随后，另一条蛇嘴里叼着一株药草，把它放在死蛇的身上，死蛇神奇地复活了。阿斯克勒庇俄斯将同样的药草涂在格劳科斯身上，格劳科斯也神奇地复活了。（罗伯特·格雷夫斯认为这种药草是槲寄生，古人认为槲寄生具有很强的再生特性；但实际上它也可能是柳树皮，阿司匹林的活性成分水杨酸就取自柳树皮。）希吉努斯说，由于这一事件，天空中的蛇夫座手里握着一条蛇；因为蛇每年都会蜕皮，似乎会重生，所以蛇成了治愈的象征。

然而，其他人则说，阿斯克勒庇俄斯从雅典娜女神那里得到了蛇发女妖美杜莎的血。从美杜莎左侧血管里流出的血有毒，但从右侧血管里流出的血可以

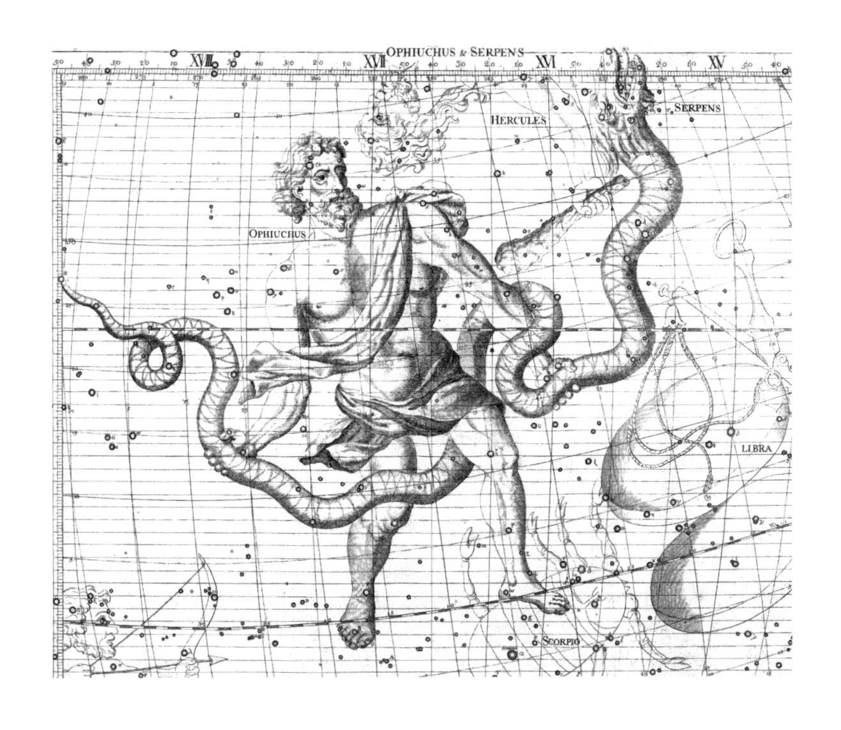

《弗拉姆斯蒂德星图》中，蛇夫座双手握着一条扭动的巨蛇，即巨蛇座。蛇夫的左脚踩在蝎子——天蝎座上，蛇夫的头位于武仙座旁边。蛇尾上方、蛇夫座右肩旁边那团V形的星星，曾是波尼亚托夫斯基金牛座的一部分，这个星座如今已被废弃。穿过蛇夫座脚部的粗虚线是太阳每年在天空中走过的路径，即黄道。（密歇根大学图书馆收藏）

使死者复活。

据说被阿斯克勒庇俄斯复活的另一个人是忒修斯的儿子希波吕托斯，他从战车上掉下来，摔死了（有人认为他代表御夫座）。阿斯克勒庇俄斯伸手取出药材，在青年的胸口抹了三下，希波吕托斯便复活了。

冥王哈得斯开始意识到，如果这项技术广为人知，进入冥界的死魂之流将会很快枯竭。他向自己的兄弟宙斯抱怨，宙斯用雷电击中了阿斯克勒庇俄斯。阿波罗对自己儿子受到的这种粗暴对待感到愤怒，杀死了三个为宙斯制造雷电的独眼巨人作为报复。为安抚阿波罗，宙斯将阿斯克勒庇俄斯置于群星之中，使其成为蛇夫座，获得永生（在那种情况下，宙斯几乎无法让他再起死回生）。

蛇夫座和黄道

虽然蛇夫座不是官方的黄道十二星座之一，但太阳会在12月的上半月穿过蛇夫座南部。太阳在天空中走过的路径，即黄道，是上一页星图中那道穿过蛇夫座脚部的黑白相间的线。根据现代星座边界来看，太阳在蛇夫座中停留的时间比在旁边的天蝎座中停留的时间要长。因此，蛇夫座有时被称为黄道上的第十三个星座。

蛇夫座的星星

标示蛇夫座头部的是星座中最亮的星星、2等星蛇夫座α星，其星名Rasalhague（中文名候）来自阿拉伯语中的*ra's al-hawwā*，意思是“蛇夫的头部”。蛇夫座β星被称为Cebalrai，这个名字来自阿拉伯语中的*kalb al-rā'ī*，意思是牧羊犬；阿拉伯人在这片区域想象出一个牧羊人（蛇夫座α星）、牧羊人的一只狗和一些羊。在《天文学大成》中，托勒密将字母β和γ置于蛇夫的右肩，左肩用ι和κ标示。

蛇夫座δ星和蛇夫座ε星，分别被称为Yed Prior（中文名梁，天市右垣九）和Yed Posterior（中文名楚，天市右垣十）。这两个名称都是复合名称，Yed来自阿拉伯语中的*al-yad*，意思是手，拉丁词语Prior和Posterior分别表示手的前面部分和后面部分。它们标示的是左手：根据托勒密的说法，右手是由我们现在所知的蛇夫座ν星和蛇夫座τ星标记的，但它们没有专有的名称。

蛇夫座ζ星和蛇夫座η星是蛇夫的左右膝盖，而蛇夫座ρ星和蛇夫座θ星则在蛇夫脚下。天蝎座位于蛇夫的脚下。阿拉托斯说蛇夫用双脚“踩”蝎子，但实际上他只有左脚踩在蝎子上，右脚离得还远。

在《天文学大成》中，托勒密列出了蛇夫座右肩和蛇尾之间散落的五颗星星，他认为，蛇尾的这些星星位于蛇夫座的主要形象之外。这些星星后来被纳入短命的波尼亚托夫斯基金牛座中。现在，它们正式成为蛇夫座的一部分，被称为蛇夫座66、蛇夫座67、蛇夫座68、蛇夫座70和蛇夫座72。距太阳第二近的恒星巴纳德星也在这片区域，它离太阳5.9光年远，在蛇夫座66附近。

人类在银河系中最后一次看见的超新星，就在蛇夫座中。这颗超新星在1604年出现在蛇夫的右脚踝附近，最亮时的星等估计达到−3等。约翰内斯·开普勒在一本名为《蛇夫座脚部的新星》（1606）的书中对其进行了描述，这颗新星因此被称为开普勒新星。

对应的中国星座

蛇夫座、武仙座南部和巨蛇座的大部分，都位于天空中的同一片区域，古代中国人将其想象为“天市垣”，它由东西两侧的垣墙包围着。天市左垣（东垣）始于武仙座，经巨蛇尾向南延伸，止于蛇夫座η星。天市右垣（西垣）从武仙座向南延伸，经过巨蛇头，到蛇夫座δ星、蛇夫座ε星和蛇夫座ζ星结束。

蛇夫座α星被中国古代天文学家称为星官“侯”，代表天帝的高级助手。侯的确切性质和他的角色有些神秘。他曾被不同的人分别描述为监督者、接待客人的引座员，甚至是占星家。天帝本人的宝座被称为“帝座”，它是旁边武仙座北部的武仙座α星。

在侯的附近，有三个名字相近的星官——“宗正”“宗人”“宗”。宗正由蛇夫座β星和蛇夫座γ星组成，宗人（蛇夫座66、蛇夫座67、蛇夫座68、蛇夫座70）代表总督和他的助手，负责监督皇室的年轻成员，而宗（蛇夫座71和蛇夫座72）代表德高望重的皇室长辈。

蛇夫座47、蛇夫座30和一颗较暗的星星，构成星官“市楼”的一部分，市楼是由六颗星星组成的一个环，代表交易标准办公室所在的大厅或大楼；组成市楼的其他星星是巨蛇尾的巨蛇座ο星和巨蛇座ν星。靠近天市右垣处，蛇夫座20和另一颗星星组成星官“车肆”，关于它所代表的含义有多种说法，包括市场摊位、货车销售和服务中心，也有人说它只是市场入口附近的一群顾客、马匹和手推车。蛇夫座λ星和巨蛇座σ星组成了星官“列肆”，即成列的商铺。蛇夫座ι星和蛇夫座κ星是星官“斛”的一部分，斛是一种称量谷物的器具，它的一部分位于武仙座中。

在蛇夫座南部，天市垣的垣墙外，蛇夫座φ星、蛇夫座χ星、蛇夫座ψ星和蛇夫座ω星组成星官“东咸”，这是用于调查交易侵权行为的管家室；“西咸”位于天蝎座和天秤座。蛇夫座θ星和其他三颗星星组成星官“天江”，它位于银河中，据说掌管水道。旁边是“天籥”，它由八颗位于蛇夫座和人马座的暗星组成，正好在黄道上。天籥代表一把锁或钥匙孔，太阳每年都要穿过它。它位于天关的正对面，而天关在金牛座中，是黄道上的一道大门。

Orion
—— 猎户座 ——

属格：Orionis

缩写：Ori

面积排名：第26位

起源：托勒密在《天文学大成》中列出的48个希腊星座之一

希腊名：Ὠρίων

猎户座是夜空中最灿烂的星座，非常适合代表传说中最高、最英俊的人物。他的右肩和左脚，分别是闪亮的参宿四和参宿七，腰带上的三颗星星连成独特的一条线。“没有其他星座能更准确地代表一个人的形象。”格马尼库斯·恺撒说。

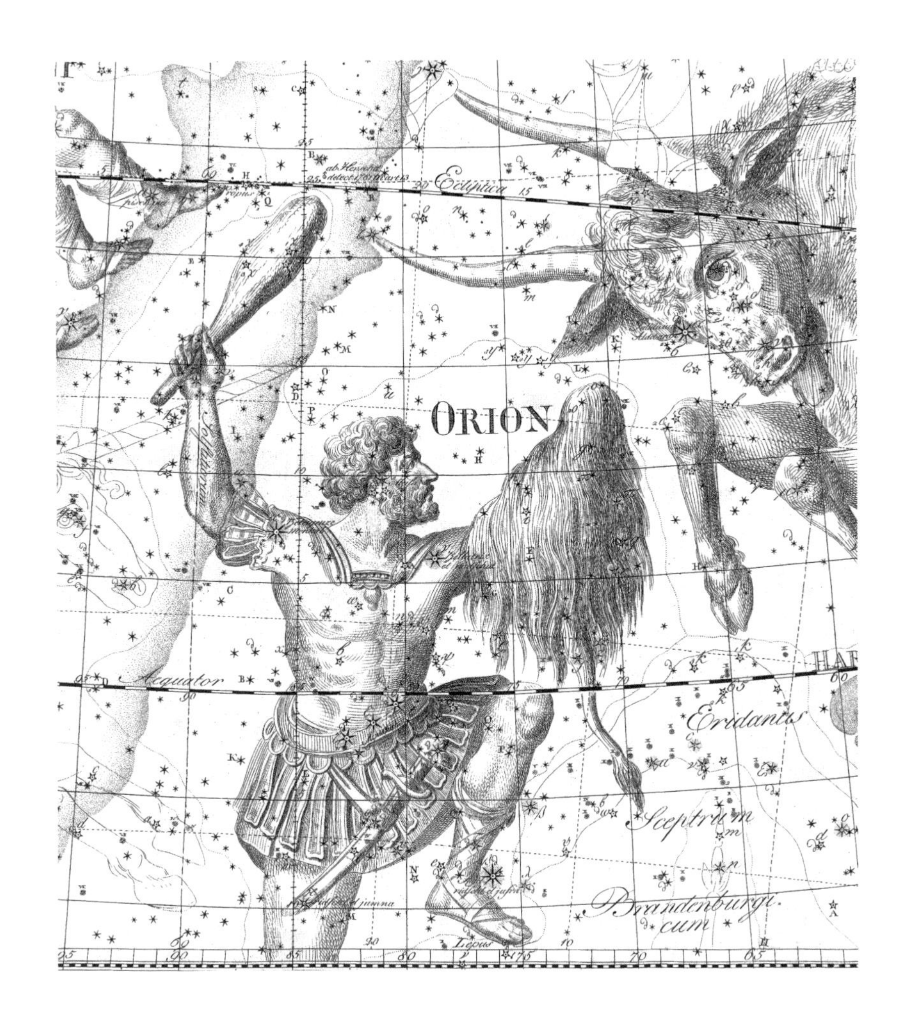

《波德星图》的第12幅图中，猎户举起他的棍棒和盾牌，对抗冲过来的金牛座。猎户座的右肩上是明亮的参宿四，左脚上是参宿七。在这张图上，波德将参宿四的名字写为Beteigeuze，并给它起了另一个名字Menkab，这个词来自阿拉伯语中的*mankib*，意思是肩部。（德意志博物馆收藏）

马尼利乌斯称猎户座为“黄金猎户座”和“最强壮的星座”，并夸大了它的耀眼程度。他说，当猎户座升起时，“黑夜收起黝黑的翅膀，拥有白昼般的光辉”。马尼利乌斯将猎户座描述为“在广阔的天空中伸展双臂，并以巨大的步伐升向群星”。事实上，猎户座并不是一个特别大的星座，它所占的天区面积在全天星座中仅排名第26位（根据现代星座边界，猎户座比英仙座还小），但猎户座的星星发出耀眼的光辉，给人一种其所占的面积特别大的错觉。

猎户座也是最古老的星座之一，是荷马和赫西俄德等最早的希腊作家所知的少数星群之一。即使在太空时代，猎户座仍然是非天文学家能够辨识的少数星座图案之一。

在天空中，猎户座被描绘成面对旁边的公牛——金牛座的鼻息，猎户座的神话却并未提及这样的战斗。然而，这个星座起源于苏美尔人，他们在其中看到了他们的大英雄吉尔伽美什与天上的公牛战斗。猎户座的苏美尔名字是URU AN-NA，意思是“天空之光”。金牛座的名字是GUD AN-NA，意思是“天空之牛”。

吉尔伽美什是苏美尔人的“赫拉克勒斯”，这给我们带来了另一个谜题。作为希腊神话中最伟大的英雄，赫拉克勒斯配得上这样一个壮丽的星座，但实际上他却被安放在了一片更模糊的天区（武仙座）。那么，猎户座真的是赫拉克勒斯的另一种体现吗？看起来似乎是这样，因为赫拉克勒斯的任务之一，就是捕捉克里特公牛，这正好对应天空中猎户座与金牛座之间的冲突。托勒密用手持棍棒和狮子皮的形象来描绘猎户座，显然，这是赫拉克勒斯的属性，古典星图中猎户座的形象都是这样的。然而，尽管有这些相似之处，并没有神话学家暗示这个星座与赫拉克勒斯之间存在联系。

猎户座的故事

根据希腊神话，俄里翁是海神波塞冬和克里特国王米诺斯之女欧律阿勒的儿子，波塞冬赋予俄里翁在水上行走的能力。在《奥德赛》中，荷马将俄里翁描述为一个巨大的猎人，手里拿着坚不可摧的实心青铜棒。在天空中，猎人的狗（大犬座和小犬座）紧随其后，追逐野兔（天兔座）。

在希俄斯岛上，俄里翁向国王俄诺皮翁的女儿墨罗佩求爱，但显然没有取得多大成功。一天晚上，俄里翁借着酒劲试图强占她。为了惩罚俄里翁，俄诺皮翁弄瞎了他的眼睛，并将他逐出岛。俄里翁向北前往利姆诺斯岛，那里是赫菲斯托斯炼铁之处。赫菲斯托斯同情失明的俄里翁，让自己的助手刻达利翁充当俄里翁的眼睛。俄里翁将年轻人扛在肩上，向东边日出的方向走去，神谕告诉他，日出会让他恢复视力。黎明时分，随着太阳那具有治愈作用的光芒照在俄里翁失明的眼睛上，他的视力奇迹般地恢复了。

在一则关于星星的神话里，俄里翁与金牛座的普勒阿得斯七姊妹有关。普勒阿得斯七姊妹是阿特拉斯和普勒俄涅的女儿。故事里通常说，俄里翁爱上了普勒阿得斯七姊妹，开始热烈地追求她们。但根据希吉努斯的说法，俄里翁追求的实际上是她们的母亲普勒俄涅。宙斯把她们放在群星之间，俄里翁每天晚上仍在天空中追逐她们。

关于俄里翁的诞生，有一个比较奇怪且久远的故事，旨在解释他早期的名字Urion（更接近苏美尔人原初的写法URU AN-NA）。这个故事说，底比斯住着一位名叫许里欧斯的老农。有一天，他招待了三位路过的陌生人，他们恰好是天神宙斯、内普丘恩和赫尔墨斯。吃完饭后，他们问许里欧斯有什么愿望。老农坦言自己想要个儿子，这三位神答应帮他实现心愿。他们围在刚吃掉的那头牛的皮周围，在上面撒尿，并让许里欧斯把牛皮埋起来。经过一段时间后，从那里面诞生了一个男孩，许里欧斯根据他的诞生方式，给他起名叫俄里翁。

俄里翁之死

关于俄里翁之死，故事版本众多，且相互矛盾。天文学神话学家，如阿拉托斯、埃拉托色尼和希吉努斯，都认为俄里翁之死与蝎子有关。在埃拉托色尼和希吉努斯讲述的一个版本的故事中，俄里翁吹嘘自己是最伟大的猎人。他向狩猎女神阿耳忒弥斯和她的母亲勒托声称，他能杀死地球上的任何野兽。大地愤怒地颤抖起来，一只蝎子从地面的裂缝中冒出来，将这个自以为是的巨人蜇死了。

然而，阿拉托斯说，俄里翁试图强占处女阿耳忒弥斯，是她导致地面裂开，冒出了蝎子。奥维德还有另一个说法，他说俄里翁在试图从蝎子手中救出勒托时被杀死了。但他讲的故事，连发生地点也不一样。埃拉托色尼和希吉努斯说，俄里翁之死发生在克里特岛，但阿拉托斯的故事发生地在希俄斯。

在这两个版本的故事中，结果都是俄里翁和蝎子（天蝎座）被放置在天空的两侧，这样，当天蝎座从东方升起时，猎户座就会逃到西方地平线以下。“可怜的俄里翁仍害怕被蝎子的毒刺伤到。”格马尼库斯·恺撒说。

希吉努斯还讲了另一个完全不同的故事。这个故事说，阿耳忒弥斯爱俄里翁，并认真考虑放弃守贞的誓言嫁给他。他俩分别是最伟大的男猎人和女猎人，结合起来会成为令人敬畏的一对。但阿耳忒弥斯的孪生兄弟阿波罗反对这样的结合。一天，俄里翁正在海里游泳，阿波罗向阿耳忒弥斯提出挑战，要求她射中一个在海浪中漂浮的黑色小物体，以展示她的射箭技巧。阿耳忒弥斯一箭射穿了它，但她惊恐地发现那竟然是俄里翁。阿耳忒弥斯悲痛欲绝，把俄里翁放在了星座之中。

猎户座中的亮星和参宿四的含义

有那么几个星座，它们当中编号为α的星星不是最亮的，猎户座便是其中之一。猎户座中最亮的星星实际上是猎户座β星，其名字Rigel（中文名参宿七）来自阿拉伯语中的*rijl*，意思是脚，托勒密将其描述为“左脚上的亮星”。托勒密还说，这颗星星由猎户座与波江座共享，一些老星图也以这种双重角色来描述它。参宿七是一颗耀眼的蓝白色超巨星，距离我们大约860光年。

猎户座α星名为Betelgeuse（中文名参宿四），这是最著名但被人误解的星名之一。托勒密在《天文学大成》中将其描述为“右肩上明亮的微红色星星”，但没给它命名。10世纪的阿拉伯天文学家阿尔·苏菲在其《恒星之书》中说，这颗星星既被称为*mankib al-jauzā*（如托勒密所描述，意思是“*al-jauzā*的肩膀”），也被称为*yad al-jauzā*（即*al-jauzā*的手，*al-jauzā*是阿拉伯人眼中这个星座的形象）。参宿四的名字来自第二个说法，因此其意思是“al-jauzā的手”；然而，由于对阿拉伯语的误读，它经常被错误地称为“中央腋窝”。这是理查德·欣克利·艾伦在其经典著作《星名的传说与含义》中所犯的错误一直延续下来的结果。

然而，*al-jauzā*是谁（或是什么）？这是阿拉伯人给他们在这片天区看到的星座形象所起的名字，它是一个女性形象，包括猎户座和双子座的星星。*al-jauzā*这个词显然来自阿拉伯语中的*jwz*，意思是中间，所以现代评论家能提供的最好的翻译，是*al-jauzā*意为“中间的女性”。之所以提到“中间”，可能与星座横跨天赤道这一事实有关。

参宿四和参宿七是非常显眼的亮星，希腊人却没给它们命名，真是令人惊讶，所以我们会通过它们的阿拉伯名来认识它们。参宿四是一颗红超巨星，其直径是太阳直径的数百倍。它会在数月和数年的时间内膨胀与收缩，在此过程中，它的亮度会发生显著的改变。参宿四距离我们大约500光年。

猎户座左肩处是猎户座γ星，其名为Bellatrix（中文名参宿五），这是一个拉丁名，意思是女战士。猎户座右膝上的星星是猎户座κ星，其名字Saiph来自阿拉伯语，意思是剑，显然，这个名字出现了偏差。腰带上的三颗星——猎户座ζ星、猎户座ε星和猎户座δ星的名字分别为Alnitak（中文名参宿一）、Alnilam（参宿二）和Mintaka（参宿三）。参宿一和参宿三的名字都来自阿拉伯语，意思是腰带。参宿二的名字也来自阿拉伯语，意思是一串珍珠，这是猎户座腰带的另一种说法。

猎户大星云

猎户腰带下方有一块朦胧的斑块，标记着巨人的剑或猎刀。这是猎户大星云的位置，它是一团气体，是天空中被拍摄得最多的天体之一，无数恒星正在那里诞生。在晴朗的夜晚，我们用肉眼可以看见它。

尽管猎户大星云是肉眼可见的天体，但在法国天文学家尼古拉-克洛德·法布里·德佩雷斯克（1580—1637）注意到它之前，托勒密的《天文学大成》、阿尔·苏菲的《恒星之书》或其他任何人都没有提到它，直到1610年11月，德佩雷斯克在望远镜中看到它，称它为“一小团发光的云”，不过他并没有发表自己的观察结果。瑞士天文学家约翰·巴普蒂斯特·西萨特（约1587—1657）首次在出版物中提到了它，他在1618年写的一本关于彗星的书中将其描述为“像一朵耀眼的白云发出的散射光”，该书名为《关于彗星的运动、大小和成因的天文数学》，出版于1619年。

对应的中国星座

中国天文学家将猎户座称为“参”。参是一大片星空狩猎场景的中心，因为在十一月和十二月的狩猎季节，满月位于这片天空。参（“三星”，指的是猎户座腰带上的三颗星星）也是二十八宿中第二十一宿的名字；显然，参原本只包括腰带上的三颗星星，其他星星都是后来合并进去的。

最终形成的“参”，一共包括十颗星星：构成猎户座传统轮廓的四颗星星（猎户座α星、猎户座γ星、猎户座β星和猎户座κ星）、腰带上的三颗星星和剑上的三颗星星。剑上的三颗星星拥有双重身份，因为它们也组成了一个子星座“伐”。

组成猎户座脑袋的三颗星星（猎户座λ星、猎户座 ϕ-1星和猎户座 ϕ-2星）被称为“觜”，有人认为这是一种大龟，也有人认为是鸟嘴。觜宿是二十八宿中第二十宿的名字。它是二十八宿中最窄的，仅2度宽。[1]我们如今看到的作为猎户盾牌的一串弧形星星，在中国被看作一面旗帜，名为“参旗”，有时它也被看作一张长弓。

作为中国最古老的星官之一，“参”在历代以来拥有许多各不相同且相互冲突的身份。早期，它被视为中国的四象之一——东方白虎的前躯。某种程度上，它也与司法调查和惩罚有关。

在中国古代的一个传说中，一位帝王有两个儿子——实沈和阏伯，他们总在打架，帝王不得不想办法把他俩分开。实沈被派到大夏，他学的是用参宿定季节的观星术；而阏伯被封在商，他学的是用心宿中的大火定季节的观星术。心宿位于如今天蝎座的区域，在参宿的对面。这个故事与希腊传说相似；在希腊传说中，猎户座和其对手蝎子被放置在天空的相对两侧，永不能相见。

猎户座最北端的两颗星星——猎户座χ-1星和猎户座χ-2星，与双子座1和金牛座139一起，组成星官“司怪”，这又是一个具有两个不同身份的星官。在一种解释中，它代表一群观察天象的官员（金牛座的“天高”代表他们的瞭望台）；但也有说法认为，司怪代表很厉害的猎手，因此是狩猎场景中的一个角色。在其南边，猎户座ν星、猎户座ξ星、猎户座69和猎户座72组成星官“水府”，主灌溉，包括修建水坝和水库。孙小淳和基斯特梅克认为，水府可能代表水神河伯的宫殿。

参宿七以北的猎户座τ星是星官“玉井”的一个角，玉井是贵族用的井，其中大部分星星位于波江座。

1　宿度一直在变化，目前应该不到2度。——译注

Pavo
—— 孔雀座 ——

属格： Pavonis

缩写： Pav

面积排名： 第44位

起源： 凯泽和德豪特曼的12个南天星座

孔雀座是16世纪末荷兰航海家彼得·德克松·凯泽和弗雷德里克·德豪特曼引入的12个南天星座之一。孔雀座代表的可能不是公园里常见的那种蓝孔雀，或者说印度孔雀，而是其个头更大、色彩更丰富、更具攻击性的表亲——凯泽和德豪特曼在东印度群岛遇到的爪哇绿孔雀。1598年，彼得鲁

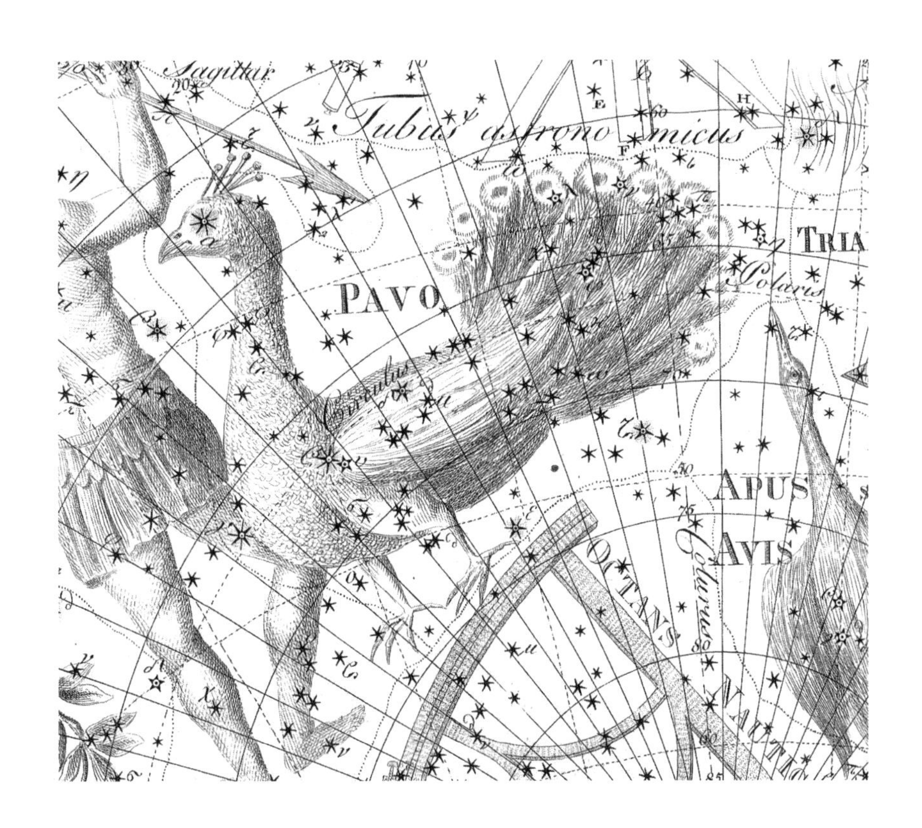

《波德星图》的第20幅图中，孔雀的尾巴被截断了。它的尾巴最初一直延伸到更靠北的地方，但拉卡耶将望远镜座添加到天空中之后就将它修剪了。（德意志博物馆收藏）

斯·普兰修斯首次将孔雀座描绘在天球仪上；1603年，孔雀座首次出现在约翰·拜尔的《测天图》上。在拜尔的作品中，孔雀的尾巴很宽大，但后来，它被拉卡耶剪短了一截，为北边的望远镜座腾出空间。

在神话中，孔雀是赫拉的神鸟，赫拉乘坐孔雀拉着的战车在空中翱翔。有一则希腊神话讲了孔雀的尾巴上是如何长出眼睛的。宙斯有一个情人叫伊奥，宙斯的妻子差点将他们抓个现形。为了不让赫拉发现他们的关系，有一天，宙斯将伊奥变成了一头白牛。赫拉心存疑虑，将小母牛置于阿尔古司的监护之下，阿尔古司将小母牛拴在一棵橄榄树上。阿尔古司非常适合执行看守者的任务，因为他有100只眼睛，每次休息时只有两只眼睛闭上，其他眼睛保持警惕。无论阿尔古司站在哪里，他总有几只眼睛能盯着伊奥。

宙斯派自己的儿子赫尔墨斯将伊奥从囚禁中解救出来。赫尔墨斯俯冲而下，和阿尔古司一起待了一天，给他讲故事，吹奏芦苇笛，直到阿尔古司昏昏欲睡，眼睛一个接一个地闭上。阿尔古司终于睡着时，赫尔墨斯砍下他的头，把小母牛放了出来。赫拉将阿尔古司的眼睛放在了孔雀的尾巴上。

孔雀座中最亮的星星——2等星孔雀座α星名为“孔雀”，这个名字是1937年前后由英国航海年鉴办公室命名的，用于英国皇家空军的导航指南《航空年鉴》中。英国皇家空军规定，所有的导航星都得有专有名称，所以这个名字是为原本未命名的孔雀座α星创造的。

Pegasus
— 飞马座 —

属格： Pegasi

缩写： Peg

面积排名： 第七位

起源： 托勒密在《天文学大成》中列出的48个希腊星座之一

希腊名： Ἵππος

佩伽索斯是一匹长着翅膀的飞马，因其与希腊英雄柏勒罗丰的关系而闻名。我们至少可以说，这匹马的出生方式很不寻常。它的母亲是蛇发女妖美杜莎，她年轻时以美貌，尤其是她飘逸的头发而闻名。许多追求者接近她，但夺走她童贞的人是波塞冬，他既是海神又是马神。不幸的是，这次事件发生在雅典娜神庙。雅典娜女神因自己的神庙被玷污而感到愤怒，将美杜莎变成了一个蛇发怪物，任何男人只要看了她的眼睛，就会变成石头。

当珀修斯砍掉美杜莎的头时，飞马佩伽索斯和战士克律萨俄耳从她的身体里跳了出来。佩伽索斯这个名字来自希腊语πηγαί，意思是泉水或水。克律萨俄耳的名字的意思是金剑，用以描述他出生时携带的剑。克律萨俄耳在佩伽索斯的故事里并没有扮演更多角色。他后来成了革律翁的父亲，革律翁就是赫拉克勒斯杀死的那个三头三身的怪物。

佩伽索斯展开翅膀，飞离它的母体，最终到达了缪斯女神的故乡维奥提亚的赫利孔山。它在那里用蹄子敲击地面，令缪斯女神高兴的是，岩石中涌出一股泉水，其名为Hippocrene，意思是“马之泉”。后来，雅典娜女神也来看这股泉水了。

佩伽索斯和柏勒罗丰

飞马座有时会被描绘成珀修斯的骏马，但这是错误的。事实上，骑飞马的是另一位英雄——格劳科斯之子柏勒罗丰。吕客亚的国王伊俄巴忒斯派柏勒罗丰去执行一项杀死客迈拉的任务，客迈拉是一种正在毁灭吕客亚的喷火怪物。根据赫西俄德的说法，客迈拉是堤丰和埃奇德涅的后代，它有三颗头，一颗像狮子，一颗像山羊，还有一颗像龙。但荷马在《伊利亚特》中说，它拥有狮子的前半身、蛇的尾巴和山羊的中部，其他大多数作者后来也都遵循这种描绘。

柏勒罗丰发现飞马在科林斯的佩瑞涅泉喝水，于是用雅典娜送给他的金缰绳驯服了它。柏勒罗丰乘着神马升空，朝着客迈拉俯冲而下，用箭矢和长矛杀死了客迈拉。在为国王伊俄巴忒斯执行了其他各种任务后，柏勒罗丰似乎有了过度膨胀的想法，因为他试图骑着飞马，加入到奥林匹斯山的众神中。在到达那里之前，他掉回了地面；但根据赫西俄德的说法，飞马完成了这次旅行，宙斯有一段时间用它来背着自己的雷电。后来，宙斯将飞马放在星座之中。

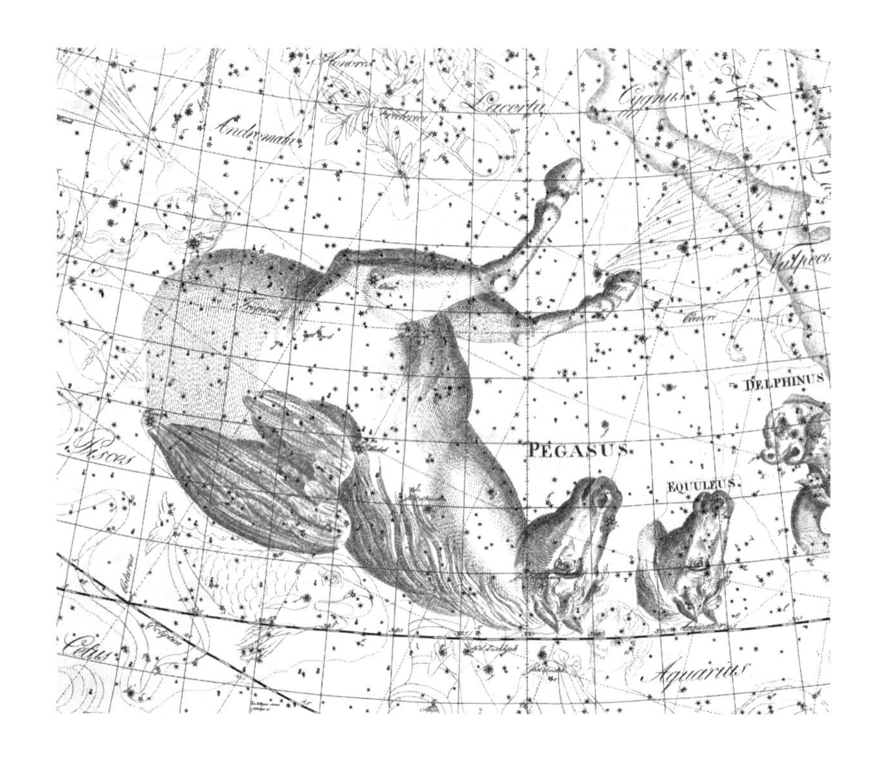

天空中飞马座的形象只描绘了其身体的前半部分，但足以包含它的翅膀。标示它身体轮廓的，是由四颗星星组成的飞马大四边形（尽管其中一颗星星如今已被划归仙女座）。飞马座前面是小马座，人们在群星间想象出一匹小马驹的头。这幅图来自《波德星图》的第10幅图。（德意志博物馆收藏）

埃拉托色尼对这个故事表示怀疑，他说天空中的这匹马没有翅膀。的确，阿拉托斯没有提到马的翅膀，但他将这个星座定为飞马座，而托勒密在《天文学大成》中肯定提到了翅膀，所以埃拉托色尼一定是弄错了。格马尼库斯·恺撒对此没有疑议。他写道，飞马“在天空的最顶端拍打着它敏捷的翅膀，为自己被放在群星间而欢欣鼓舞”。埃拉托色尼重复了公元前5世纪剧作家欧里庇得斯的说法，即这个星座代表半人马喀戎的女儿希佩（见第132页小马座）。

天空中的飞马座

从阿拉托斯到托勒密，希腊人简单地将这个星座称为Ἵππος，即马；这匹马通常被认为是佩伽索斯，但直到后来它才以这个特定的名称而广为人知。

阿拉伯天文学家称其为*al-Faras al-A'ẓam*，即较大的马，以区别于他们称之为*Qiṭ'at al-Faras*（意思是“马的一部分”）的小马座。

天空中只显示了马身体的前半部分，但即便如此，飞马座仍是全天第七大星座。它的身体以著名的飞马大四边形为代表，四颗星星标示四个角。在希腊时代，有一颗星星被认为由飞马座与仙女座共享，它标志着马的肚脐和仙女的头顶。当约翰·拜尔在17世纪早期开始为星星分配希腊字母时，他将双重身份赋予这颗星星，它既是仙女座α星，也是飞马座δ星。如今，这颗星星专属于仙女座，是仙女座α星；飞马座δ星不复存在。因此，严格地说，飞马大四边形现在只有三个顶点。

以下是组成飞马大四边形的另外三颗星星：飞马座α星，其名字Markab（中文名室宿一）来自阿拉伯语中的*mankib*，意思是肩膀；飞马座β星，其名字Scheat（中文名室宿二）来自阿拉伯语中的*sāq*，意思是小腿。根据德国星名专家保罗·库尼奇的说法，由于15世纪星表中的混淆，这个名字被错误地从宝瓶座δ星转移到了这颗星星。（宝瓶座δ星现在被称为Skat，来自同一个阿拉伯语词根。）

飞马座γ星位于马臀部上方的尾巴尖上，其流行的名字Algenib（中文名壁宿一）来自阿拉伯语中的*al-janb*，意思是侧面。飞马座中最亮的星星是马嘴上的2.4等星——飞马座ε星，它不比星座中其他的星星亮多少，其星名Enif来自阿拉伯语中的*anf*，意思是鼻子。格马尼库斯·恺撒说，它就位于“马嘴里咀嚼食物、冒出白沫的地方”。

对应的中国星座

中国的天空中没有飞马大四边形。相反，我们西方人熟悉的正方形的西侧和东侧分别是两个独立的星官，它们各由两颗星星组成。飞马座α星和飞马座β星相连，组成星官“室”，代表天帝的众多宫殿之一。室通常被解释为营地，二十八宿中的第十三宿叫作室宿。与室相关的，是一个名为“离宫”的附座，由飞马座周围的三对星星——飞马座η星和飞马座ο星、飞马座λ星和飞马座μ星、飞马座τ星和飞马座υ星组成。离宫代表天帝的一个度假胜地，考虑到它涉及三对不同的星星，也可能代表多个度假胜地。

在飞马大四边形的另一边，如今的飞马座γ星和仙女座α星一起组成了天帝宫殿东墙的壁，也被视为天帝的私人藏书室。二十八宿中的第十四宿以此命名，叫作壁宿（墙）。中国天文学家至少注意到了一个明显的事实，即室和壁的四颗星星组成了一个大正方形，他们将其比作一条鱼的嘴巴。

飞马座ε星、飞马座θ星与宝瓶座α星一起组成“危”，这是一个代表房屋屋顶的角形星座；二十八宿中的第十二宿叫作危宿。危与前宅“虚”之间有四对星星，它们分别代表掌管各种事务的判官或仲裁者。“司禄”（掌管荣誉、等级和薪金）和“司命”（掌管刑罚、生死）由飞马座南部和宝瓶座北部的星星组成，身份不明。另外两个星官“司危”和“司非”毗邻小马座的边界。

在如今飞马座的北部，飞马座ι星和其他三颗星星组成了“臼”，代表这种器具；而飞马座π星及其上方的蝎虎座1，则是用于准备食物的“杵”的一部分。靠近狐狸座的边界处是“人”，即人类，这是五颗星星组成的火柴人；然而，关于其中包含哪些星星，说法各不相同，而且，人们可能在不同时期使用了不同的星星。

飞马座以南的六颗星星，包括飞马座ρ星和飞马座σ星，组成了“雷电”。这个星官，再加上双鱼座边界上另外两个代表雷声和雨云的星官（霹雳、云雨），共同组成了一幅完整的暴风雨画面。

Perseus
—— 英仙座 ——

属格：Persei

缩写：Per

面积排名：第24位

起源：托勒密在《天文学大成》中列出的48个希腊星座之一

希腊名：Περσεύς

珀修斯是希腊最著名的英雄之一。他的故事中有六个角色，分别由六个星座来代表，每一个都占据了一大片天区。珀修斯的星座位于银河中一个比较突出的位置，这也许是阿拉托斯提到它时会说“尘土飞扬”的原因。

在希腊神话中，珀修斯是达娜厄的儿子，达娜厄是阿尔戈斯国王阿克里西俄斯的女儿。当阿克里西俄斯得知神谕预言自己将被外孙杀死时，便把达娜厄锁在一个戒备森严的地牢中。但宙斯化作金色的雨，去见达娜厄，雨水从地牢的天窗落到她的腿上，她怀孕了。当阿克里西俄斯发现后，他将达娜厄和婴儿珀修斯锁在一只木箱里，然后把他们扔到了海里。

在摇晃的箱子里，达娜厄抱着自己的孩子，祈求宙斯把他们从大海中解救出来。几天后，箱子被冲到塞里福斯岛的岸边，达娜厄和珀修斯还活着，但又饿又渴。一位名叫狄克提斯的渔夫打破箱子，救出了这对母子。狄克提斯把珀修斯当作自己的儿子抚养长大。

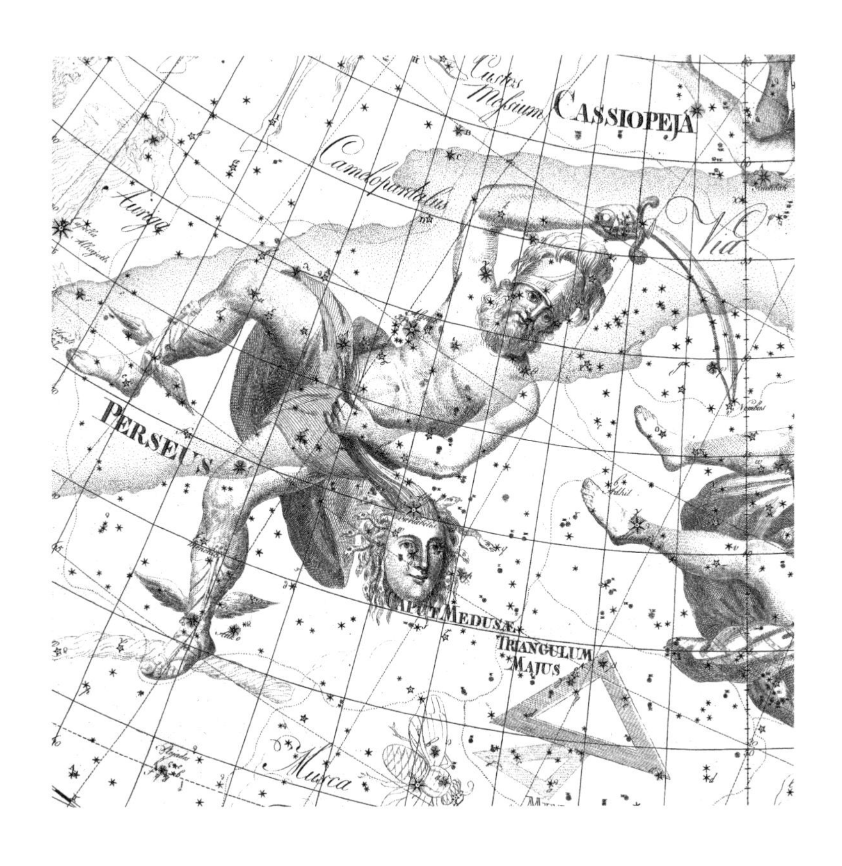

《波德星图》的第4幅图中，珀修斯手持蛇发女妖美杜莎被砍掉的头（记为Caput Medusa）。蛇发女妖的前额上，是一颗以光度变化而闻名的星星——大陵五（英仙座β星）。（德意志博物馆收藏）

狄克提斯的兄弟是波吕得克忒斯国王，他觊觎达娜厄，想娶她为妻。但达娜厄很不情愿，珀修斯现已长大成人，他保护母亲免受国王侵犯。于是，波吕得克忒斯国王制订了一个除掉珀修斯的计划。国王假装要娶希波达米亚，后者厄利斯国王俄诺马俄斯的女儿。波吕得克忒斯国王要求包括珀修斯在内的臣民准备马匹作为结婚礼物。珀修斯没有马可以送，也没钱买一匹马，所以波吕得克忒斯派他去把蛇发女妖美杜莎的头带来。

珀修斯和蛇发女妖美杜莎

戈耳工是三个丑陋的姐妹，她们的名字分别是欧律阿勒、斯忒诺和美杜莎。她们是海神福尔西斯和他的妹妹刻托的女儿。戈耳工脸上覆盖着龙鳞，嘴里长着野猪般的獠牙，拥有黄铜做的手和黄金的翅膀。任何人只要与她们对视，就会变成石头。欧律阿勒和斯忒诺是不死之身，但美杜莎是凡人。她之所以与众不同，是因为她的头发是蛇。年轻时的美杜莎以美貌而闻名，尤其是她的头发非常美，但她在雅典娜的神庙中被波塞冬强占，因而受到雅典娜的惩罚，从此变得样貌丑陋。

蛇发女妖的头，对一个残暴的国王来说将是统治臣民的强有力的武器，但波吕得克忒斯国王可能认为珀修斯会在获取这颗头的过程中死掉。然而，国王忘记了珀修斯拥有神族血统。雅典娜给了珀修斯一面青铜盾牌，他左臂扛着盾牌，右手拿着赫菲斯托斯制造的钻石宝剑。赫尔墨斯送给他一双带翅膀的凉鞋，他头上戴着一顶来自哈得斯的黑暗头盔，这顶头盔使他能够隐形。

珀修斯将美杜莎斩首

在雅典娜的引导下，珀修斯飞到阿特拉斯山的山坡上，在那里，戈耳工的姐妹格赖埃负责放哨。她们不太适合这项任务，因为她们三人只有一只眼睛，只能轮流地传着用。珀修斯从她们手里抢过眼睛，扔进了特里托尼斯湖。

然后，他循着一列人兽雕像的踪迹前行，这些人和动物在被戈耳工凝视后变成了石头。珀修斯戴着隐形头盔，藏在戈耳工后面，一直等到晚上，美杜莎和她的蛇都睡着了。珀修斯看着光亮的盾牌上的倒影，挥动钻石宝剑，一击将美杜莎斩首。当美杜莎的头滚到地上时，珀修斯惊讶地看到，一匹飞马和战士克律萨俄耳从她的身体里长了出来，这是她年轻时与波塞冬恋情的产物。珀修斯迅速捡起美杜莎的头，把它放在一只袋子里，在其他戈耳工醒来前飞走了。

血从美杜莎头上滴落，撞击下方利比亚的沙滩时变成了蛇。强风像吹拂雨云一样吹拂着珀修斯，于是他在阿特拉斯王国停下来休息。阿特拉斯拒绝款待珀修斯，于是珀修斯取出戈耳工的头，将阿特拉斯变成了一座山脉。这座山脉如今以阿特拉斯的名字命名。

珀修斯拯救安德洛墨达

第二天早上，珀修斯恢复了体力，继续飞行，他来到刻甫斯国王的领地上，刻甫斯的女儿安德洛墨达正被献给一只海怪。珀修斯拯救公主是神话中最著名的故事之一，在仙女座一节中有详细叙述。珀修斯带着安德洛墨达凯旋，回到塞里福斯岛，在那里，他发现母亲和狄克提斯躲在一座神庙里，躲避波吕得克忒斯国王的暴政。珀修斯冲进国王的宫殿，立即受到了充满敌意的接待。珀修斯从口袋里掏出美杜莎的头，将波吕得克忒斯和他的追随者变成了石头。珀修斯任命他的继父狄克提斯为塞里福斯的国王。雅典娜将美杜莎的头放在他的盾牌中间。

顺便说一句，开启所有这些历险的预言，即阿克里西俄斯将被他的外孙杀死，最终在一场田径比赛中成真了。当时，珀修斯投掷的铁饼不小心击中了一名观众，使其当场死亡，那个人正是阿克里西俄斯。珀修斯和安德洛墨达有许多孩子，包括佩耳塞斯，他们被交给刻甫斯抚养。据说，波斯国王是佩耳塞斯的后裔。

恶魔大陵五和英仙座的其他星星

在天空中，珀修斯站在他心爱的安德洛墨达跟前，旁边是后者的父亲刻甫斯、母亲卡西俄佩亚，以及被杀死的海怪。这些星座，再加上飞马座，共同组成了一幅完整的画面。珀修斯用左手抓着戈耳工的头发，右手高举闪着星光的剑，有时，人们会把那把剑描绘成一把弯刀。

在托勒密的描述中，有四颗星星位于蛇发女妖的头上，如今我们称之为英仙座β星、英仙座 ω 星、英仙座ρ星和英仙座π星。17世纪、18世纪和19世纪的几位制图师，用这些星星和周围的星星组成了一个子星座——美杜莎的头。波德在《波德星图》中给了它一个单独的标签。

这颗星星被托勒密称为“蛇发女妖头上的明亮之星”，它是英仙座β星，其名字Algol（中文名大陵五）来自阿拉伯语中的*ra's al-ghul*，意思是“恶魔的头”。大陵五是一种食双星，它由两颗相互环绕的星星组成，每2.9天绕一圈。当两颗星星相互遮挡时，大陵五的亮度会发生变化。1669年，意大利天文学家赫米尼亚诺·蒙塔纳里（1633—1687）发现了它的亮度变化。顺便说一句，阿拉伯天文学家称这个星座为*Barshāwush*和*hāmil ra's al-ghūl*，前者试图将Perseus这个名字音译成阿拉伯语，后者的意思是“恶魔之首的承载者”，很明显，他们非常熟悉希腊神话。

有人推测，之所以有Algol这个名字，是因为阿拉伯人知道它的亮度可变；但实际上这个名字起源于希腊神话，它亮度可变只是巧合。阿拉伯天文学家阿尔·苏菲比托勒密更关注星星的亮度，他在公元964年出版的《恒星之书》中没有提到任何亮度变化。阿尔·苏菲书中的星座插图将大陵五放在美杜莎的眼睛旁边，实际上它并不在那个位置；后来的许多制图师，包括弗拉姆斯蒂德和波德，都将这颗星星定位在美杜莎前额更靠上的位置。认为大陵五是“一眨一眨的眼睛”这个说法，似乎来自一个现代神话。

英仙座中最亮的星星是2等星英仙座α星，其正式名为Mirfak（中文名天船三），这个词来自阿拉伯语，意思是肘部。它以前的另一个名称是Algenib，来自阿拉伯语，意思是侧面，托勒密将其描述为“躺着”；然而，现在这个名字被赋予了英仙座γ星，它位于英仙座α星团的中心，英仙座α星团是一个疏散星团。

珀修斯握剑的右手有一个特征，托勒密在《天文学大成》中称之为“模糊的一团”——事实上，这是一对星团，如今被称为双星团。两个星团通常被称为英仙座h和英仙座χ，这是约翰·拜尔在1603年的《测天图》星图集和星表中给它们起的名字。弗拉姆斯蒂德和波德将这个组合简单地标记为χ，但拜尔起的名字一直存在。这个星团为古代阿拉伯天文学家所熟知，他们在该天区看到一对鱼，而这个星团标示的正是较小的那条鱼的尾巴。

对应的中国星座

在中国天文学中，从北边的英仙座η星和英仙座γ星开始，经英仙座α星和英仙座δ星，再到英仙座μ星，最后进入鹿豹座，九颗星星组成一条弧形，这就是“天船”星官，它代表银河中的一艘船。有一种解释说，它是旁边“天大将军”的一艘军舰，天大将军由仙女座γ星和附近的星星组成。弧形的天船内，有一颗星星被称为“积水”，代表船底的积水，那是英仙座λ星。

从北边的英仙座11或英仙座9开始，经过英仙座τ星、英仙座ι星、英仙座κ星、英仙座β星（大陵五）、英仙座ρ星和英仙座16，再到英仙座12，八颗星星组成一条较暗的弧线，这个星官名叫“大陵”，代表一座大型坟墓或陵墓。这条弧线内的星星是英仙座π星，被称为“积尸”，指陵墓中的一堆尸体（理查德·欣克利·艾伦在其著作《星名的传说与含义》中错误地将积尸识别为英仙座β星）。在英仙座南部，从英仙座ν星和英仙座ε星开始，一直到英仙座o和英仙座40，六颗星星组成了钩状图案，名叫“卷舌”，代表卷曲的舌头。弧线内的一颗星星——英仙座42被称作“天谗”，主诽谤和流言，估计这些诽谤和流言靠旁边的卷舌传播。

Phoenix
— 凤凰座 —

属格： Phoenicis

缩写： Phe

面积排名： 第37位

起源： 凯泽和德豪特曼的12个星座

据说，凤凰座所代表的是一种浴火重生的神鸟。它是16世纪末荷兰航海家彼得·德克松·凯泽和弗雷德里克·德豪特曼创立的12个星座中最大的一个。与凯泽和德豪特曼的其他所有星座一样，它于1598年首次被彼得鲁斯·普兰修斯描绘到天球仪上，并于1603年首次出现在约翰·拜尔的《测天图》上。

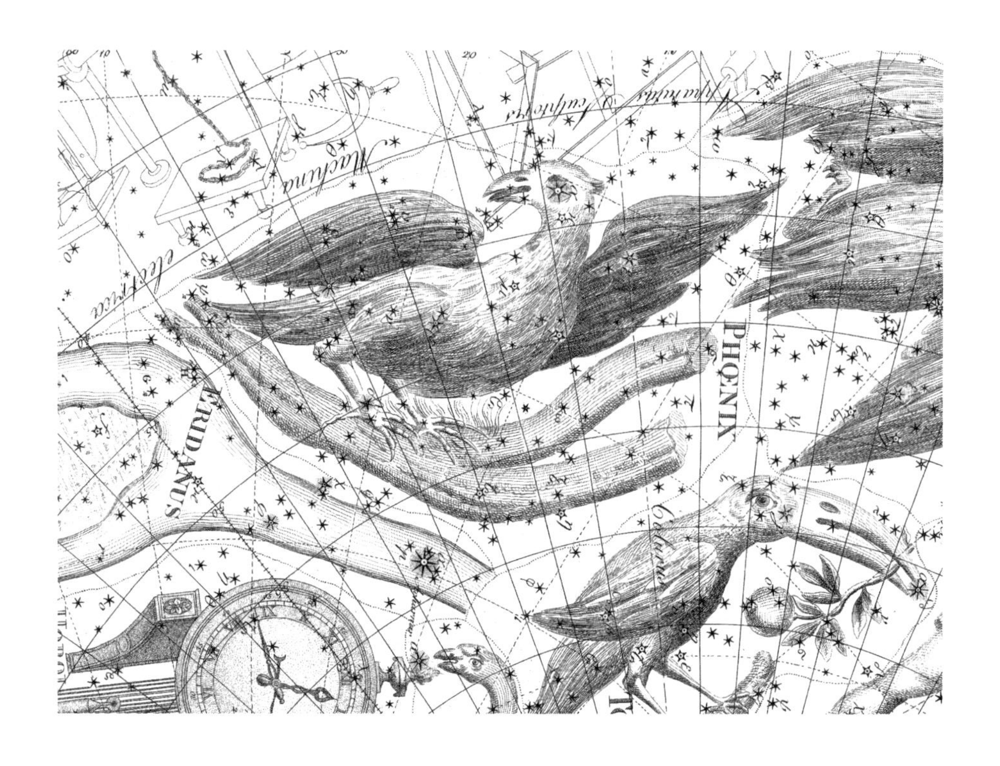

《波德星图》的第20幅图中的凤凰，是一种浴火重生的五彩的鸟。（德意志博物馆收藏）

凤凰座位于波江座南端附近，其最亮的星星是凤凰座α星，星等为2.4等。

据说凤凰像一只大鹰，拥有猩红色、蓝色、紫色和金色的羽毛。奥维德在他的《变形记》中告诉我们，凤凰活了500年，吃香脂和香草。在其生命的最后阶段，这只鸟在棕榈树最顶端的树枝间，用肉桂皮和香料筑了一个巢，在芬芳的巢中走向生命的尽头。小凤凰是从它父亲的身体里诞生的。它们的巢既是一只凤凰的坟墓，又是另一只凤凰的摇篮。当长到力气足够大的时候，年轻的凤凰将巢从树上取下来，带到太阳神之父许佩里翁的神殿。人们认为，凤凰的死亡和重生，象征着太阳每天落下和升起。

凯泽和德豪特曼创立的12个南天星座，除了南三角座，其他的都是基于真实存在的生物而创立的，那么，为什么要以凤凰命名一个星座呢？也许答案在具有异国情调的极乐鸟身上。16世纪，第一批极乐鸟标本抵达欧洲，人们猜测它们可能是神话中的凤凰，或者至少是其亲属。葡萄牙人称它们为*passaros* *da sol*，即太阳之鸟。16世纪的法国博物学家皮埃尔·贝隆相信，凤凰可能是真实存在的，他甚至在1555年的著作《自然史》中给凤凰安排了一个条目。因此，当凤凰座在16世纪末首次进驻天空时，这种鸟的真实性早已得到了权威认证，尽管那时欧洲人还没有见过凤凰座，也没有见过活着的极乐鸟。

对应的中国星座

中国古代星座在2 000多年前形成时，如今被我们称为凤凰座α星的星星，是一个名叫“八魁”的星官中最亮的成员，八魁代表捕鸟的网。八魁的星星向北延伸到玉夫座中，但随着岁差的影响，这部分天空中的星星逐渐被带到地平线以下，八魁向北移动到了鲸鱼座中。

Pictor
—— 绘架座 ——
画家的画架

属格： Pictoris
缩写： Pic
面积排名： 第59位
起源： 尼古拉·路易·德·拉卡耶的14个南天星座

绘架座是代表技术和艺术设备的星座之一，由法国人尼古拉·路易·德·拉卡耶于1751年至1752年在好望角进行观测后引入南天星空。绘架座位于现已被拆分的希腊星座南船座的龙骨下方，南船座代表阿尔戈英雄的船，旁边是明亮的老人星。

拉卡耶在1756年的平面天球上给出的星座原始名称是le Chevalet et la Palette，即“画架和调色板”，但在随附的星表中，星座名被简写为le Chevalet。1763年，拉卡耶将其名字拉丁化为Equuleus Pictorius（原文如此），而约翰·波德在1801年的《波德星图》中称其为Pluteum Pictoris，如下图所示。

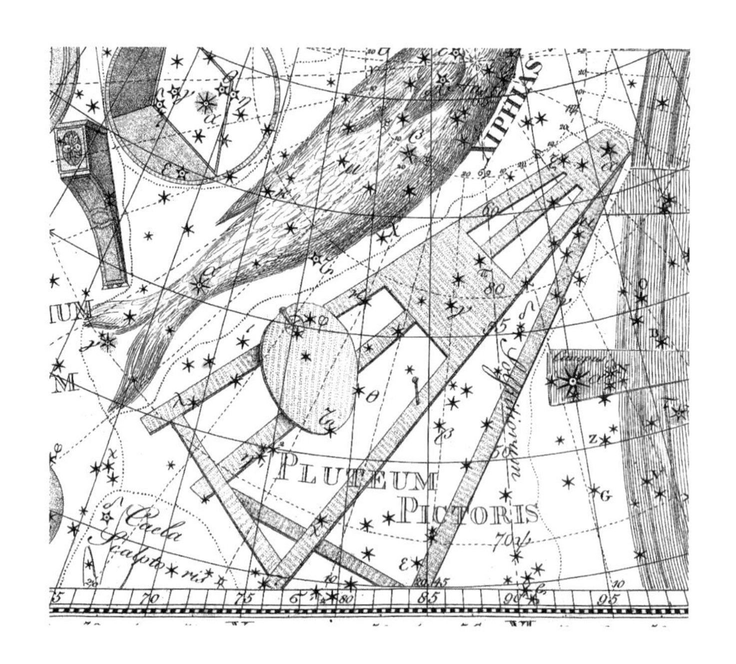

《波德星图》的第20幅图中，绘架座的名字写作Pluteum Pictoris；与其他情况不同，波德严格遵循了拉卡耶对这个星座的原初描述。右侧居中的亮星是老人星，它位于阿尔戈号的舵桨上。（德意志博物馆收藏）

1844年，英国天文学家约翰·赫歇尔提议将星座名缩短为Pictor。弗朗西斯·贝利在1845年的《英国天文协会星表》中采纳了这一建议，此后它就被称为Pictor。

Pisces
—— 双鱼座 ——

属格：Piscium

缩写：Psc

面积排名：第14位

起源：托勒密在《天文学大成》中列出的48个希腊星座之一

希腊名：Ἰχθύες

有关这个星座的神话事件，据说发生在幼发拉底河附近，这充分表明，希

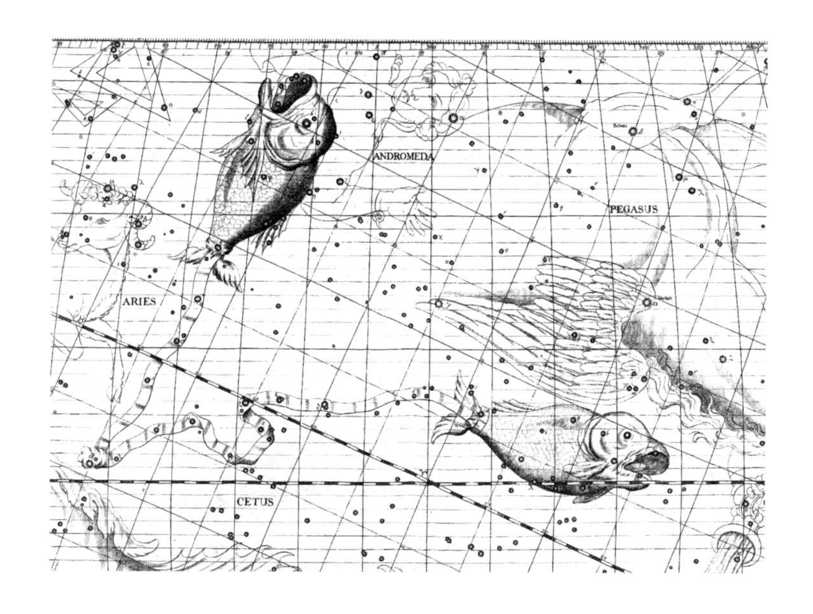

《弗拉姆斯蒂德星图》中，一条绳索连接着双鱼座两条鱼的尾巴。双鱼座α星位于绳索打结的地方，靠近鲸鱼座的边界。穿过南边那条鱼的水平粗虚线是天赤道；斜着的粗虚线是太阳每年在天空中走过的路径，即黄道。（密歇根大学图书馆收藏）

腊人从巴比伦人那里继承了这个星座。故事发生在希腊神话的早期序曲中，当时奥林匹斯山众神在权力斗争中击败了泰坦和巨人。大地女神盖亚为众神准备了另一个令人讨厌的“惊喜”。她与宙斯囚禁泰坦的冥界最低处的塔耳塔罗斯结合，从这个不太可能的结合中诞生了世界上最可怕的怪物——堤丰。

根据《神谱》中赫西俄德的记载，堤丰有一百颗龙头，嘴里吐出黑色的舌头。每颗头上的眼睛都冒着火，并发出刺耳的声音，有时是只有众神才能理解的空灵之声，在其他时间里，堤丰则像公牛一样吼叫，像狮子一样咆哮，像小狗一样叫喊，或者像一窝蛇一样嘶嘶作响。

盖亚派这个可怕的怪物攻击众神。潘看到他来了，大喊一声，惊动了其他人。潘自己跳入河中，变成上半身为羊、下半身为鱼的样子，这个形象代表的是摩羯座，这也是从巴比伦人那里继承来的星座。

女神阿佛洛狄忒和她的儿子厄洛斯躲在幼发拉底河岸边的芦苇丛中。微风吹过，芦苇丛沙沙作响，阿佛洛狄忒变得害怕起来。她把厄洛斯抱在腿上，向海仙女求救，然后跳进了河里。有一个版本的故事说，两条鱼游上来，把阿佛洛狄忒和厄洛斯背到了安全的地方；而在另一个版本中，是他俩自己变成了鱼。神话学家说，因为有这样的故事，所以叙利亚人不吃鱼，把鱼视作神或神的保护者。

希吉努斯在《传说集》中给出了另一个故事：一枚蛋掉进幼发拉底河，被两条鱼滚到岸边；鸽子卧在蛋上，从蛋里孵出了阿佛洛狄忒，阿佛洛狄忒怀着感激之情将鱼放在天空中。埃拉托色尼还有另一种解释，他写道，双鱼座所代表的两条鱼，是南天那两条大得多的鱼——南鱼座的后代。当女神得耳刻托掉进叙利亚北部班比斯附近的一座湖里时，她被大鱼救了出来；她把大鱼和两条幼鱼分别放在天空中，形成南鱼座和双鱼座。

双鱼座的希腊名是Ἰχθύες，Pisces是其拉丁语写法。

双鱼座的星星和春分点

在天空中，双鱼座两条鱼的游动方向呈直角，一条向北，另一条沿着天赤道向西。向西游动的鱼很容易辨认，它在飞马大四边形以南，包含一个由七颗星星组成的环，这个环被称为双鱼座小环。向北游的那条鱼更模糊一些，它由白羊座和飞马座之间的星星组成。

两条鱼的尾巴被一条绳索或丝带连接在一起，上面的星星排成蜿蜒的一串，其中十颗星有拜尔星名字母，它们是双鱼座δ星、双鱼座ε星、双鱼座ζ星、双鱼座μ星、双鱼座ν星、双鱼座ξ星、双鱼座α星、双鱼座ο星、双鱼座π星和双鱼座η星。希腊人对这条绳索没有给出很好的解释，但根据历史学家保罗·库尼奇的说法，巴比伦人在这片区域想象出了一对用绳索连接的鱼，因此尽管绳索本身的意义已经不存在了，但希腊人显然借用了这个想法。

双鱼座是一个令人失望的暗淡星座，星座中最亮的星星只有4等。双鱼座α星的名字是Alrescha，这个词来自阿拉伯语中的*al-rishā*，意思是绳索，它位于绳索打结的地方。

尽管双鱼座很暗淡，但值得注意的是，它包含太阳每年3月20日穿过天赤道进入北天的点。这个点被称为春分点，在希腊时代，春分点位于白羊座。由于地球绕其自转轴缓慢摆动（岁差效应），如今春分点已经移到了双鱼座中。

目前，春分点位于飞马大四边形以南，靠近双鱼座小环，但在2597年前后，岁差的持续影响会将春分点带到宝瓶座中。

对应的中国星座

从双鱼座α星到双鱼座δ星，有七颗星星被中国天文学家组成了星官“外屏”，这是一道栅栏，用来隔开鲸鱼座南边的猪圈“天溷”。包括双鱼座η星在内的五颗星星组成了“右更”，代表一位牲畜管理人员。从双鱼座β星到双鱼座ι星或双鱼座 ω 星的五颗星星，组成了锯齿形的“霹雳”；在它的南边，包括双鱼座λ星和双鱼座κ星在内的四颗星星组成“云雨”，代表云和雨（它与北部飞马座的边界上的雷电共同组成了一幅暴风雨场景）。

在双鱼座北边，包括双鱼座χ星、双鱼座υ星和双鱼座τ星在内的七颗星星组成一个环状图案，名叫“奎”，二十八宿中的第十五宿以此为名，叫作奎宿。奎的大部分星星位于如今的仙女座内。双鱼座最南端的四颗星星（双鱼座27、双鱼座29、双鱼座30和双鱼座33）组成的四边形，是星官“垒壁阵”的东端；垒壁阵是一连串防御工事，它穿过宝瓶座，一直延伸到摩羯座中。

Piscis Austrinus
— 南鱼座 —

南天的鱼

属格： Piscis Austrini

缩写： PsA

面积排名： 第60位

起源： 托勒密在《天文学大成》中列出的48个希腊星座之一

希腊名： Ἰχθύς Νότιος

埃拉托色尼称南鱼座为大鱼，并说它是黄道星座双鱼座（两条小鱼）的父母。像双鱼座一样，南鱼座的神话也有一个中东背景，说明它起源于巴比伦。

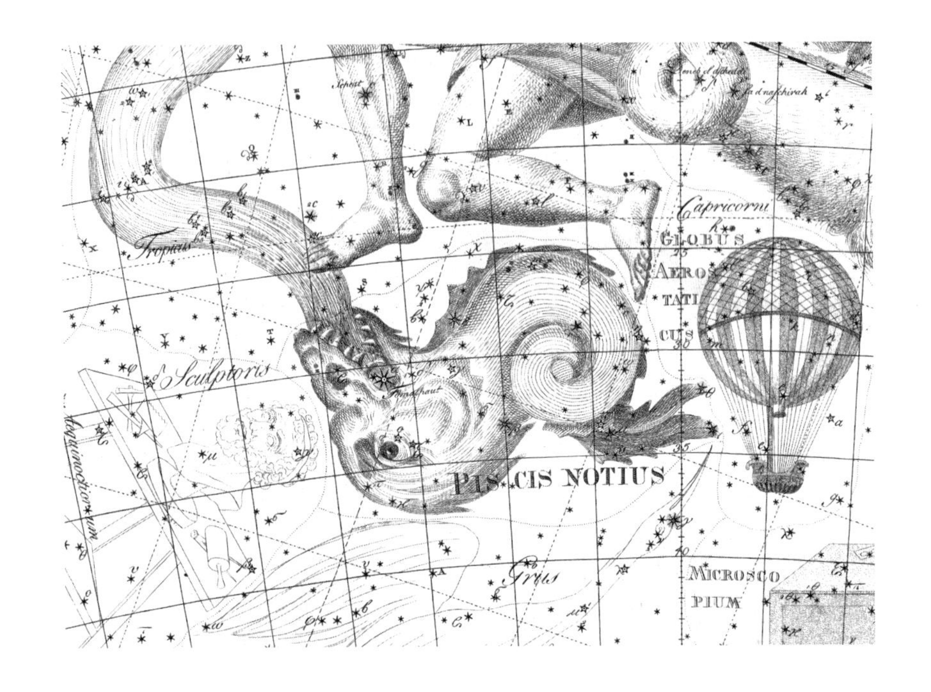

《波德星图》的第16幅图中，南鱼座被称为Piscis Notius，呈仰卧姿态，正在喝宝瓶座的罐子里流出的水。鱼嘴里是明亮的北落师门，鱼尾巴后面是如今已被废弃的星座——热气球座。（德意志博物馆收藏）

根据埃拉托色尼的简要记载，叙利亚生育女神得耳刻托（阿塔耳伽提斯的希腊名字）掉进了班比斯湖中，被一条大鱼救了下来，班比斯湖位于叙利亚北部幼发拉底河附近。希吉努斯重复了关于双鱼座的故事，说叙利亚人因此不吃鱼，而将鱼的形象当作神来崇拜。令人失望的是，关于这个星座神话的所有描述都非常粗略。

班比斯后来被希腊人称为Hieropolis（意思是圣城），现在被称为Manbij。我们从其他一些经典资料得知，阿塔耳伽提斯的神庙里有圣鱼池。据说女神会惩罚那些吃鱼的人，让他们生病，但她的祭司却能在神道仪式上吃鱼，一点事也没有。

根据希腊作家狄奥多罗斯（公元前1世纪）的记载，得耳刻托与年轻的叙利亚人凯斯特鲁斯相恋，并为他生下一个女儿。得耳刻托因恋情而感到羞愧，于是跳入巴勒斯坦阿斯卡隆的一座湖中。得耳刻托杀死了情人，遗弃了孩子；她的孩子由鸽子抚养长大，后来成为巴比伦的女王。在湖中，得耳刻托变成了一条美人鱼，一半是女人，一半是鱼。

托勒密在《天文学大成》中将这个星座写作Ἰχθύς Νότιος，而拜尔、赫维留和波德使用的是另一个拉丁名Piscis Notius。不过，约翰·弗拉姆斯蒂德在他的星表和星图集中更喜欢用Piscis Austrinus这个名称，他的写法最终占据了上风。

南鱼座的星星

在天空中，南鱼座比黄道上的双鱼座更引人注目，因为它里面有一颗1等星Fomalhaut（南鱼座α星，中文名北落师门）。这个名字来自阿拉伯语中的*fam al-ḥūt*，意思是鱼的嘴，托勒密将它描述为“躺着”。在天空中，鱼正在喝从宝瓶座的罐子里流出的水，这对鱼来说是一件奇怪的事情。水一直流到北落师门处，托勒密认为，北落师门这颗星星由宝瓶座和双鱼座共享。阿拉伯贝都因人将北落师门和水委一（位于波江座中）想象成一对鸵鸟。北落师门的名字有时会被错误地拼写成Formalhaut。

在《天文学大成》中，托勒密在这片区域列出了另外六颗不属于南鱼座的星星；这些星星如今被分配给了显微镜座。此外，16世纪末凯泽和德豪特曼在南天创立12个新星座时，托勒密放在南鱼座尾巴尖的那颗星星被挪用到新星座天鹤座中，用以标示天鹤的头。南鱼座是托勒密星表中的最后一个星座。

对应的中国星座

中国天文学家称南鱼座α星为“北落师门”，它代表“羽林军”军营的大门，而羽林军是位于其北边的一个比较大的星官。南鱼座ε星和南鱼座λ星，以及南鱼座另外两三颗较暗的星星，都是羽林军的一部分；羽林军的大部分星星在宝瓶座中。南鱼座δ星是“天纲”——天上的网，代表军营里搭帐篷用的设施。

南鱼座γ星和其他三颗星星（可能包括天鹤座γ星和天鹤座λ星）组成了“败臼”，即一种碗或缸，有人说是用来处理废物的。南鱼座μ星、南鱼座θ星和南鱼座ι星等十颗星星组成“天钱”，它被含混地解释为硬币或纸币；有一种解释说，在败臼里烧纸钱是为了安抚鬼魂。

Puppis
— 船尾座 —

属格： Puppis

缩写： Pup

面积排名： 第20位

起源： 原始希腊星座南船座的一部分

尼古拉·路易·德·拉卡耶在1756年出版的南天星表中，将古代的南船座分成了三部分，船尾座是其中最大的一部分。在这份星表中，拉卡耶给它起了个法文名称Pouppe du Navire。最终的星表《南天恒星》在1763年问世，其中包含同样的细分部分，但使用的星座名是拉丁名称而不是法语名称。

船尾座代表南船的尾部，南船的另外两部分是船底座（龙骨或船体）和船帆座（船帆）。拉卡耶写道："船尾与船身［船底座］被舵隔开。"明亮的老人星位于船舵上，但它如今属于船底座。

船尾座中没有标记为α或β的星星（船帆座中也没有）。拉卡耶在拆分南船座时，决定将希腊字母重新分配，但分配工作是基于整艘船来做的，就像拜尔之前所做的那样；α星、β星和ε星被划归到船底座中，而γ星、δ星被划归到船帆座中。船尾座中最亮的星星是一颗2等星——船尾座ζ星，其名称来自希腊语单词ναῦς，意思是船。

对应的中国星座

中国有两个古代星官的一部分位于如今的船尾座中，至于具体有哪些星星，则说法不一——与许多中国星官一样，它们的成员星并不总是能清晰地界定，而且，属于特定星官的星星可能会随着时间的推移而发生改变。

这片天区就有一个这样的星官，名叫"天社"，代表后土之神句龙的祭坛或庙宇。有一种说法表明，它由船尾座的六颗星星——船尾座π星、船尾座ν星和四颗较暗的星星组成。但是，孙小淳和基斯特梅克认为，组成它的星星是船底座的一颗星、船帆座的一颗星、船尾座的四颗星（船尾座ζ星、船尾座σ

星、船尾座π星和船尾座ν星）。第三种说法与这两种说法有矛盾，将组成天社的星星完全置于船帆座中。

“弧矢”星官的证认也有不同版本。在早期的描绘中，船尾座ξ星标记弓的北端，其他大部分星星都在大犬座中。但后来，弓变得更大了，扩大到包括船尾座的五颗星星在内的区域；至于是哪五颗星星，并没有完全一致的说法。

Pyxis
—— 罗盘座 ——

属格： Pyxidis

缩写： Pyx

面积排名： 第65位

起源： 尼古拉·路易·德·拉卡耶的14个南天星座

罗盘座是法国人尼古拉·路易·德·拉卡耶在1751年至1752年观测南

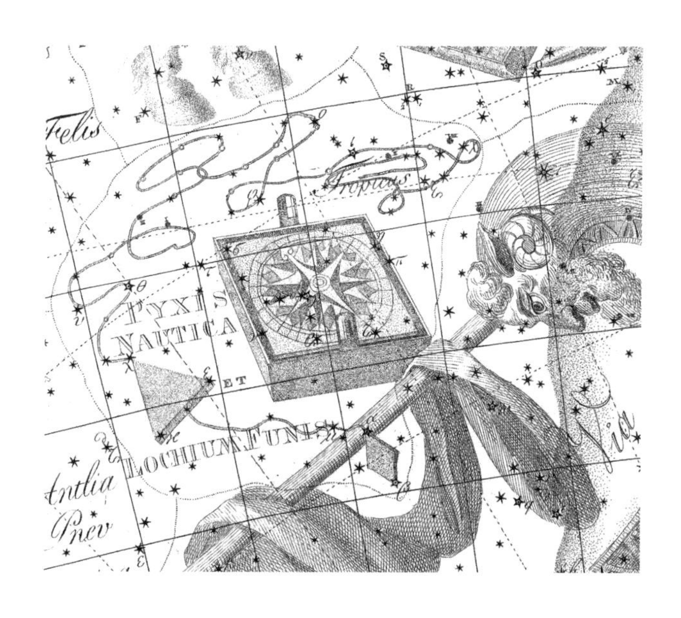

《波德星图》的第18幅图中，罗盘座位于南船的桅杆上。环绕它的是波德创立的另一个星座——测速绳座，这个星座由原木和线绳组成，如今已被废弃。（德意志博物馆收藏）

方天空时创立的一个南天小星座。它代表海员使用的磁罗盘。罗盘座位于南船座的船尾附近，与船的桅杆位于同一区域。拉卡耶于1756年首次用法语名称la Boussole将其发表在星图上，但在1763年的第二版星图上，拉卡耶将星座名拉丁化为Pixis Nautica（原文如此）。这个名称的写法随后经过修改，缩短为Pyxis。

被拉卡耶标记为α、β、γ和δ的四颗星星，在托勒密星表中位于南船的桅杆上，两颗在中间，另外两颗在顶端。约翰·拜尔在1603年的《测天图》中没有给它们分配希腊字母，所以，拉卡耶显然可以随意将它们用于自己的新星座中。

有时有人断言，罗盘座是拉卡耶从南船座中拆分出的一部分，但事实并非如此。拉卡耶把南船座一分为三——船底座、船尾座和船帆座。罗盘座是拉卡耶新创立的一个星座，他在自己的星图和星表中将罗盘与南船分开展示。

罗盘座中最亮的星星只有4等，并且没有与之相关的传说——事实上，古希腊人完全不了解磁罗盘。

船桅座——试图替代罗盘座的星座

1844年，英国天文学家约翰·赫歇尔提议，为尊重托勒密对星星位置的原始描述，将托勒密的四颗星星送回南船座，将罗盘座替换为船桅座，他称之为船的第四部分。赫歇尔的同胞弗朗西斯·贝利（以贝利珠而闻名）将船桅座列入了1845年的《英国天文协会星表》，但除此之外，船桅座并未被广泛采用。美国天文学家本杰明·阿普索普·古尔德在1879年的星图集《阿根廷测天图》中恢复了罗盘座。

在这片天区，德国天文学家约翰·波德引入了另一个星座——测速绳座，它由原木和线绳组成（见第296页），在《波德星图》中围绕着罗盘座，但这个星座如今已惨遭废弃。

对应的中国星座

“天庙”是中国的一个星官，是由14颗星星组成的一个拱形。其中大部分星星位于如今的罗盘座中，包括罗盘座β星—α星—γ星组成的线，以及邻近的唧筒座中的五颗星星。天庙代表一座供奉天帝祖先的庙宇。

Reticulum
— 网罟座 —

属格： Reticuli

缩写： Ret

面积排名： 第82位

起源： 尼古拉·路易·德·拉卡耶的14个南天星座

网罟座是一个比较小的南天星座，由法国天文学家尼古拉·路易·德·拉卡耶引入，以纪念1751年至1752年他在好望角观测恒星位置时使用的小型望

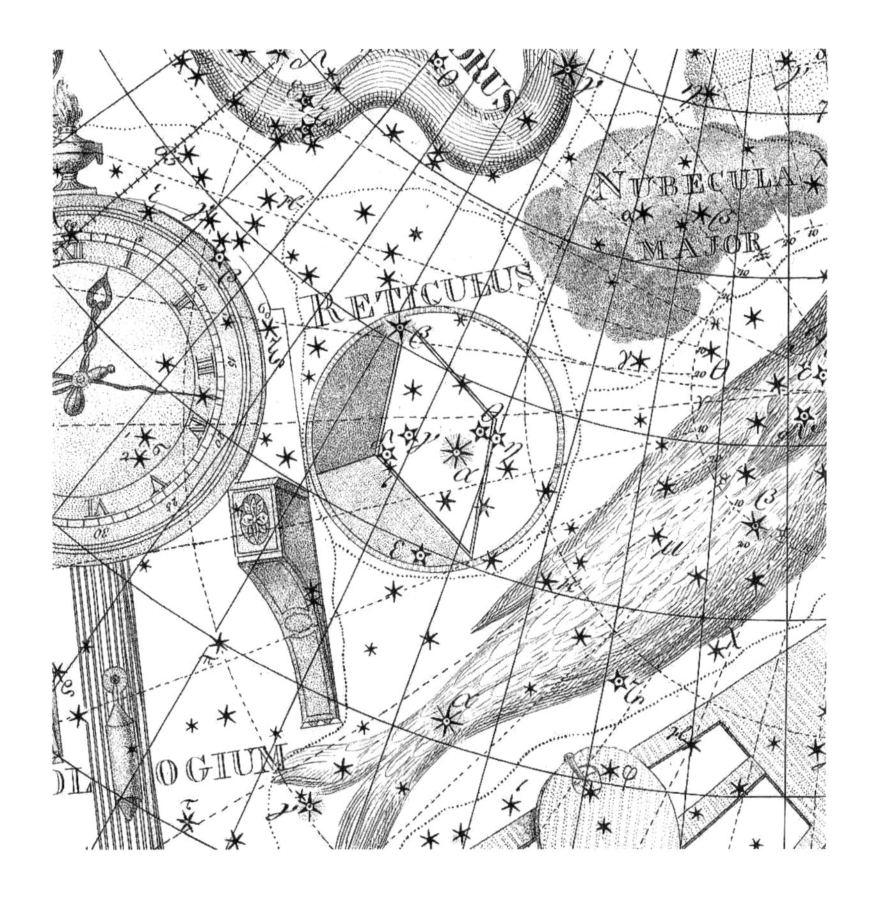

《波德星图》的第20幅图中，网罟座的名字写的是Reticulus，其创立者拉卡耶就是这样称呼它的。（德意志博物馆收藏）

远镜目镜中的十字丝。它由插入目镜的丝线构成的菱形组成，这有助于拉卡耶判断星星经过视场时的位置，如拉卡耶的星图所示。在天空中，网罟座位于拉卡耶的天文钟“时钟座”旁边，他用那座时钟来计量星星穿过十字丝的时间，非常方便。

在1756年法国皇家科学院出版的南天星表的注释中，拉卡耶将网罟座描述为“用来制作这份星表的小仪器。它由四条线相交而成，这四条线是从正方形的两个对角，各向其两条对边的中点所画的线”。拉卡耶最初在1756年出版的第一版星图上给它起了法语名称le Reticule Romboide，并在随附的星表中将其简称为le Réticule，但在1763年的修订版星图中将星座名拉丁化为Reticulus（原文如此）；在第二版星表上，他还用希腊字母标记了星座中的星星。在1879年的本杰明·古尔德《阿根廷测天图》星表中，星座名变成了Reticulum。

网罟座中最亮的星星是网罟座α星，星等为3等，但没有被命名。

菱形座，一个过时的前身

拉卡耶的网罟座取代了同一片区域的另一个星座——菱形座，这个星座于1621年由德国天文学家艾萨克·哈布雷希特（1589—1633）在天球仪上引入，后来出现在哈布雷希特于1628年出版的《天球图》中。然而，哈布雷希特的菱形座比拉卡耶的网罟座大得多，并且向南延伸到更大的区域。菱形座由如今的网罟座α星、网罟座β星、水蛇座γ星和水蛇座ν星组成，在剑鱼座和水蛇座之间的空白区域里组成一个四边形。

日晷座，一次尝试性替代

英国业余天文学家亚历山大·贾米森（1782—1850）在1822年的《贾米森星图》中将网罟座替换为日晷座，这可能源于日晷是摆钟的好搭档。贾米森的日晷座被美国人以利亚·伯里特（1794—1838）复制到1835年的《天体图集》中，但并未被广泛采用。

Sagitta

— 天箭座 —

属格： Sagittae

缩写： Sge

面积排名： 第86位

起源： 托勒密在《天文学大成》中列出的48个希腊星座之一

希腊名： Ὀϊστός

天箭座是全天第三小的星座，其中没有亮于4等的星星，但它为希腊人所熟知，是托勒密在《天文学大成》中列出的48个星座之一。阿拉托斯将其描述为“只有箭，没有弓”，因为附近没有可能射箭的弓箭手存在的迹象。

阿拉托斯和托勒密给它起的希腊名是Ὀϊστός，但令人费解的是，埃拉托色尼将其称为Τόξον，意思是弓，而不是箭。天箭座在18世纪之前被广泛使用的另一个拉丁名是Telum，意思是飞镖或长矛。

箭是谁射的？

至少有三个不同的故事解释过天空中的这支箭和射箭的人。埃拉托色尼说，这是阿波罗杀死独眼巨人时射出的箭，因为独眼巨人为宙斯制造了雷电，阿波罗之子阿斯克勒庇俄斯就是被雷电击中的。在这个故事中，阿斯克勒庇俄斯是一位伟大的医者，拥有起死回生的能力，但当冥王哈得斯抱怨自己会因此失去生意时，宙斯杀死了阿斯克勒庇俄斯。蛇夫座就是为纪念阿斯克勒庇俄斯而设立的。

另一个故事来自希吉努斯，他说，天箭是赫拉克勒斯射的，用以杀死啄食普罗米修斯肝脏的鹰。普罗米修斯按照众神的模样用泥土塑造了人类，并将自己从宙斯那里偷来的火给了他们。普罗米修斯像拿着奥运火炬的跑者一样，用一根蔬菜茎点着火凯旋。宙斯残忍地惩罚了他的盗窃行为，将他锁在高加索山上，白天会有一只鹰在那里啄食他的肝脏。到了晚上，肝脏又会重新长出来，让鹰在次日早上继续啄食。赫拉克勒斯用箭射杀了鹰，将普罗米修斯从永恒的

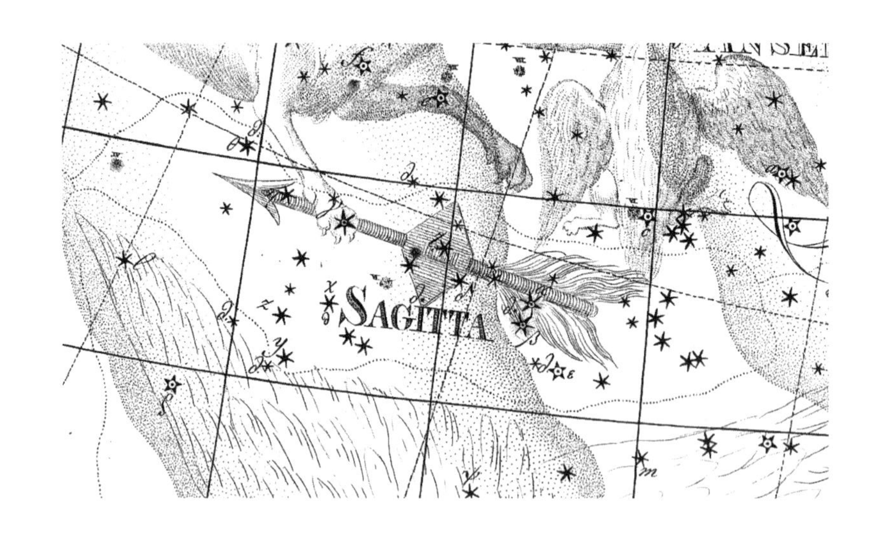

《波德星图》的第8幅图中，天箭在狐狸的脚下飞过。天箭座中最亮的星星是天箭座γ星，它位于狐狸右前爪与箭杆接触的地方。（德意志博物馆收藏）

折磨中解救出来。

格马尼库斯·恺撒认为，天箭是爱神之箭，它点燃了宙斯心中对牧羊男孩甘尼米德的喜爱之情，宝瓶座纪念的就是甘尼米德。如今，根据格马尼库斯的说法，这支箭在天空中由宙斯的鹰守护着，而天箭座确实位于代表鹰的星座——天鹰座旁边。

天箭座α星的星等为4.4等，它有一个听起来很奇怪的名字Sham，这个词来自星座的阿拉伯名称*al-sahm*，意思是箭。天箭座最亮的星星实际上是天箭座γ星，其星等为3.5等，托勒密描述它“位于箭头上”；然而，弗拉姆斯蒂德和波德的星图将箭杆延伸到γ星以外的天箭座η星，如上图所示，这是托勒密没有列出的一颗星星。弗拉姆斯蒂德和波德的星图中，天箭座α星和天箭座β星都位于南边的箭羽上，但根据托勒密的说法，它们应该在箭杆的末端。

对应的中国星座

在中国，天箭座的星星加上天鹰座ρ星，被想象为一面旗帜“左旗”；旁边是一面鼓“河鼓”，它由明亮的牛郎星（天鹰座α星）及其附近的两颗星星组成。左旗从名称上来看位于左侧，但它位于牛郎星以北。如今，天鹰座以南的九颗星星组成星官“右旗”。

Sagittarius
— 人马座 —
弓箭手

属格： Sagittarii
缩写： Sgr
面积排名： 第15位
起源： 托勒密在《天文学大成》中列出的48个希腊星座之一
希腊名： Τοξότης

人马座在天空中被描绘成半人马的形象，他拥有一匹马的身体和四条腿，上半身却是人。他穿着斗篷，拉着弓，瞄准旁边的蝎子——天蝎座的方向。阿拉托斯将弓箭手和弓箭分别称为Τοξότης和Τόξον，就好像它们是两个单独的星座一样。这很可能是因为组成弓箭的星星是这个星座中最独特的部分，它们构成了我们现在称为“茶壶”的星群（见下文）。

人马座是一个起源于苏美尔人的星座，代表战神和狩猎之神PA.BIL.SAG，他们将其描绘成长着翅膀的半人马弓箭手。苏美尔人描绘的形象随后被希腊人采用，但去掉了翅膀。因此，希腊没有与这个星座相关的特定神话，希腊神话学家对其身份感到困惑。

对于人马座是否代表半人马，有些人表示怀疑，其中包括埃拉托色尼，他给出的理由之一是半人马不使用弓箭。相反，埃拉托色尼将人马座描述为一个具有萨堤尔（希腊神话中一种半人半羊的怪物）尾巴的两条腿的生物。他说这个星座形象是尤菲姆之子克罗托斯，尤菲姆是宙斯的九个女儿缪斯女神的保姆。罗马神话学家希吉努斯在他的《传说集》中增加了一个信息，说克罗托斯的父亲是潘神；他同意埃拉托色尼的观点，认为这个弓箭手是一个萨堤尔，而不是半人马。

据说克罗托斯发明了射箭，经常骑马去打猎。他住在赫利孔山上，缪斯女神们都喜欢他的陪伴。女神们为他唱歌，他为女神们大声鼓掌。缪斯女神要求

《波德星图》的第15幅图中，人马座是像半人马一样的弓箭手，他正在拉弓。（德意志博物馆收藏）

宙斯将克罗托斯置于群星之中，他可以在那里展示射箭术。因为克罗托斯是一个非常敏锐的骑手，所以在天空中他拥有马的后半身。

然而，阿拉托斯和托勒密都说这个弓箭手有四条腿，这就是他通常被描绘成的样子。托勒密形容他披着一件飘逸的斗篷，斗篷叫作埃帕蒂斯，挂在他的肩膀上。在他的前脚边有一圈星星，希吉努斯说这是一只花环，“就像一个人在玩耍时扔掉的一样”。这只花环就是南冕座（见第110页）。

人马座有时被误认为代表喀戎——一个聪明而博学的半人马，但实际上代表喀戎的是另一个星座——半人马座。

人马座的星星

人马座α星被称为Rukbat（中文名天渊三），这个词来自阿拉伯语中的

rukbat al-rami，意思是“弓箭手的膝盖”。人马座β星是肉眼可见的双星，这两颗星星的名字分别是Arkab Prior（人马座β1，中文名天渊二）和Arkab Posterior（人马座β2，中文名天渊一）。Arkab来自阿拉伯语，意思是“弓箭手的跟腱”。人马座γ星的名字Alnasl（中文名箕宿一）来自阿拉伯语，意思是“尖”，指弓箭手的箭尖。

人马座δ星、人马座ε星和人马座λ星分别被称为Kaus Media（中文名箕宿二）、Kaus Australis（中文名箕宿三）和Kaus Borealis（中文名斗宿二）。Kaus一词来自阿拉伯语中的*al-qaus*，意思是弓；那三个后缀是拉丁语，分别表示弓的中部、南部和北部。人马座ζ星的名字是Ascella，在拉丁语中的意思是腋窝。这些名称都与托勒密在他的《天文学大成》中对星星位置的描述密切相关。

最后但并非最不重要的是人马座σ星，其名为Nunki（中文名斗宿四）。这个名字是航海家最近使用的，但它是从巴比伦星名列表中借来的。巴比伦名字NUN-KI被赋予了一群星星，代表他们在幼发拉底河上的圣城埃里都。这个名字如今仅适用于人马座σ星，并被认为是还在使用的最古老的星名。

在《天文学大成》中，托勒密莫名其妙地将人马座α星和人马座β星归为2等星，但实际上它们是4等星。住得太靠北的拜尔无法亲眼看到这些星星，他采纳了托勒密的估算结果，将这两颗星星标记为α星和β星。（阿尔·苏菲在他的《恒星之书》中纠正了这个错误，但拜尔忽略了他。）事实上，人马座α星只是星座中亮度排在第15位的星星，最亮的是1.8等星人马座ε星，人马座α星比它暗7倍以上（托勒密将人马座ε星错误地估计为3等星）。

奶茶

当今的天文学家们通常将人马座的八颗主要星星（γ星、δ星、ε星、λ星、π星、σ星、τ星和ζ星）勾勒出的形状称作茶壶。茶壶的手柄由人马座π星、σ星、τ星和ζ星组成，盖子顶由λ星标示，δ星、ε星和γ星组成三角形壶嘴。这组星星，再加上人马座μ星，最初被想象为人马的弓箭。

这些星星的一个子集——人马座λ星、π星、σ星、τ星和ζ星——组成了一只勺子的形状，恰好位于银河的富饶区域。中国古代天文学家将这组星星想象为一只斗（见下文）。

人马座天区是我们银河系中心的恒星密集区。据信，银河系的确切中心由一个射电发射源标记，它被天文学家称为人马座A*，位于蛇夫座边界附近，靠近人马的箭头处。人马座中有许多引人注意的天体，其中包括礁湖星云和三叶星云，气体云被内部的恒星照亮。

对应的中国星座

人马座包含两个古老的中国星官——“箕”和“斗”，二十八宿的第七宿和第八宿以它们为名。箕由四颗星星组成，它们是人马座γ星、人马座δ星、人马座ε星和人马座η星，代表一只簸箕，簸扬它可将米粒与谷壳分离。被簸扬掉的谷壳由附近的一颗名叫“糠”的星星代表，至于糠位于人马座、天蝎座还是蛇夫座，人们有不同的看法。[1]另一个相关的星官是“杵”，它位于天坛座中，在“箕”的南边，用于捣米以去除稻壳。

斗（也称南斗）由人马座μ星、人马座λ星、人马座φ星、人马座σ星、人马座τ星和人马座ζ星组成。除人马座μ星之外的其他五颗星星，如今构成一个名叫Milk Dipper（南斗）的星群。在中国谚语中，南斗象征着生，而北斗（大熊座中的北斗七星）象征着死。附近的一颗星星（可能是5等星HR 7029）是“农丈人”，即一位老农夫，他可能正在用斗和箕计量粮食。

在斗的北边，由人马座υ星、人马座ρ星、人马座43、人马座π星、人马座ο星和人马座ξ星组成的弧形被称为“建”，代表旗帜，可能位于城门上。旁边是“天鸡”，它由人马座55和人马座56组成；据说这个星官所代表的是掌管时间的鸡，因为它在黎明时最先鸣叫，其他鸡都跟着它叫。

天鸡以南有两个与狗有关的星官。“狗国”由人马座ω星、人马座59、人马座60和人马座62组成。狗国这个名字被解释为“狗的领土”或“狗的王国”；它可能代表一个出现在中国寓言中的国家，也可能只是一座农场周围狗

1　这主要是不同时期的星官对应的恒星不同而造成的。——译注

的领地。旁边是“狗”，它由人马座52和人马座χ-1组成，代表护卫犬。

在人马座南部，可能包括人马座α星和人马座β星在内的十颗星星组成了“天渊”，代表一片湖泊或海洋之类的水域。据说它主田地灌溉。人马座与蛇夫座交界处一些暗弱的星星身份不明，构成了“天籥”的一部分。天籥代表锁或钥匙孔，它正好位于黄道上，这是太阳每年在天空中的必经之道。天籥位于“天关”的正对面；天关位于金牛座，是黄道上的一道大门。

Scorpius
—— 天蝎座 ——

属格： Scorpii

缩写： Sco

面积排名： 第33位

起源： 托勒密在《天文学大成》中列出的48个希腊星座之一

希腊名： Σκορπίος

奥维德在他的《变形记》中写道：“在某个地方，蝎子的尾巴和弯曲的螯横跨了黄道上的两个星座。”他指的是古希腊版的天蝎座，它比我们如今所知的天蝎座要大得多。希腊蝎子被分为两半：一半叫作Σκορπίος，包含它的身体和尾刺，而它的前半部分由螯组成。希腊人把前半部分叫作Χηλαί，意思是螯。公元前1世纪，罗马人把螯设成了一个单独的星座——天秤座，它代表天平。

在神话中，天蝎是将猎户俄里翁蜇死的蝎子，关于具体情况的说法各不相同。埃拉托色尼有两个版本的说法。在他对天蝎座的描述中，他说俄里翁试图强占狩猎女神阿耳忒弥斯，她派蝎子去蜇俄里翁，这一说法得到了阿拉托斯的支持。但在关于猎户座的条目中，埃拉托色尼说，在俄里翁吹嘘自己能杀死任何野兽之后，大地女神盖亚派了一只蝎子去蜇俄里翁。希吉努斯也讲过这两个版本的故事。阿拉托斯说俄里翁之死的发生地在希俄斯岛上，但埃拉托色尼和希吉努斯认为是在克里特岛。

在这两个版本的故事中，道义都是俄里翁因狂妄自大而遭到报应。这似乎

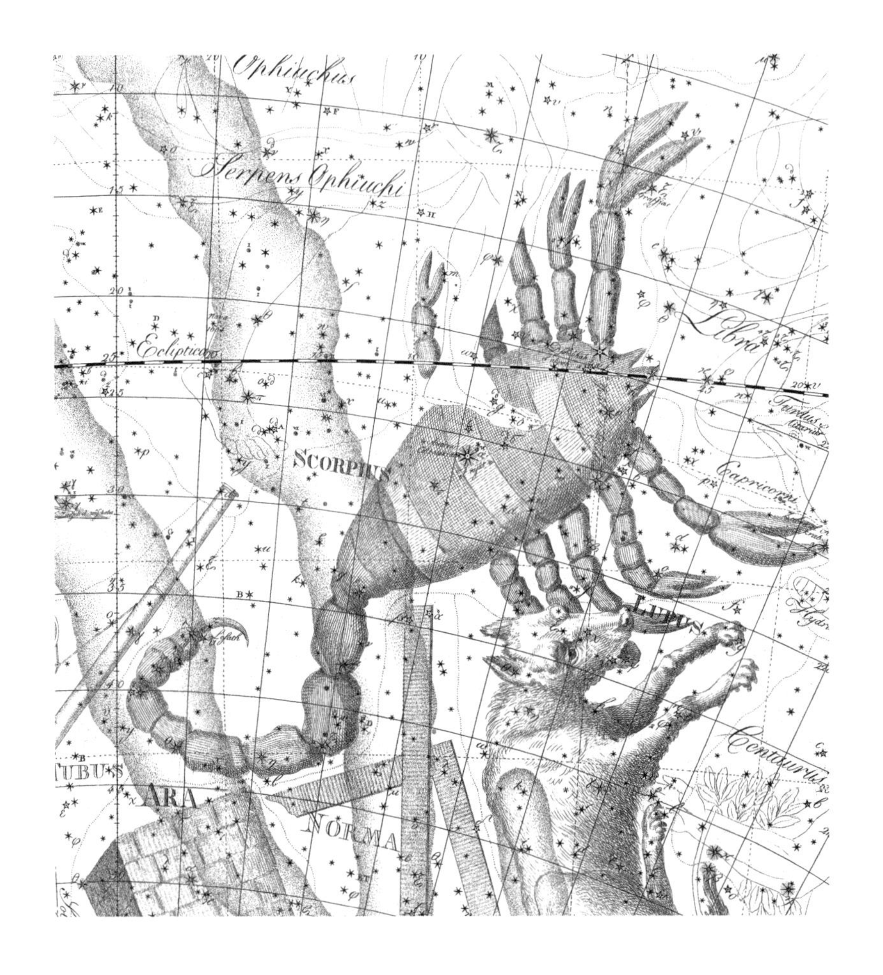

这是《波德星图》的第15幅图中的天蝎座。蝎子身体的一部分与蛇夫座的左腿和左脚重叠。蝎子身体的中间是明亮的红色恒星心宿二，波德还给它起了另一个名字Calbalakrab，这个词来自阿拉伯语，意思是蝎子的心脏。（德意志博物馆收藏）

是最古老的希腊神话之一，它的起源可能在于天空本身，因为这两个星座在天空中位于彼此的对面，每当对面的天蝎座升起，猎户座就会落下地平线。但是这个星座比希腊古老得多，因为苏美尔人在5 000多年前就将其称为GIR-TAB，意思是蝎子。

天蝎座的星星组成的图案显然很像一只蝎子，特别是一串星星连成的曲线构成了它的尾巴，蝎子发起攻击的时候就会抬起尾巴。旧的星图展示了北边的蛇夫座的左小腿和脚，它们笨拙地和蝎子的身体重叠在一起。顺便说一句，

Scorpius是天蝎座的现代天文名称，其旧名Scorpio现在只供占星家使用。天蝎座在希腊语中的名字是Σκορπίος，托勒密在《天文学大成》中使用的就是这个名字。

天蝎座的星星

天蝎座中最亮的星星是明亮的心宿二，其名字Antares来自希腊语Ἀντάρης，意思是“像火星”，这是因为它呈浓烈的橙红色，颜色类似于火星。这个名字经常被翻译为“火星的竞争对手”，但星名专家保罗·库尼奇指出，希腊词语ἀντί可以表示“喜欢”或“相似”。所以这个星名更适合翻译成“像火星”。心宿二是一颗不同寻常的超巨星，其直径是太阳直径的数百倍。

心宿二通常被称为“蝎子的心脏”，这也是其阿拉伯语名称*qalb al-'akrab*的含义，但在《天文学大成》中，托勒密简单地称其为“蝎子身上三颗亮星中的一颗，红色，名叫Antares”。顺便说一句，这是为数不多的被托勒密命名的亮星之一。托勒密提到的蝎子身上的另外两颗星，如今被称作天蝎座σ星和天蝎座τ星。奇怪的是，托勒密将心宿二的星等归为2等，而不是1等，但这可能是因为托勒密看到的心宿二靠近地平线，在那样的位置，星星看上去会暗一些。

天蝎座β星的正式名称为Acrab，这个词来自阿拉伯语中的*al-'aqrab*，意思是蝎子；它还有另一个过时的名字Graffias，在拉丁语中的意思是螯。天蝎座δ星被称为Dschubba，这个名字听起来很奇怪，它是阿拉伯语单词*jabhah*（意思是额头）的变体，因为它位于蝎子头部中间的位置。蝎子尾巴的末端是天蝎座λ星，其名称Shaula来自阿拉伯语中的*al-shawlah*，意思是刺，托勒密也是这样标记它的。

在《天文学大成》中，托勒密列出了三颗位于星座外的星星（即它们是所谓的“未划定”的星星）。他将其中的第一颗描述为“刺后面的模糊的星星”。这很可能是我们如今所知的又大又明亮的疏散星团M7，因此，这个星团有时也被称为托勒密星团。M7是法国天文学家夏尔·梅西叶记录的天体中最靠南的一个，赤纬为−34.8度。

对应的中国星座

在中国古代，红润的心宿二被称为大火星。它与两侧的天蝎座σ星和天蝎座τ星，共同组成了东方苍龙的心脏“心”，二十八宿中的第五宿也因此得名。据说大火星也代表天帝的宝座（天帝在天空中的不同地方有好几个宝座），天蝎座σ星是坐在一侧的“太子”，而天蝎座τ星代表坐在另一侧的其他儿子。

在我们看来构成蝎子头部的四颗星——天蝎座β星、天蝎座δ星、天蝎座π星和天蝎座ρ星，在中国古代被称为“房”（字面意思是房间），二十八宿的第四宿以此命名。房标志着东方苍龙的腹部。关于这些星星，还有其他一些说法，有人说它们是天帝的四个助手和四匹马。旁边肉眼可见的双星天蝎座ω−1/天蝎座ω−2是“钩钤”，即一把锁；而北边的单星——天蝎座ν星是“键闭”，即一把门闩，想必是用于保护房间的。

从天蝎座ε星到天蝎座λ星和天蝎座υ星的九颗星星，组成了钩子形的星官“尾”，意思是尾巴，二十八宿中的第六宿以此命名。这里的“尾”指东方苍龙之尾；在西方星座系统中，同样的钩子形星星代表蝎子的尾巴。尾也被视为天帝的宫殿，它为皇后和妃嫔提供了住所。尾上的第三颗星——天蝎座ζ星的旁边，是更衣室“神宫”；这不是一颗恒星，而是肉眼可见的疏散星团NGC 6231。

靠近苍龙尾巴尖的地方，有一颗叫“傅说”的星星，也就是如今的天蝎座G。这颗星星代表一位传说中的隐士，他在公元前1200年前后成为武丁皇帝的宰相。在它的北边是“鱼”，代表银河中的一条鱼，这是肉眼可见的一个疏散星团，编号为M7。

在尾的右侧，包括天蝎座H和天蝎座N等在内的六颗星星组成了“积卒”的一部分。积卒代表准备击退入侵军队的士兵所在的兵营，它一共有十二颗星，分为四组，每组三颗；其中两组在天蝎座，一组在豺狼座，还有一组在矩尺座。

天蝎座最北端是与蛇夫座及其周围的天体市场相关的两个星座。有三颗身份不明的星连成一线，形成“罚”（“惩罚”），代表对不诚实交易者的罚款或令其做出的经济补偿。包括天蝎座ξ星在内的四颗星组成“西咸”，一直延伸到天秤座；“东咸”在蛇夫座中。

Sculptor
— 玉夫座 —
雕刻家

属格：Sculptoris
缩写：Scl
面积排名：第36位
起源：尼古拉·路易·德·拉卡耶的14个南天星座

玉夫座是鲸鱼座和宝瓶座以南的一个暗弱星座，由法国天文学家尼古拉·路易·德·拉卡耶在1751年至1752年描绘南天星空时创立。在1756年的平面天球图上，拉卡耶给它起的初始名称是*l'Atelier du Sculpteur*，意为雕刻家的工作室。但在随附的星表中，他将名称的第一部分拼写（或错误拼写）为attelier。它由一个三脚架上的人头雕像组成，旁边的一块大理石上放着艺术家的木槌和两把凿子。在1763年的拉卡耶平面天球图上，它的名称被拉丁化为Apparatus Sculptoris。

约翰·波德在1801年舍弃了大理石块，将雕刻家的工具连同雕刻的半身像一起移到了桌子上，如图所示。他创立了一个新的星座来代替大理石块，这就是电机座（见第296页），但这个星座形象从未广泛流行。

1844年，英国天文学家约翰·赫歇尔提议将该星座的名称缩短为Sculptor。弗朗西斯·贝利在1845年的《英国天文协会星表》中采纳了这一建议，此后，该星座便被简称为Sculptor。

按照现代星座边界的定义，玉夫座是拉卡耶创立的14个星座中最大的一个，但其中的星星只有4等甚至更暗，且都没有被命名。

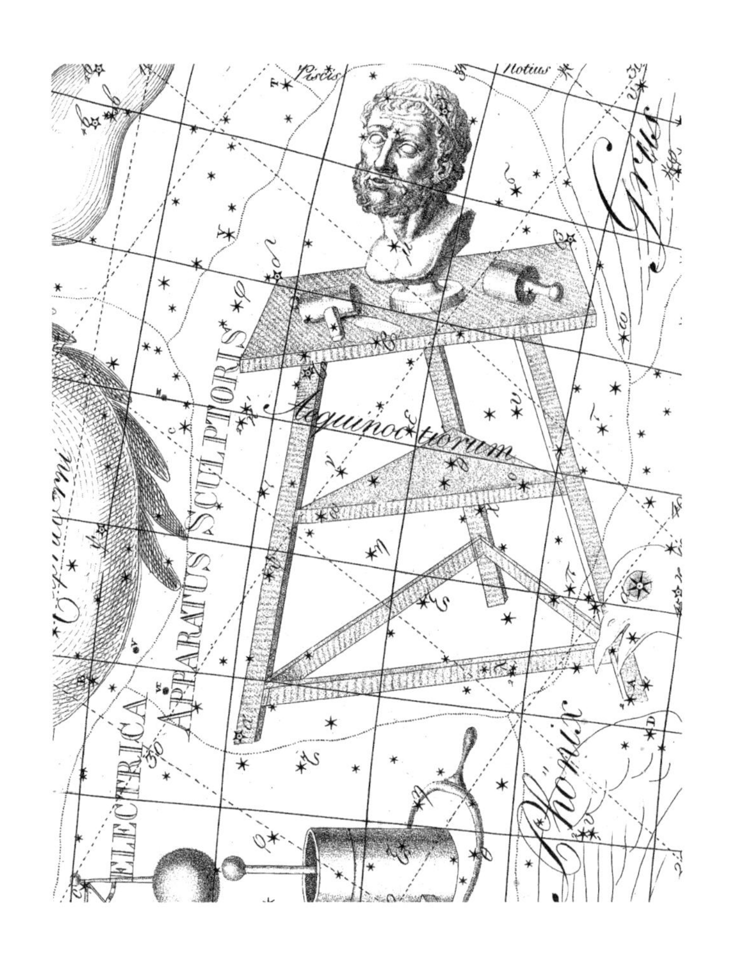

《波德星图》的第17幅图中，玉夫座的名字是Apparatus Sculptoris。（德意志博物馆收藏）

对应的中国星座

在中国天文学中，这片区域的五颗星星组成了一个钩形，代表用于收割庄稼的镰刀“铁锧”。我们通常很难确定这种非常靠南的星官所涉及的确切星星。这片区域的另外三颗星星组成了“铁钺”，代表一种用于处决犯人或收割庄稼的斧头，但这个星座到底是位于玉夫座西部，还是位于更靠北的宝瓶座，人们意见不一。

星官“八魁”也有类似的问题，它代表一张捕鸟网，也可能是负责捕鸟的官员。一些权威人士将八魁置于玉夫座，它向南延伸到凤凰座；而另一些权威人士则认为它位于更靠北的鲸鱼座。这很可能是因为中国人在不同时期用不同的星星来定义这些星官。

Scutum
— 盾牌座 —

属格：Scuti

缩写：Sct

面积排名：第84位

起源：约翰内斯·赫维留的7个星座

盾牌座是天空中第五小的星座，由波兰天文学家约翰内斯·赫维留于1684年引入，其名为Scutum Sobiescianum，即“索别斯基的盾牌”。赫维留设立这个星座，是为了纪念波兰国王约翰三世索别斯基，他在1679年的一场毁灭性火灾之后帮助赫维留重建了天文台。

赫维留对这个星座的描述和绘图，于1684年8月首次出现在当时领先的科学期刊《学报》上。赫维留沿用了埃德蒙·哈雷的先例；埃德蒙·哈雷为纪念英格兰国王查理二世，在六年前创立了一个名叫查理之心的星座。查理之心座没有幸存下来，但盾牌座幸存了下来，事实上，盾牌座是唯一的一个因政治原因引入天空却至今仍在使用的星座。

即便如此，盾牌座也差点“翻车”。英国第一位皇家天文学家约翰·弗拉姆斯蒂德在他的星表和星图中忽略了它，他接受了赫维留创立的其他六个星座，却将盾牌座中的星星列在了天鹰座下。约翰·波德在1801年的《波德星表》中恢复了它，星座名称写的是Scutum Sobiesii（见下页图）。后来，它再次被英国天文学家弗朗西斯·贝利从他那富有影响力的1845年《英国天文协会星表》中删除。美国天文学家本杰明·古尔德终结了这场拔河比赛，他将其作为普通的盾牌列入了1879年的星表中，并首次给星座中的星星分配了希腊字母，从而巩固了盾牌座的持久性。

盾牌座位于天鹰座和人马座之间一片明亮的区域，尽管面积小，但很独

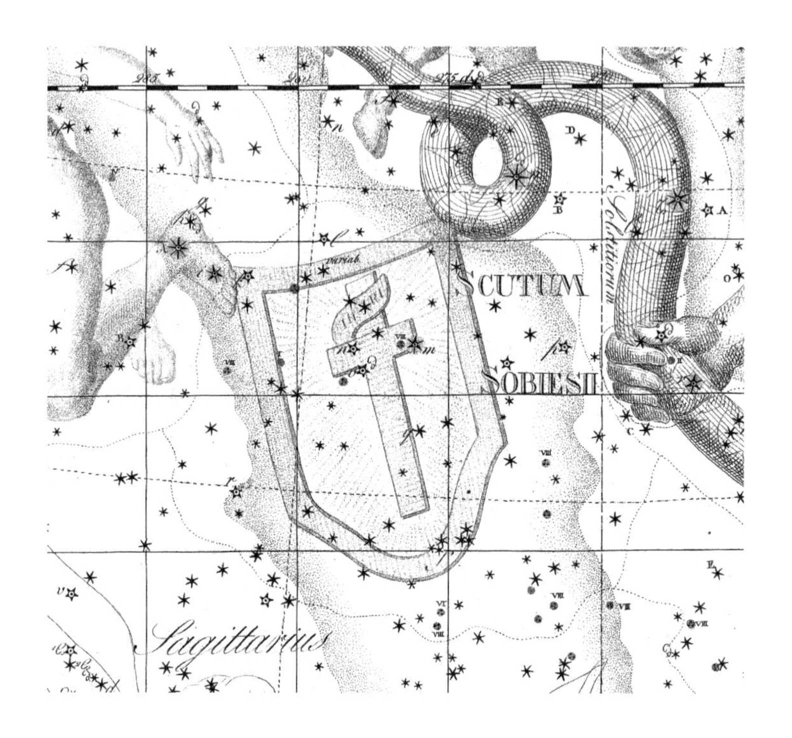

《波德星图》的第9幅图中，盾牌座的名字是Scutum Sobiesii。它挤在安提诺俄斯的脚（左）、巨蛇座（右上）和人马座（下）之间。（德意志博物馆收藏）

特。星座中最亮的星星只有4等，所有的星星都没有被命名。不过星座中包含一个著名的星团，它通常被称为野鸭星团，因为它那扇子般的形状看上去好像一群鸭子在飞。

对应的中国星座

在中国的星座系统中，盾牌座北部的五六颗星星（其中包括盾牌座α星、盾牌座β星和盾牌座η星）与天鹰座的其他星星组成了一个星官，它一共包含九颗星星，名叫“天弁”。它代表一个贸易官员团队，负责监督市场的组织和运作。西边天区（包括蛇夫座和巨蛇座的大部分，以及武仙座南部）被想象成了一个市场。

Serpens
— 巨蛇座 —

属格：Serpentis

缩写：Ser

面积排名：第23位

起源：托勒密在《天文学大成》中列出的48个希腊星座之一

希腊名：Ὄφις

巨蛇座是独一无二的，因为它分为两部分——巨蛇头和巨蛇尾。尽管如此，天文学家仍将其视为一个星座。巨蛇座代表蛇夫手里握着的一条巨大的蛇。它的希腊名字是Ὄφις，但在《天文学大成》中，托勒密将其命名为Ὄφις Ὀφιούχου，即“持蛇者的蛇”，这大概是为了防止它与天上的其他蛇（天龙座和长蛇座）相混淆。

蛇夫左手握住蛇的上半部分，右手握住蛇尾巴。包括阿拉托斯和希吉努斯在内的神话学家都将蛇描述为盘绕在蛇夫的腰部，但在大多数星图中，蛇只是从蛇夫的双腿之间或身后经过（完整造型的插图，见第190页蛇夫座）。

在神话中，蛇夫座是阿波罗之子、医者阿斯克勒庇俄斯，至于他为什么像是在与天空中的蛇搏斗，并没有得到充分解释。阿斯克勒庇俄斯与蛇的联系，起源于他曾经杀死一条蛇的故事，当时另一条蛇将草药置于那条被杀死的蛇身上，它便奇迹般地复活了。阿斯克勒庇俄斯随后使用同样的方法使死人复活。蛇是重生的象征，因为它们每年都会蜕皮。

在《天文学大成》中，托勒密将蛇夫座和巨蛇座列为单独的星座，但埃拉托色尼和希吉努斯等神话学家将它们看作一个整体。约翰·拜尔是为数不多的单独展示巨蛇座的天体制图师之一，他在自己的星图集中描绘托勒密的星座时，每个星座都用一页进行了展示。其他主要的星图制图师，如赫维留、弗拉姆斯蒂德和波德，都效仿神话学家，将蛇夫座和巨蛇座视为一个复合形象，蛇的一部分被蛇夫座的身体遮挡着。

被切分的星座

当尤金·德尔波特在20世纪20年代后期开始定义官方星座边界时，他面临着如何区分交织在一起的蛇夫座和巨蛇座形象的问题。他的解决方案最初是由美国天文学家本杰明·古尔德在1879年的《阿根廷测天图》星表中提出的，即把蛇切成我们如今看到的两半的样子，蛇头位于蛇夫座的一侧，蛇尾位于另一侧。头部那一半较大，覆盖面积是尾部的两倍多（二者分别是428平方度和208平方度）。从西部到东部，巨蛇座的官方边界跨越近57度的天空，刚好超过长蛇座跨度的一半，而长蛇座是所有星座中跨度最大的。

巨蛇座的星星和鹰状星云

巨蛇座中最亮的星星是3等星巨蛇座α星，它被称为Unukalhai，这个词来自阿拉伯语中的*unuk al-hayya*，意思是蛇的脖子，这颗星星就位于蛇的脖子上。蛇的尾巴尖由巨蛇座θ星标示，被称为Alya，这是一个阿拉伯词语，指的是羊尾巴。

巨蛇座中最著名的天体，编号为M16，名叫鹰状星云；鹰状星云的名字源于它的外观很像一只大型猛禽。哈勃空间望远镜拍摄的一张著名照片——创生之柱，展示的就是鹰状星云中的气体和正在形成的恒星。

对应的中国星座

在古代中国人眼中，巨蛇座的星星并不是一条蛇，而是两段围住天市垣的垣墙。天市垣的大部分位于蛇夫座和武仙座南部。巨蛇座θ星、巨蛇座η星和巨蛇座ξ星构成了天市左垣（东垣）的一部分，巨蛇座γ星、巨蛇座β星、巨蛇座α星和巨蛇座ε星是天市右垣（西垣）的一部分。

就其规模而言，巨蛇座区域的中国星官相对较少。巨蛇座ο星和巨蛇座ν星是“市楼”的一部分，市楼是由六颗星星组成的一个环，代表市场办公室所在的大厅或塔楼，其中大部分星星位于蛇夫座。巨蛇座σ星和蛇夫座λ星组成

“列肆”，代表成列的商铺。单颗恒星巨蛇座μ星被称为“天乳”，象征雨，但也有人说它代表太子的母亲或奶妈。

Sextans
— 六分仪座 —

属格：Sextantis

缩写：Sex

面积排名：第47位

起源：约翰内斯·赫维留的7个星座

这个星座是狮子座南边一个暗弱的星座，由波兰天文学家约翰内斯·赫维留在1687年的星表和星图集中引入，他给它起名为乌拉尼亚六分仪座。它纪

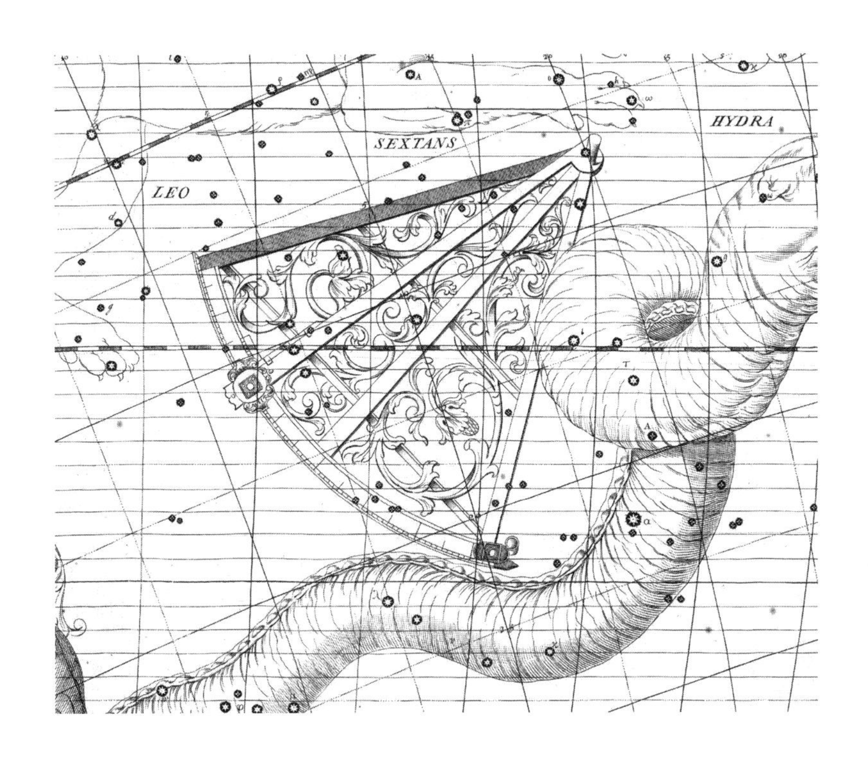

在《弗拉姆斯蒂德星图》中，六分仪座位于盘绕的长蛇座的上方。（密歇根大学图书馆收藏）

念的是赫维留用来测量恒星位置的那架六分仪，1679年，天文台遭遇了一场大火，那架六分仪与其他一些仪器都被大火焚毁了。在赫维留的著作《天文仪器》（1673）中，他展示了自己画的一幅版画，那上面正是他的六分仪。

尽管赫维留使用望远镜观察月亮和行星，但他终其一生都在用他的六分仪对恒星进行肉眼观测；也许是为了证明自己眼睛敏锐，他用非常暗弱的星星组成了六分仪座，他创立的另一个星座天猫座也是这样。

约翰·弗拉姆斯蒂德在1725年的《大不列颠星表》和随附的星图中将这个星座的名称缩短为Sextans（见上页图）。弗朗西斯·贝利在1845年的《英国天文协会星表》中也将其简称为六分仪座，但没有给其中任何一颗星星分配希腊字母，因为它们的亮度都不超过5等。这项工作后来由美国天文学家本杰明·古尔德在1879年的星表中完成。

六分仪座中最亮的星星是六分仪座α星，其星等为4.5等。六分仪座中没有一颗星星被命名。

对应的中国星座

六分仪座天区中的三颗星星组成了中国的“天相”，象征着宰相，但具体是哪三颗星，人们的说法各不相同。

Taurus
— 金牛座 —

属格： Tauri

缩写： Tau

面积排名： 第17位

起源： 托勒密在《天文学大成》中列出的48个希腊星座之一

希腊名： Ταῦρος

金牛座是一个独特的星座，其中有星星标示犄角尖，还有一组星星组成V

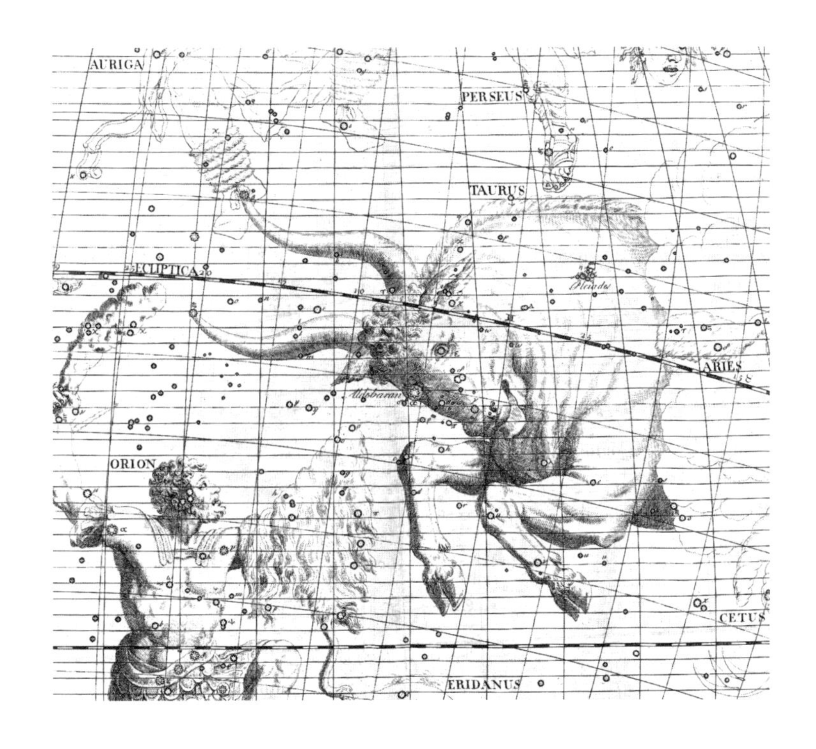

在《弗拉姆斯蒂德星图》中，金牛座冲向猎户座。天空中只显示了公牛身体的前半部分。标示牛眼睛的是红色的毕宿五，它的背上是昴星团。其中一只角一直延伸到御夫座右脚的位置。（密歇根大学图书馆收藏）

形，标示公牛的头。有两个关于公牛的希腊神话与金牛座有联系。通常的说法是它代表宙斯为又一次婚外情所采用的伪装，这次他化作一头公牛，带走了腓尼基国王阿革诺耳的女儿欧罗巴。

欧罗巴喜欢和泰尔的其他女孩一起在沙滩上玩耍。宙斯指示他的儿子赫尔墨斯将国王的牛群从山坡的牧场上赶到女孩们玩耍的岸边。宙斯化身为一头公牛，偷偷地混在牛群中，等待劫持欧罗巴的机会。毫无疑问，它是最英俊的公牛。它的皮像刚下的雪一样洁白，它的角像抛光的金属一样闪闪发光。

欧罗巴被这只漂亮而温和的动物迷住了。她用鲜花装饰它的角，抚摸它的侧腹，欣赏它脖子上的肌肉和它侧腹的皮肤皱褶。公牛吻了吻她的手，而在内心深处，宙斯几乎已经无法控制自己对最终征服欧罗巴的期待。公牛卧在金色的沙滩上，欧罗巴冒险坐在它的背上。起初，当公牛起身并开始在海浪中划水时，她并不害怕。但当它开始猛地游到海里时，她变得惊慌失措。欧罗巴沮丧地环顾四周，看着远去的海岸线，当海浪冲过公牛的背部时，她紧紧抓住公牛的角。狡猾的公牛向水中浸得更深，好让欧罗巴更紧地抱住它。

此时，欧罗巴已经意识到这不是一只普通的公牛。最终，公牛涉水在克里特岛上岸，宙斯在那里显露了自己的真实身份并占有了她。他给欧罗巴送了礼物，其中包括一只后来成为大犬座的狗。宙斯和欧罗巴的后代当中包括克里特岛国王米诺斯，他在克诺索斯建立了著名的宫殿，在那里举行斗牛比赛。

另一个故事说，金牛座可能代表宙斯的另一个情人伊奥，宙斯将她变成了一头小母牛，让她用这样的伪装来躲避他的妻子赫拉。但赫拉心存疑虑，派百眼怪物阿尔古司看守小母牛。后来，宙斯派自己的儿子赫尔墨斯救出了伊奥，赫拉大怒，派牛虻去追小母牛，小母牛跳入海中游走。

天空中的公牛只显示了身体的前半部分。这很好解释：在神话里，牛的后肢淹没在水里。实际上，天空中没有足够的空间能够展示完整的公牛，因为这头牛太大了。公牛后肢本来应该占据的位置上是鲸鱼座和白羊座。金牛座与飞马座一样拥有令人不安的命运，在天空中被切成两半。更尴尬的是，金牛座在天空中是往后移动的，好像在猎户座面前节节败退。

阿拉托斯将公牛描述为“蹲伏状”，而星图在传统上描绘的金牛座都将前腿折叠着，可能是为了吸引欧罗巴到它背上，所以蹲了下来。马尼利乌斯将公牛描述为跛脚状，并从中汲取寓意。“天空教会我们坚忍地承受失去，因为即使是代表星座的动物，肢体也是会有残缺的。”他写道。

毕星团——公牛的脸

金牛座的脸以一组排列成V形的星星为标志，这组星星被称为Hyades（许阿得斯姊妹，希腊语为Ὑάδες，即毕星团）。奥维德在他的《岁时记》中断言，这个名字来自古希腊语hyein，意思是下雨，Hyades的意思是“下雨的”，因为据说它们在一年中的某些时候升起便是下雨的征兆。在神话中，许阿得斯姊妹是阿特拉斯和埃特拉的女儿。她们的大哥是许阿斯，一位勇敢的猎人。有一天，他被一头母狮给杀死了。姊妹们悲痛欲绝地哭了起来——希吉努斯说她们死于悲痛——为此她们被放在了天空中。因此，Hyades的名字也有可能来自他们的兄弟许阿斯。在另一个故事中，Hyades是仙女，她们在倪萨山的洞穴中喂养婴儿狄俄尼索斯，喂他牛奶和蜂蜜。罗马人给它起了不同的名字：他们称Hyades为suculae，意思是小猪。

毕星团中星星的名字和数量，都令神话学家们感到非常困惑。星星数量有时被描述为五个，有时被描述为七个。托勒密在他的星表中列出了其中的五颗星。仅希吉努斯就给出了四个不同的名字列表，其中没有一个与赫西俄德最初列出的五个完全一致，这五个名字分别是菲绪尔、科洛尼斯、克勒亚、菲奥和欧多拉。为了避免这样的问题，天文学家没有给其中任何一颗星星命名。

在双筒望远镜和小型天文望远镜中，毕星团的成员比肉眼可见的要多得多。总之，如今天文学家估计有数百颗星星属于这个星团，星团距离我们大约150光年。

昴星团——天上的七姐妹

比毕星团更出名的，是金牛座的另一个星团——昴星团（希腊语为Πλειάδες），它通常被称为七姐妹星团。随便一瞥，昴星团看上去一团模糊，就像公牛背上的一群苍蝇。根据希吉努斯的说法，一些古代天文学家称它们为“公牛的尾巴”。昴星团如此与众不同，以至于古希腊人将它们视为一个独立的迷你星座，并用它们来标记日历。赫西俄德在他的农事诗《工作与时日》中说：当昴星团在黎明时分升起，农民们就开始收割作物，在希腊时代那时应该是5月；当昴星团在黎明时落下，农民们就开始耕作，那时应该是11月。

托勒密在他的《天文学大成》中列出了昴星团的三颗星星（可能是昴宿二、昴宿七和昴宿一），概述了星团的整体大小和形状。在向北1度多的地方，有一颗星星被他称作“小星星”，它可能是5等星HR 1188。10世纪的波斯天文学家阿尔·苏菲在星团内记录了另外三颗星星（可能是昴宿六、昴宿四和昴宿五），并将这组星星类比为一串葡萄。阿拉伯人称昴星团为*al-Thurayyā*，这是女性的名字，意思是“小而丰富”。

在神话中，昴星团代表普勒阿得斯七姊妹（Pleiades），她们是阿特拉斯和普勒俄涅（Pleione）的七个女儿，星团中的星星以她们的名字命名。有一种关于其来历的说法颇为流行：这个名字来自希腊语中的*plein*，该词的意思是航行，Pleione的意思是航海女王，Pleiades是航海者，因为在希腊时代，它们在夏天航海季整夜可见。人们认为，当夜空中看不见昴星团时，留在岸上不要出海是明智之举。赫西俄德写道："当昴星团被凶猛的猎户座追赶，坠入乌云密布的大海时，会狂风大作。"或者，这个名称更有可能来自古希腊语中的*pleos*，其复数的意思是"许多"，这个说法对星团来说很合适。据其他权威人士说，这个名称来自希腊语中的*peleiades*，意思是一群鸽子。

有一个著名的神话将昴星团与猎户座联系起来。据希吉努斯说，有一天，普勒俄涅和她的女儿们穿过维奥提亚时，俄里翁试图强占她。普勒俄涅和女孩们逃脱了，但俄里翁追了她们七年。宙斯把昴星团放天上，让猎户跟在她们身后，以纪念这场永不停休的追逐。

昴星团的名字

与她们同父异母的姐妹——许阿得斯姊妹不同，普勒阿得斯七姊妹的名字被分配给了昴星团的七颗星星：阿尔库俄涅、阿斯忒罗佩、刻莱诺、厄勒克特拉、马娅、墨罗佩和泰格达。还有两颗星星以其父母的名字——阿特拉斯和普勒俄涅命名。这些名字不是希腊人给星星起的，而是在望远镜时代之后为了更清楚地把星星区分开而给它们新加的。

第一个为昴星团中的星星分配单个名称的星表，似乎是意大利天文学家乔瓦尼·巴蒂斯塔·里乔利（1598—1671）于1665年出版的《天文学改革》一书中的星表。对于昴星团的位置，里乔利使用了马略卡天文学家维森特·穆特（1614—1687）和荷兰天文学家迈克尔·范朗伦（1598—1675）的观测结果。里乔利没有明确地说，给这七颗主要成员星命名的是他俩当中的谁，但他认为"阿特拉斯"和"普勒俄涅"这两个名字是范朗伦添加的。赫维留和弗拉姆斯蒂德在编纂自己的星表时，都没有注意到这些新名称，但约翰·波德在1801年的《波德星表》中，以及朱塞佩·皮亚齐在1814年的星表中，都提到了它们，此后，这些新名称就被牢固地确立了。

根据神话，阿尔库俄涅和刻莱诺都被波塞冬引诱了。姐妹中最年长、最美丽的马娅被宙斯引诱，生下了赫尔墨斯；她后来成为宙斯和卡利斯托之子——阿耳卡斯的养母。宙斯还引诱了另外两个姐妹：厄勒克特拉生下了特洛伊的创始人达耳达诺斯，泰格达生下了斯巴达的创始人拉刻代蒙。阿斯忒罗佩被阿瑞斯征服，并成为奥林匹亚附近的比萨国王俄诺马俄斯的母亲，俄诺马俄斯在御夫座的传说中有所体现。因此，普勒阿得斯七姊妹中，有六人成为了众神的情人。只有墨罗佩嫁给了凡人西西弗斯，这是一个臭名昭著的骗子，后来被判永不停歇地将石头滚上山坡。

"失踪"的昴团星

虽然昴星团通常被称为七姐妹星，但肉眼很容易看到的星星只有六颗，并且已经有相当多的神话解释星团中"失踪"的这颗星。埃拉托色尼说，墨罗佩比较暗弱，因为她是唯一的一个嫁给凡人的人。希吉努斯和奥维德也说，她为此感到羞耻，所以暗弱；但他们两人都增加了另一个候选人——厄勒克特拉，她不忍看到自己的儿子达耳达诺斯创立的特洛伊城陷落。希吉努斯说，她悲痛欲绝，彻底离开了昴星团；但奥维德说，她只是用手遮住了眼睛。然而，天文学家在给星星命名时，并没有遵循这两个传说，因为昴星团中最暗弱的那颗星星实际上是阿斯忒罗佩。

双筒望远镜能看到昴星团中的数十颗星星，而整个星团的成员星有一百颗左右。昴星团距离我们大约440光年，几乎是毕星团与我们之间距离的三倍。按照恒星的标准来看，它们相对年轻，最年轻的只有几百万岁。在长时间曝光的照片中，恒星周围一片朦胧，这曾经被认为是形成恒星的星云残骸。但这一切都应该在很久以前就已经消散了，所以现在看来，所有这些朦胧的东西都是一团完全不相关的云，星星在天空中移动时只是恰好在其中飘过。

眼睛、犄角和一个蟹状星云

公牛闪烁的红眼睛，由金牛座最亮的星星Aldebaran（中文名毕宿五）标记，其名称来自阿拉伯语中的*al-dabarān*，意思是追随者；根据阿尔·苏菲的说法，之所以有这样一个名字，是因为它跟随着昴星团划过天空。其他一些阿拉伯天文学家将毕宿五这个名字应用于整个毕宿。它的另一个拉丁名称是Palilicium，这是因为4月21日罗马牧神帕勒斯节前后，这颗星星便在暮色中消失了。弗拉姆斯蒂德在其星表中使用了这个名字，但他的字母拼写不一致，有时写作Palilicium，有时写作Pallilicium。约翰·波德在金牛座那页星图上将其名称写为Pallilicium。

令人惊讶的是，这颗星星这样显眼，希腊天文学家却没有给它起名字（尽管托勒密在其占星专著中称它为“火炬”）。毕宿五看似是毕星团的一员，但实际上是一颗前景星，它与我们的距离还不到毕星团与我们的距离的一半，它只是恰好和毕星团位于同一方向上。毕宿五是一颗直径约为太阳直径40倍的红巨星，它标记着公牛的右眼；左眼由金牛座ε星代表，公牛的鼻子上是金牛座γ星。

公牛左犄角的顶端是金牛座β星，或称Elnath（中文名五车五），这个名字来自阿拉伯语中的*al-Nāṭiḥ*，意思是“对接的人”。托勒密将这颗星星描述为与御夫座的右脚共享，但自从1930年引入严格定义的星座边界以来，这颗星星就专属于金牛座了。所以，公牛保住了犄角尖，而车夫却失去了右脚。

在以金牛座ζ星为标志的公牛右犄角尖附近，有一个引人瞩目的蟹状星云，它来自天文学史上最著名的事件之一：公元1054年，人们在地球上看到一场恒星爆炸，它非常明亮，足有三个星期都能在白天看见。如今我们知道，这是一颗超新星，一颗大质量恒星的壮丽死亡，而蟹状星云是这颗超新星爆炸后产生的遗迹，现在只有通过望远镜才能看到。

这片星云于1731年由英国天文学家约翰·贝维斯发现，并首次出现在他制作于1750年前后的《不列颠星图》的第23幅图中，遗憾的是，由于贝维斯的印刷厂破产，该图一直没有出版。27年后，法国人夏尔·梅西叶重新发现了它，并将其列为他那著名的星云列表的第一个条目M1。爱尔兰天文学家罗斯勋爵（1800—1867）在1848年给它起了蟹状星云这个名字，因为他认为，通过他那72英寸[1]的望远镜来观看，星云的形状就像一只螃蟹。蟹状星云距离我们6 000光年远，通过中等大小的望远镜来看，它就像一片朦胧的斑块。

1　1英寸等于2.54厘米。

对应的中国星座

在中国天文学中，昴星团被称为“昴”，据说它代表一颗毛茸茸的头；尽管“毛茸茸”这一概念可能来自星团朦胧的外观，但无法解释这到底是什么人的头还是什么东西的头。二十八宿中第十八宿的名字，叫作昴宿。

V形的毕星团被称为“毕”，它描绘了一张带有长手柄的网，用于捕捉兔子等动物（金牛座λ星是手柄的末端）。二十八宿的第十九宿因此得名，叫作毕宿。在另一种完全不同的想象中，毕也被视为守卫边境地区的一个士兵团，毕宿五是他们的统帅。昴宿和毕宿都是大量占星学知识的主题。

毕星团以南的一颗星，通常被称为金牛座σ星，这是“附耳”，即低语的意思，可能是指帝王的耳目，或者是一个侦察员，也有人将其证认为被网子捕住的动物。横跨在昴星团和毕星团之间的黄道上的星官是“天街”，它由金牛座κ星和金牛座ω星组成。附近的4等星金牛座37，被称为“月”，即月亮；它与位于天空另一侧的天秤座的“日”，反映了满月时月亮与天空中的太阳位置相对这一事实。在古代，满月位于毕宿，标志着中国雨季的开始。在天街和月的北边，金牛座χ星和金牛座ψ星等四颗星组成“砺石”，即一种磨刀石。

金牛座ζ星是“天关”，代表黄道上的一扇门，但它只是一颗星星。天关与人马座和蛇夫座中的“天籥”在天空中相对，天籥代表黄道上的锁或钥匙孔。北边的金牛座β星是天帝的五辆车“五车”之一，其他星星都在御夫座中。从金牛座136到金牛座τ星的六颗星，几乎平行于黄道形成了“诸王”，代表天帝的六个儿子。

金牛座ζ星和毕星团之间是“天高”，它由包括金牛座ι星在内的四颗星组成，代表观察天气的瞭望塔（但另一种解释认为它是供奉神灵的地方）；观察者是“司怪”，由金牛座139、猎户座的两颗星星和双子座的一颗星星组成。

毕星团的南边，有一个叫“天节”的星官。它由八颗星星组成，据说代表使节在离境时携带的用于表明身份的令牌。然而，孙小淳和基斯特梅克认为，天节是伟大的猎人“参”的象征，参相当于中国的猎户座。金牛座和鲸鱼座之间的边界上是“天廪”，它的四颗星星（金牛座ο星、金牛座ξ星、金牛座4和金牛座5）代表存储小米或大米的仓库。

Telescopium
—— 望远镜座 ——

属格： Telescopii

缩写： Tel

面积排名： 第57位

起源： 尼古拉·路易·德·拉卡耶的14个南天星座

望远镜座是法国人尼古拉·路易·德·拉卡耶在1751年至1752年的好望角天空测绘之旅后，在南天星空中引入的暗弱又模糊的星座之一。在1756年拉卡耶出版的第一版平面天球图上，它被称为le Telescope，但在1763年的第二版星图中，星座名被拉丁化为Telescopium。

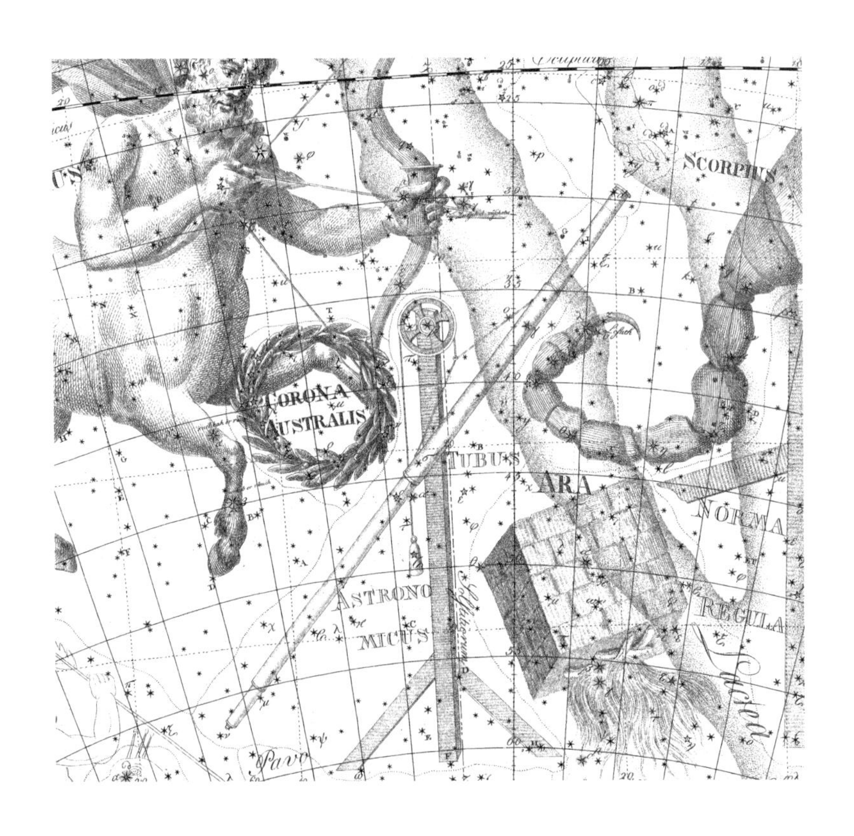

《波德星图》的第15幅图中，望远镜座的名字是Tubus Astronomicus。它被设想为一种长筒折射望远镜，通过绳索和滑轮来操作。（德意志博物馆收藏）

望远镜座代表巴黎天文台的卡西尼所使用的仪器：一种又长又笨重的折射镜，悬挂在一根被称为悬空望远镜的杆子上。之所以做这么长，是为了减少当时做工粗糙的镜头产生的色差。

拉卡耶最初将望远镜座描绘为在人马座和天蝎座之间向北延伸，如约翰·波德的星图所示；但现代天文学家已经切断了望远镜镜筒的顶部和装置，因此它现在仅占据人马座和南冕座以南的一片矩形天区。弗朗西斯·贝利是第一个对它进行“修剪”的人，他在1845年的《英国天文协会星表》中将望远镜座中的一些星星分配给了邻近的星座，本杰明·古尔德在1879年的《阿根廷测天图》的第7幅图中首次以现在这样的矩形区域展示了这个星座。

由于这些修改，拉卡耶的原本位于滑轮桅杆顶部的望远镜座β星，现在是人马座η星；原本在折射镜筒上部的望远镜座γ星，现在是天蝎座G星；拉卡耶原本用于标示望远镜物镜的望远镜座θ星，现在是不起眼的巨蛇座45（也称巨蛇座d）。望远镜座最亮的星星是望远镜座α星，其星等为3.5等。

Triangulum
—— 三角座 ——

属格： Trianguli

缩写： Tri

面积排名： 第78位

起源： 托勒密在《天文学大成》中列出的48个希腊星座之一

希腊名： Τρίγωνον

任意三个点都能连成三角形，因此，就算有点缺乏想象力，在星座中找到一个三角形也是很容易的事。阿拉托斯和埃拉托色尼将这个星座称为Δελτωτόν，因为它的形状类似于大写的希腊字母Δ，而在《天文学大成》中，托勒密将其写为Τρίγωνον，意思是三角形。

阿拉托斯将三角座描述为一个等腰三角形，它具有两条长度相等的边，第三条边较短。埃拉托色尼说，它代表尼罗河三角洲。根据希吉努斯的说法，

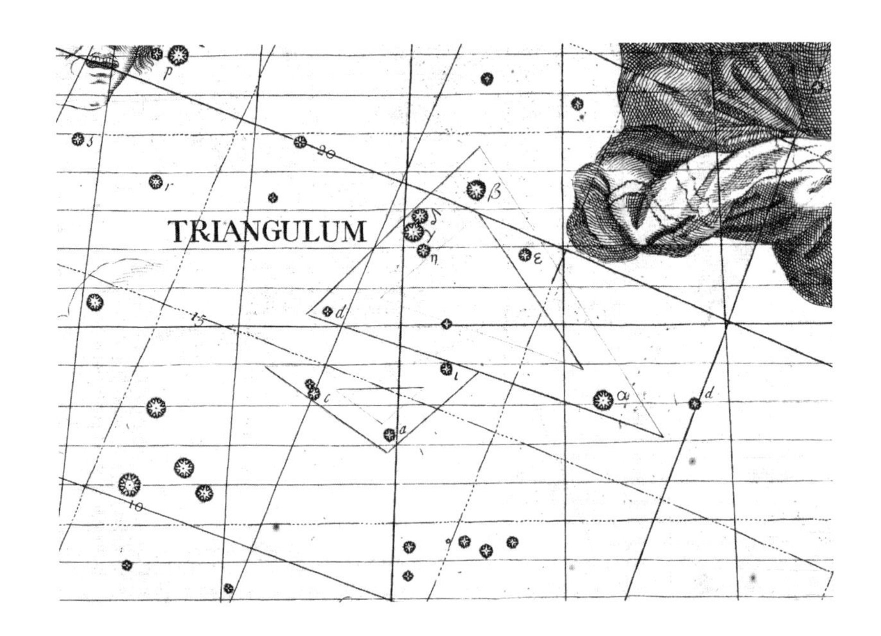

这是《弗拉姆斯蒂德星图》中的三角座。它的南边是一个小三角形，名叫小三角座，如今已被废弃。（密歇根大学图书馆收藏）

有人认为它代表西西里岛，这个岛最初因其三个海角而被称为特里那克里亚（Trinacria）。在神话中，特里那克里亚是农业女神刻瑞斯的故乡。

三角座α星的星等为3.4等，其名字Mothallah（中文名娄宿增六）来自阿拉伯语中的*al-muthallath*，意思是三角形。三角座中最亮的星星实际上是三角座β星，其星等为3.0等，但没有被命名。三角座中包含M33，这是我们本星系群中的一个星系，通常被叫作风车星系，我们用双筒望远镜可以看到它。

一个更小的三角形

1687年，波兰天文学家约翰内斯·赫维留引入了一个较小的三角形，即小三角座，它由三角座旁边的三颗星星组成。赫维留将现有的三角座重新命名为大三角座，以区别于小三角座。小三角座曾出现在一些星图中，但后来被废弃了（另见第311页）。

对应的中国星座

在中国天文学中，三角座β星、三角座δ星和三角座γ星，是星官“天大将军”及其下属的一部分，天大将军的大部分星星位于仙女座。三角座α星是“军南门”，天大将军总部的南门（有一些说法将军南门的星星确定为仙女座 ϕ 星，但这似乎是错的，因为仙女座 ϕ 星不在天大将军南边，而三角座α星在南边）。

Triangulum Australe
— 南三角座 —

属格： Trianguli Australis

缩写： TrA

面积排名： 第83位

起源： 凯泽和德豪特曼的12个南天星座

南三角座是16世纪末由荷兰航海家彼得·德克松·凯泽和弗雷德里克·德豪特曼引入的12个星座之一，也是现代星座中面积最小的星座。1589年，荷兰人彼得鲁斯·普兰修斯在天球仪上的南船座南边刻画了一个南天的三角形，以及一个南十字，但它们的位置不是如今我们所知的南三角座和南十字座的位置。现代的南三角座是彼得鲁斯·普兰修斯于1598年首次在天球仪上描绘的，1603年首次出现在约翰·拜尔的《测天图》上。

南三角座的三颗星星比北天的三角座中的星星更亮，但星座本身却更小。航海家将南三角座最亮的星星命名为Atria（中文名三角形三），这是其学名Alpha Australis的缩写。

法国天文学家尼古拉·路易·德·拉卡耶在他于1756年绘制的南天平面天球图上将其称为le Triangle Austral ou le Niveau，意为南三角座或者水平仪（niveau的意思是水平仪），他甚至还附上了一个铅锤，表明他认为它代表测量员的水平仪。Niveau后来被拉丁化为libella，如此处《波德星图》所示。由于存在一些误读，历史学家理查德·欣克利·艾伦将所谓的“水平仪”转移到了

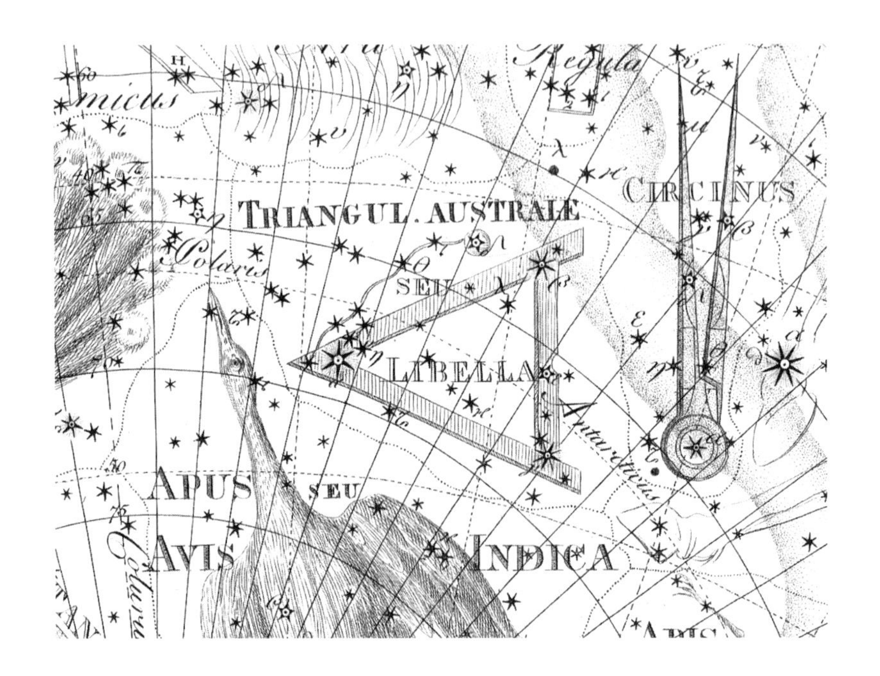

《波德星图》的第20幅图中，南三角座被写成了另一个名字Libella，意思是水平仪。波德效仿拉卡耶，刻画了一个附在三角形上的铅锤，从而表示它是测量员的水平仪。南三角座连同圆规座（在图片右侧）及 个正方形和直尺（矩尺座，在图片上方之外），在这部分天空构成了一组测量工具。（德意志博物馆收藏）

附近的矩尺座，并称其为“水平仪和正方形”（而不是直尺和正方形），从而迷惑了几代天文学家。

Tucana
—— 杜鹃座 ——
巨嘴鸟

属格：Tucanae

缩写：Tuc

面积排名：第48位

起源：凯泽和德豪特曼的12个南天星座

杜鹃座是由荷兰航海家彼得·德克松·凯泽和弗雷德里克·德豪特曼在

16世纪末引入的12个南天星座之一，代表南美的一种长着大嘴巴的鸟。

荷兰人彼得鲁斯·普兰修斯于1598年首次在天球仪上描绘它时，给它取名为Toucan，约翰·拜尔在1603年的星图中也是这样写的。但德豪特曼在1603年的星表中将其命名为Den Indiaenschen Exster, op Indies Lang ghenaemt（意为“印度喜鹊，在印度群岛叫Lang”，Lang指的是鸟的长喙）。德豪特曼描述的鸟显然不是巨嘴鸟，而是犀鸟，这是一种与巨嘴鸟类似的鸟，原产于东印度群岛和马来西亚。这表明，杜鹃座的最初创立者实际上是凯泽，他在前往东印度群岛之前曾去过南美洲，并且可能在那里看到了巨嘴鸟。在一些使用德豪特曼的星表作为资料来源的描述中，例如在威廉·扬松·布劳的1603年的天球仪上，这只鸟被描绘为犀鸟，而不是巨嘴鸟，它的喙的上方有盔突；但这个星座最初代表的是巨嘴鸟。

杜鹃座最亮的星星杜鹃座α星标示着鸟嘴的尖端，其星等只有3等，但这个星座有两个特别令人感兴趣的特征：第一个是球状星团杜鹃座47，它像恒星

《波德星图》的第20幅图中，杜鹃座所代表的鸟嘴里叼着一根带浆果的树枝。其尾巴后面是小麦哲伦云，它位于现代星座杜鹃座的边界内。（德意志博物馆收藏）

一样明亮，在全天的此类天体中排名第二；第二个是小麦哲伦云，我们银河系的两个伴星系中较小且较暗的那个。这两个特征最初是水蛇座的一部分，但法国天文学家尼古拉·路易·德·拉卡耶在18世纪50年代对南天的这部分区域进行重组时，这两个特征被转移到了杜鹃座中。

顺便说一句，"杜鹃座47"这个名字中的数字并不是弗拉姆斯蒂德星号；它来自约翰·波德的星表，这份星表与他的星图一起出版于1801年。最初，杜鹃座47被凯泽和德豪特曼记录为一颗恒星。拜尔在1603年的南天星图中展示了它，它位于巨嘴鸟的爪子下方，水蛇座的一段弯曲处；但一个半世纪后，它那模糊的外观才被拉卡耶首次注意到。不过，拉卡耶没有给它编号，只是将其标记为neb（拉丁语中"云"的缩写）。

杜鹃座的星星都没有被命名，也没有与之相关的传说。

Ursa Major
—— 大熊座 ——

属格： Ursae Majoris

缩写： UMa

面积排名： 第3位

起源： 托勒密在《天文学大成》中列出的48个希腊星座之一

希腊名： Ἄρκτος Μεγάλη

毫无疑问，整个天空中大家最熟悉的图案，就是由七颗星星组成的北斗七星的形状，它是全天第三大星座——大熊座的一部分。这七颗星星构成了熊的臀部和尾巴，而熊身体的其余部分则由较暗的星星组成。它在《天文学大成》中的希腊名是ρκτος εγάλη，Ursa Major是其拉丁名。

阿拉托斯称这个星座为λίκη，意思是盘旋者，显然，这是因为它绕着北天极旋转，而且古希腊人通过观察它来驾驶船只。例如，在《奥德赛》中，我们读到奥德修斯在向东航行时，让大熊座始终保持在自己的左边。另外，腓尼基人使用小熊座，阿拉托斯称其为Κυνόσουρα（拉丁文译为Cynosura）。阿拉托斯告诉我们，这些熊也被称为“马车”或“货运马车”，他在某一处将大熊座的形象描述为“拉车的熊”，以强调其双重身份。

荷马在《奥德赛》中提到“大熊，人们称之为马车，它在猎户座对面的天空中盘旋，从不在海中沐浴”，最后一句话是指它的“拱极”性质（永不下落）。它旁边的星座牧夫座，被想象为熊的牧人或拉车人。公元1世纪早期的格马尼库斯·恺撒似乎是最早提到第三种说法的人，这也是现在很常见的说法——他说熊也被称为犁，因为，正如他所写的，“犁的形状，最接近它们的星星组成的真实形状”。

根据希吉努斯的说法，罗马人称大熊为Septentrio，意思是“七头拉犁车的牛”，但他补充说，在古代，只有两颗星星被认为是牛，另外五颗星星构成了一辆犁车。在1524年的星图上，德国天文学家彼得·阿皮安（1495—1552）将大熊座描绘为三匹马组成的队伍，它们拉着一辆Plaustrum，这是罗马传统中的一种四轮车。septentrional这个词在拉丁语中常用作“北”的同义词。

在神话中，大熊有两个不同的角色：一是卡利斯托，宙斯的情人；二是阿德拉斯提亚，一位照顾婴儿宙斯的山林仙女。更复杂的是，每个故事都有好几个不同的版本，尤其是涉及卡利斯托的故事。

卡利斯托的故事

卡利斯托通常被认为是吕卡翁的女儿，吕卡翁是伯罗奔尼撒半岛中部阿卡迪亚的国王。（另一种说法是，她不是吕卡翁的女儿，而是吕卡翁的孙女。在这个版本中，吕卡翁之子代表武仙座，当他的女儿变成熊时，他跪下来，举起双手祈求众神。）

卡利斯托成为狩猎女神阿耳忒弥斯的随从中的一员。她穿戴着和阿耳忒弥斯一样的服饰，用白丝带扎头发，将胸针别在束腰外衣上，很快就成为阿耳忒弥斯最喜欢的狩猎伙伴；卡利斯托发誓要严守贞洁。一天下午，当卡利斯托放下弓，在一片阴凉的树林中休息时，宙斯看到了她并被迷住了。接下来发生的事情，奥维德在他的《变形记》第二卷中进行了详细的描述。宙斯狡猾地变化为阿耳忒弥斯的模样走进树林，毫无防备的卡利斯托热情地上前迎接。宙斯躺

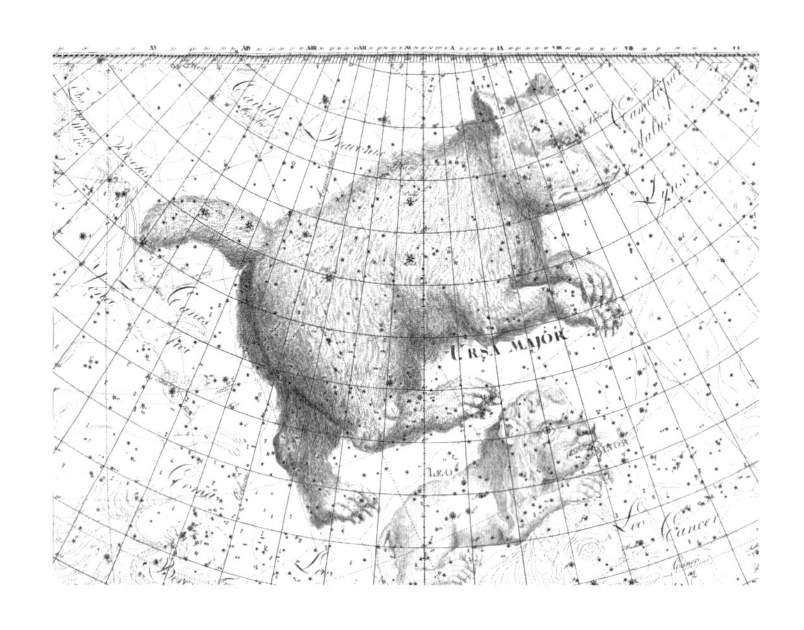

这是《波德星图》的第6幅图中的大熊座。我们熟悉的北斗七星由大熊身上和尾巴上的七颗星星组成。（德意志博物馆收藏）

在她身边拥抱了她。宙斯现出原形，卡利斯托大惊失色。尽管卡利斯托使劲挣扎，但宙斯还是强占了她。宙斯回到奥林匹斯山，留下卡利斯托一人，她羞愧难当，几乎无颜面对阿耳忒弥斯和其他仙女。

几个月后一个炎热的下午，狩猎队伍来到一条清凉的河边洗澡。阿耳忒弥斯脱去衣服，带她们进入水中，但卡利斯托退缩了。当她不情愿地脱掉衣服时，人们发现她已然怀孕。她违背了誓言！阿耳忒弥斯感到震惊，将卡利斯托赶走，再也不想看见她。

卡利斯托变成了一只熊

更糟糕的是，卡利斯托生下了一个儿子，名叫阿耳卡斯。宙斯的妻子赫拉很快就意识到了丈夫的不忠，决心报复她的情敌。赫拉骂骂咧咧地抓住卡利斯托的头发，将她拽倒在地。卡利斯托平躺在地上，胳膊和腿上长出了黑色的毛发，她的手和脚变成了爪子，被宙斯亲吻过的美丽的嘴巴变成了血盆大口，发出咆哮。

十五年来，卡利斯托都以熊的模样在林中漫游，但仍保持着人类的头脑。她自己曾是一名女猎手，现在却被猎人追捕。有一天，她迎面遇见了自己的儿子阿耳卡斯。卡利斯托认出了阿耳卡斯，试图接近他，但阿耳卡斯却吓得连连后退。如果不是宙斯送出一股旋风把他们带到天上，阿耳卡斯会因为不知道那是自己的母亲而用矛将熊刺死。在天空中，宙斯把卡利斯托变成了大熊座，把阿耳卡斯变成了牧夫座。

赫拉发现自己的情敌在群星中得到了荣耀，更加愤怒，于是她向自己的养父母海神忒梯斯和俄刻阿诺斯求助，并说服他们永远不让熊进入北方的水域。因此，从中北纬地区看，大熊座永远不会落到地平线以下。

这是大家最熟悉的神话版本，主要是由于奥维德很会讲故事；但还有其他版本的故事，其中有些比奥维德的故事更古老。例如，埃拉托色尼说，卡利斯托不是被赫拉变成了熊，而是被阿耳忒弥斯变成了熊，以惩罚她违背了坚守贞操的誓言。后来，卡利斯托和她的儿子阿耳卡斯在树林里被牧羊人抓获，牧羊人将他们作为礼物送给了吕卡翁国王。卡利斯托和阿耳卡斯在宙斯神庙寻求庇护，并不知道阿卡迪亚法律规定侵入神庙者死。（另一种说法是阿耳卡斯在狩猎时把熊追进了神殿，见第64页牧夫座。）为了拯救他们，宙斯把他们抓起来放在了天空中。

希腊神话学家阿波罗多洛斯说，宙斯把卡利斯托变成一只熊，为的是在他妻子赫拉面前掩饰他们的关系。但赫拉识破了诡计，将那只熊指给了阿耳忒弥斯，让她以为那是一只野兽，从而射杀了卡利斯托。宙斯悲伤地把熊的形象放在了天空中。

其他身份

阿拉托斯对大熊座做出了完全不同的解释。他说这只熊代表在克里特岛的狄克忒洞穴中抚养宙斯的仙女之一。顺便说一句，那个洞穴是一个真实存在的地方，当地人至今仍自豪地说那是宙斯的出生地。为了躲避父亲克洛诺斯，宙斯的母亲瑞亚将他偷运到克里特岛。克洛诺斯之前所有的孩子一出生就被他吞进了肚子，他生怕有一天孩子们会推翻自己——最终他确实被宙斯推翻了。阿波罗多洛斯将看护宙斯的仙女命名为阿德拉斯提亚和艾达，但其他人给她们起的是别的名字。艾达由旁边的小熊座代表。

这些仙女照顾了宙斯一年，而克里特岛的武士（被称为库雷特）守卫着洞穴，用长矛与盾牌相互撞击，以淹没婴儿的哭声，免得克洛诺斯听见。阿德拉斯提亚将婴儿宙斯放在一个黄金摇篮中，并为他制作了一只金色的球，它被抛向空中时会留下像流星一样的火热轨迹。宙斯和他的养兄弟潘一起喝母山羊阿玛尔忒亚的奶长大。宙斯后来将阿玛尔忒亚放在天空中，使其成为星星五车二，而阿德拉斯提亚则成为大熊——但阿拉托斯没有解释宙斯为何将她变成熊。

为什么是一只熊?

关于大熊座及其同伴小熊座，有一个持久的谜团，那就是为什么它们看起来完全不像熊，却被看作熊。天上这两只熊都有长长的尾巴，而真正的熊尾巴并不长，神话学家从未解释过这种解剖学上的奇怪现象。16世纪后期的英国天文学作家托马斯·胡德半开玩笑地提出了一个建议，他说宙斯把熊甩到天上时，把它们的尾巴拉长了。“其他原因我也想不出来。”他不好意思地补充说。

瑞典天文史学家彼得·布隆伯格提出，将这些星座证认为熊，是由于语言上的歧义。早期希腊人将天空的北部地区称为αρκτος，这个词既可以表示北方（如北极），也可以表示熊。布隆伯格认为，这个词最初用于代表前一种含义，而熊的含义是在公元1世纪被罗马人采用的，比托勒密在《天文学大成》中编纂星图早了一个世纪左右。如此说来，我们最熟悉和最喜爱的两个星座——大熊座与小熊座的身份是否有可能归因于一个简单的误解?

北斗星

北斗七星勺口的两颗星星——Dubhe（大熊座α星，中文名天枢）和Merak（大熊座β星，中文名天璇）通常被称为指针，因为它们的连线指示着北天极。Dubhe的名字来自阿拉伯语中的*al-dubb*，意思是熊，而Merak来自阿拉伯语中的*al-maraqq*，意思是侧面或腹股沟。熊尾巴尖上是大熊座η星，其名字Alkaid来自阿拉伯语中的*al-qa'id*，意思是领袖。另一个名字是Benetnasch，来自阿拉伯语中的*banat na'sh*，意思是送葬的女儿们，因为阿拉伯人认为这个星座形象不是熊，而是棺材。他们将熊的尾巴看作一列走在棺材前面的送葬者（"女儿们"）。同样，构成小熊座小斗的七颗星星被称为"送葬的小女儿"。

大熊座γ星是北斗七星勺口中的第三颗星星，其名字是Phecda，这个词来自阿拉伯语中的*fakhidh*，意思是大腿。大熊座δ星位于北斗七星勺口与勺柄相连的地方，名为Megrez，这个词来自阿拉伯语中的*maghriz*，意思是尾巴根。

开阳和辅

沿着大熊的尾巴来看，排在第二个的是很明显的双星——大熊座ζ星。视力敏锐的人能将组成双星的两个成员区分开，它们的名字分别是Mizar（中文名开阳）和Alcor（中文名辅）。在1524年的彼得·阿皮安星图上，它们被描绘成一匹马和骑手，这显然是遵循了德国的流行传统。Mizar这个名字是阿拉伯词语*al-maraqq*的变体，与Merak的名字同源。伴星Alcor得名于阿拉伯词语*al-jaun*的变体，意思是黑马或公牛。它与Alioth的名字同源，Alioth被用于沿着尾部的下一颗星星——大熊座ε星。Alcor这个名字首次出现在阿皮安出版于1524年的书中，六年后在他的《御用天文学》中绚丽的彩色平面天球图上再次出现时，被拼写为Alkor。

阿拉伯人对辅这颗星星使用的名字是*al-suha*，意思是"被忽视的人"。（托勒密显然忽略了它，因为他没有将这颗星星收录在《天文学大成》中。）10世纪的阿拉伯天文学家阿尔·苏菲指出，这颗星星被人们用来测试视力。他引用了阿拉伯谚语"我给他指*al-suha*，他却给我指月亮"，作为视力好坏的对比。眼科医生乔治·M. 波希吉安得出的结论是，能将开阳和辅区分开，相当于具有斯内伦视力表中20/20的视力。

大熊座的其他星星

除了著名的北斗七星外，还有三对星星标记大熊的脚。阿拉伯人把这些星星想象成一只跳跃的瞪羚的蹄印；根据阿拉伯民间传说，瞪羚听到狮子的尾巴撞到地面时会跳起来。大熊座ν星和大熊座ξ星（托勒密将其标记为熊的右后掌）被称为Alula Borealis和Alula Australis。Alula这个词来自一个阿拉伯语短语，意思是“第一次跳跃”；拉丁文名中加上了“北边”（Borealis）和“南边”（Australis），以此区分这两颗星星。第二次跳跃由大熊座λ星和大熊座μ星代表，二者名为Tania Borealis和Tania Australis；托勒密将这两颗星星描述为熊的左后掌。第三次跳跃（以及熊的左前掌）由大熊座ι星和大熊座κ星代表；大熊座ι星的名字是Talitha，这个词来自阿拉伯语，意思是“第三”，但大熊座κ星没有名字。

托勒密将27颗星星列为大熊座的成员，另外还有8颗星星被他视为位于星座之外（即未划定的星星）。其中两颗未划定的星星后来被约翰内斯·赫维留合并到他的新星座之一——猎犬座中，如今，它们被称为猎犬座α星和猎犬座β星。其他星星则成为赫维留创立的另一个星座——天猫座的一部分。

对应的中国星座

中国天文学家称犁头星为“北斗”（在人马座中还有个南斗）。北斗也被视为天帝的战车，它控制着天空，围绕着北天极旋转。北斗是西方人眼中为数不多的容易辨识的中国星官之一。七颗星星中的每一颗都有自己的名字：大熊座α星是“天枢”，天上的枢纽；大熊座β星是“天璇”，天上的美玉；大熊座γ星是“天玑”，天上闪耀的珍珠；大熊座δ星是“天权”，天上的秤；大熊座ε星是“玉衡”，玉制瞄准管；大熊座ζ星是“开阳”，热的开启者（季节调节器）；大熊座η星是“摇光”，闪耀的光。第八颗星星“辅”被视为天帝的助手或丞相；至于它是开阳的伴星还是附近另一颗暗弱的星星，存在着不同的看法。

天璇附近，包括大熊座36和大熊座44在内的六颗星星组成一个圈，被称为“天牢”，这是一座贵族监狱（平民监狱位于北冕座中），但有些星图[1]将这组星群放在大熊座ψ星以南。负责囚禁诸侯的审判官“天理”位于北斗七星的斗口内，由包括大熊座66在内的四颗暗星组成。

1 指《仪象考成》星图。——译注

大熊前腿和头上的六颗星星组成一个弧形，被称为“文昌”，它是行政中心，代表天府的六个官员或部门。至于究竟是哪六颗星星，人们的说法有所不同，但他们都认为其中包括大熊座υ星、大熊座 φ 星、大熊座θ星和大熊座15。

这片区域还有其他各种暗弱的中国星官，其身份难以确定。文昌北面是“三师”（原名三公），这是三颗星星，代表三位高级官员。“内阶”由六颗星星组成，代表文昌与北天极之间的台阶。中国人将天极周围的区域称为紫微垣。大熊座24是包围紫微垣的垣墙上的一颗星星。完整的垣墙从天龙座一直延伸到鹿豹座（有关紫微垣的更多信息，参见小熊座）。

北斗七星斗口的南边是两颗独立命名的单星：一颗叫作“太阳守”，通常被证认为大熊座χ星；而大熊座 ψ 星叫作“太尊”，代表皇室的亲戚或祖先。在大熊座南部，有三对星星被阿拉伯人想象成瞪羚跳跃的脚印，它们在中国被称为“三台”，要么通向行政中心文昌，要么是供天帝在天地之间穿行的台阶——从字面上看，从地上到天上，一共有三级台阶。

Ursa Minor
— 小熊座 —

属格： Ursae Minoris

缩写： UMi

面积排名： 第56位

起源： 托勒密在《天文学大成》中列出的48个希腊星座之一

希腊名： Ἄρκτος Μικρά

希腊人说小熊最早是由米利都的天文学家塔莱斯命名的，他生活在公元前625年到545年之间。最早提到它的人，似乎是公元前3世纪的诗人卡利马科斯，他说塔莱斯“测量出了马车上的小星星，腓尼基人靠它们航行”。在塔莱斯之前两个世纪，荷马显然不知道这只小熊的存在，因为他只写了大熊，从未提到过小熊。

目前尚不清楚塔莱斯是真的创立了这个星座，还是只是将它介绍给了希腊人，因为据说塔莱斯是一个腓尼基家族的后裔，正如卡利马科斯所说，腓尼基人是根据小熊座，而不是根据大熊座来导航的。阿拉托斯指出，虽然小熊比大熊更小、更暗，但它离北极点更近，因此可以更好地指示真正的北方。埃拉托色尼说，希腊人也称小熊座为Φοινίκη，即腓尼基人。在天空中，两只熊背靠背站着，面朝相反的方向，天龙的尾巴位于它们之间。

阿拉托斯称这个星座为Κυνόσουρα（拉丁语译名为Cynosura，库诺索拉），在希腊语中的意思是狗尾巴。英文单词cynosure就源于它，意思是引导星。在第谷·布拉赫于1602年出版的星表中，库诺索拉仍被用作小熊座的另一个名字。

根据阿拉托斯的说法，小熊代表在克里特岛的狄克忒洞穴里照顾婴儿宙斯的两个仙女之一。阿波罗多洛斯告诉我们，两个仙女的名字分别是阿德拉斯提

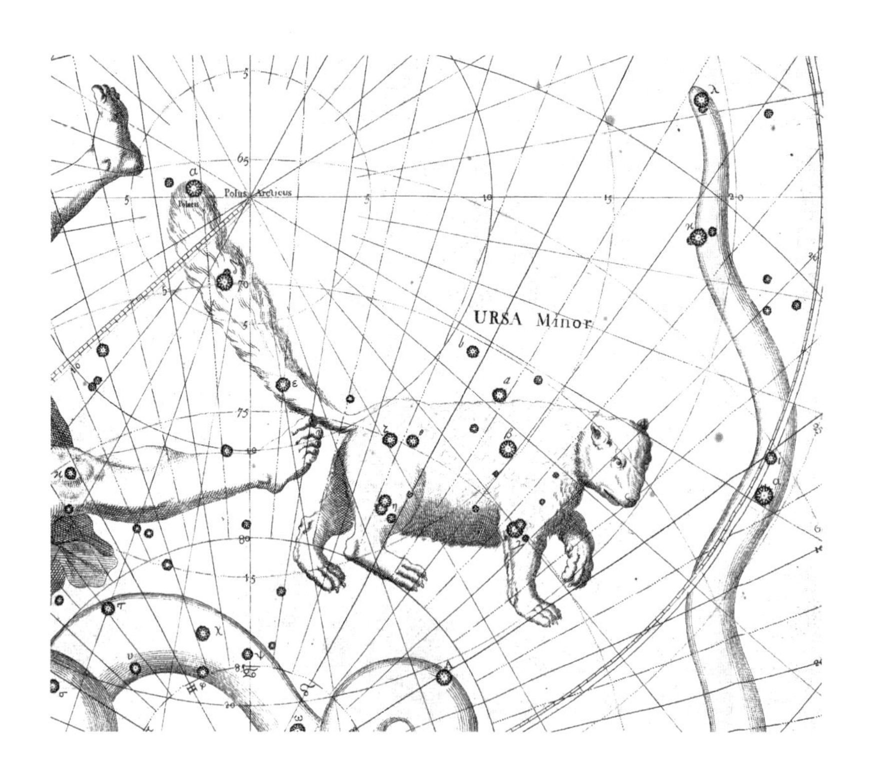

这是《弗拉姆斯蒂德星图》中的小熊座，北极星位于它那极其长的尾巴末端。（密歇根大学图书馆收藏）

亚和艾达。小熊座纪念的是艾达，而两个星座中更大的那一个——大熊座，纪念的是阿德拉斯提亚。

《天文学大成》中写的是小熊座的希腊名字Ἄρκτος Μικρά。托勒密将七颗星星归为小熊的一部分，四颗在身上，三颗在尾巴上；第八颗星星（现代名为小熊座5）也被列入其中，但被认为位于星座之外。这七颗星星与大熊座的北斗七星具有相似的勺子形状，因此通常被称为小北斗。小熊尾巴的末端（小北斗的斗柄）是小熊座α星，通常以拉丁名Polaris（北极星）而闻名，因为它目前是距离北天极最近的亮星，但并非一直如此。

北极星和北天极

在托勒密时代（公元2世纪），北天极附近没有亮星。我们如今称之为北极星的那颗星星，当时距离北天极大约有11度。帝星（小熊座β星）离北天极更近，距离北天极只有几度。然而，在随后的几个世纪里，岁差的影响慢慢地将北天极移向了小熊座α星。

根据德国星名专家保罗·库尼奇的说法，第一次在印刷品中使用stella polaris（北极星）这个名字的，是1492年在威尼斯出版的阿方西内星表。（阿方西内星表是托勒密《天文学大成》的一个更新版本，于1260年前后在西班牙托莱多根据“智者”阿方索国王的命令编写而成。星表第一版是在1483年印刷的，而早期的副本只有手稿形式。）北极星这个名字也出现在1493年由约翰内斯·斯托夫勒（1452—1531）制作的天球仪上，以及16世纪早期斯托夫勒和彼得鲁斯·阿皮亚努斯的著作中。那时，北极星距离北天极约3.5度，是现在距离的五倍，但它显然已经被接纳为极星。在此之前，距离极点最近的星星是鹿豹座的5等星——斯特鲁韦1694（又名HR 4893）。

和大家认为的相反，北极星并不是特别明亮。它的星等实际上是2.0等，排在肉眼可见的前50颗最亮恒星的列表末尾。目前它与北天极的距离不到1度，近得足以使它成为航海者绝佳的导航星。北极星将在公元2100年前后到达最接近北天极的位置，届时它与北天极的距离将小于0.5度。在那之后，岁差会同样无情地将它再次移走，远离北天极。

小熊座的其他星星

小熊尾巴上的第二颗星星——小熊座δ星名叫Yildun，这是土耳其语*yildiz*的拼写错误，意思是星星。根据星名专家保罗·库尼奇的说法，它在文艺复兴时期被错误地认为是极星的土耳其语名称，此后被任意应用于最接近真正极星的恒星上。

10世纪的阿拉伯天文学家阿尔·苏菲在其《恒星之书》中指出，阿拉伯人将小熊座的七颗星星称作*Banāt Na'sh al-Ṣugrha*，意思是“送葬的小女儿”。构成熊身体的四颗星星是*na'sh*（棺材），而构成熊尾巴的三颗星星是*banāt*（女儿）。大熊座中构成北斗七星的七颗星星被称为“送葬的大女儿”。阿尔·苏菲还提到了一个阿拉伯传统，认为构成小熊尾巴的那串星星，代表鱼*al-fa's*的一侧。另一侧由更暗的星星组成，包括如今的小熊座4和小熊座5，以及位于鹿豹座的斯特鲁韦1694；如上所述，最后那颗星星是当时的极星。

小北斗勺口的两颗星星——小熊座β星和小熊座γ星有时被称为北极卫士或北极守护者。阿拉伯人称他们为*al-Farḳadain*，意思是“两只小牛”。其中较暗的小熊座γ星现在被称为Pherkad，这个词来自阿拉伯语中的*al-Farḳadain*，而较亮的小熊座β星被称为Kochab。保罗·库尼奇无法追溯这个名字的来源，但认为它可能来自阿拉伯语中的*kaukab*，意思是星星。

对应的中国星座

在中国古代，北天极区域因其字面上的关键位置而具有巨大的象征意义，反映了皇帝在地球上的中央权威。包括小熊座以及鹿豹座、天龙座、仙王座和仙后座在内的区域，被中国人称为紫微垣。环绕它的是15颗星星，分为东、西垣墙两部分。东垣始于如今的天龙座，穿过仙王座，进入仙后座；而西垣则位于天龙座、大熊座和鹿豹座。

在这个中央区域内，住着天帝和他的直系亲属，由五颗星星组成的弧形被称为“北极”，代表北极办公室。五颗星星依次如下：太子（小熊座γ星）；帝（小熊座β星），被描述为“集团中最红、最亮的星”；庶子，即妃子之子（小熊座5）；后宫，即贵妃或皇后（小熊座4）。在这组星星的末端，越过鹿豹座的边界，是斯特鲁韦1694；这颗星星被称为天枢，或者叫纽星，它离天极最近，因此在当时虽然星等只有5等，却充当着极星的角色。顺应这片区域的主题，小熊座南部和天龙座的六颗暗星组成了天帝的床“天床”。

尽管中国天文学家没有辨识出如今我们所知的小斗，但他们确实有一个类似的北斗形状，叫作“勾陈”，由小熊座ζ星、小熊座ε星、小熊座δ星和小熊座α星，以及仙王座中另外两颗没有字母编号的星星组成。勾陈所代表的含义尚不清楚，有人将其描述为皇后、皇帝的住所，或者六位将军。

勾陈包括如今的北极星，但在中国古代并不为人所知。通常而言，中国人称这颗星星为“天皇大帝”，它代表天上的大帝或天上的至高神，指的是终极的天神——很可能地上的皇帝就是受他之命掌管人间。然而，孙小淳和基斯特梅克在他们的《中国汉代星空》一书中提出，这个名字实际上并不直接用于北极星，而是指一颗更暗的星星，甚至是它附近的一片空白区域，因为终极的神应该是神秘的，是人们看不见的。

Vela
—— 船帆座 ——

属格： Velorum

缩写： Vel

面积排名： 第32位

起源： 原始希腊星座的一部分

法国天文学家尼古拉·路易·德·拉卡耶在其1756年的南天星表中，将超大的希腊星座南船座划分为三部分，船帆座是其中之一。在最早的星表中，他给船帆座起了个法语名称Voilure du Navire，在1763年的最终星表中，这个星座名被拉丁化为Vela。

船帆座代表南船座的船帆，南船座的另外两部分是船底座（代表龙骨）和船尾座（代表船尾）。拉卡耶写道：“我把船外边缘和水平桅杆之间的部分都称作船帆座。”

拉卡耶不仅拆分了南船座，还对星座中的星星重新做了标记，因为他对拜尔早先的安排感到不满。但他仍然只用一组希腊字母来标示整个南船的三部分。结果，船帆座中没有被标记为α或β的星星，因为这两个字母被分配给了船底座中最亮的两颗星星。对于每个星座中较暗的星星，拉卡耶转而使用罗马字母，包括小写字母和大写字母。

船帆座最亮的星星是船帆座γ星，它是双星，星等为2等。船帆座δ星和船帆座κ星，以及旁边的船底座ε星和船底座ι星，组成了一个十字形，被称为假十字；它虽然比真正的南十字更大、更暗，但有时会被误认为是南十字座。

对应的中国星座

船帆座的五颗星星组成中国星官“天稷”，代表五谷之神后稷的庙宇。稷本身就是指小米，这是中国古代的主要农作物。然而，其中所涉及的具体星星尚不确定。

在这片遥远的南方天区，其他中国星官的不确定性更大。其中之一就是“天社”，天上的祭坛。在中国寓言中，天社代表供奉后土之神句龙的祭坛。有一种说法将其六颗星星证认为船帆座γ星、船帆座b、船帆座o星、船帆座δ星、船帆座κ星和船帆座N。然而，孙小淳和基斯特梅克认为，天社是从船底座χ星开始，经船帆座γ星，曲折到达船尾座。第三种说法将天社限定在船尾座中。另一个有问题的星官是“器府”，代表一座乐器仓库，它由32颗星星组成，其中大部分星星位于半人马座，但也可能会溢到船帆座中。

船帆座北部的两三颗星星，包括船帆座q和船帆座i，构成了横跨唧筒座边界的“东瓯”的一部分。这个星官以中国沿海的一个地方命名，据说那里是蛮族居住之处。

在这片天区，有一颗星星被称为“天记”，代表一个评估员，负责评估动物是否长到了能被宰杀献祭的大小。这颗星星已被证认为船帆座λ星[1]或长蛇座

1　此为清代的版本。——译注

12；第二种证认更有可能是对的，因为它更靠近长蛇座天区的厨房“外厨”，那里是屠宰动物的地方。

Virgo
—— 室女座 ——

属格： Virginis
缩写： Vir
面积排名： 第2位
起源： 托勒密在《天文学大成》中列出的48个希腊星座之一
希腊名： Παρθένος

室女座是全天第二大星座，其大小仅次于更暗弱的长蛇座。希腊人称这个星座为Παρθένος，这是托勒密在《天文学大成》中给它起的名字。她通常被

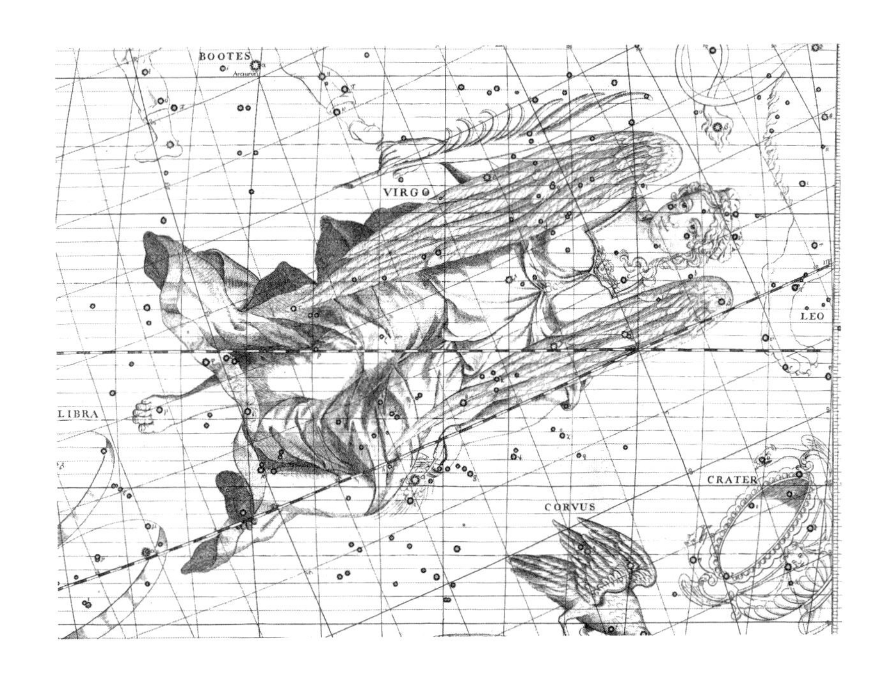

这是《弗拉姆斯蒂德星图》中的室女座。她右手拿着一枝棕榈叶，左手拿着一根麦穗，麦穗上有一颗亮星角宿一。（密歇根大学图书馆收藏）

认为是正义女神戴克，宙斯和忒弥斯的女儿；有时她也被认为是阿斯特雷亚，阿斯特赖俄斯（星辰之父）和厄俄斯（黎明女神）的女儿。室女座被描绘成长着翅膀的样子，让人联想到天使，她左手拿着麦穗（角宿一）。

戴克在一个描绘人类道德沦丧的故事中扮演公正的观察者。这是希腊和罗马神话学家最喜欢的故事，它的主题在今天听来仍然很熟悉。

当克洛诺斯统治着奥林匹斯山时，戴克应该生活在人类的黄金时代。那是一个和平与幸福的时代，四季常青，粮食不耕而长，人类长生不老。人们像神一样生活，不知道工作、悲伤、犯罪或战争为何物。戴克在他们中间穿梭，传授智慧和正义。

然后，当宙斯在奥林匹斯山推翻他的父亲克洛诺斯时，白银时代开始了，这个时代不如刚刚过去的时代。在白银时代，宙斯缩短了春天，并引入了一年一度的季节循环。在这个时代，人类争吵不休，不再敬拜神明。戴克渴望过去那田园诗般的日子。她召集了人类，严厉地斥责他们背弃了祖先的理想。“更糟的还在后面。”她警告他们。然后她张开翅膀，回归山林，抛弃了人类。最终青铜时代和黑铁时代到来，人类陷入了暴力、盗窃和战争。戴克再也无法忍受人类的罪恶，抛弃地球，飞上了天空。直到今天，她仍一直待在天秤旁边，天秤座被一些人视为正义的天平。

其他身份

还有其他女神可以代表室女座的身份。一位是玉米女神得墨忒尔，她是克洛诺斯和瑞亚的女儿。她与其兄弟宙斯生了一个女儿，名叫佩耳塞福涅（也称科尔，意思是少女）。如果不是她叔叔——冥界之神哈得斯有一天趁她在西西里的海娜采花时绑架了她，佩耳塞福涅可能永远是处女。哈得斯将她拖上由四匹黑马拉着的战车，与她一起驰骋到他的地下王国，在那里她迫不得已成了王后。

得墨忒尔在大地上搜寻她失踪的女儿，但没有成功，她诅咒西西里岛的田地，导致庄稼歉收。在绝望中，她询问从不下落的大熊看到了什么，但由于绑架发生在白天，大熊把她转介给太阳，太阳终于将真相告诉了得墨忒尔。

得墨忒尔愤怒地与佩耳塞福涅的父亲宙斯对峙，并要求他命令他兄弟哈得斯将女孩归还。宙斯同意试试，但已经来不及了，因为佩耳塞福涅在冥界吃了一些石榴籽，一旦吃了那里的东西就永远无法回到人间。最终双方达成了妥协，佩耳塞福涅一年中有一半（有人说三分之一）的时间与她的丈夫在冥界度过，其余的时间则与她的母亲在地上度过。显然，这是一个关于季节变化的寓言。

埃拉托色尼提出了其他的说法，认为室女座可能是叙利亚生育女神阿塔耳伽提斯，她有时被描绘成手持玉米穗的样子。但这似乎是一个错误，因为阿塔耳伽提斯被认为代表双鱼座。希吉努斯认为室女座是伊卡里俄斯的女儿厄里戈涅，这种说法更合理，厄里戈涅在她父亲去世后上吊自杀。在这个故事中，伊卡里俄斯变成了北邻室女座的牧夫座，伊卡里俄斯的狗迈拉变成了星星南河三（见第63页牧夫座和第81页小犬座）。

埃拉托色尼和希吉努斯都认为，幸运女神梯刻是室女座的另一个身份；但梯刻通常被描绘成手持丰收号角（聚宝盆）的样子，而不是手持麦穗。

室女座的星星

在天空中，玉米穗由1等星Spica（中文名角宿一）代表，这是一个拉丁名，意思是“谷物的穗”。这颗星星在希腊语中的名字Στάχυς的含义也一样。阿拉伯人称它为*al-Sunbula*，意思是耳朵（来自希腊人想象的玉米穗），或称它为*al-Simāk al-A'zal*，意思是“手无寸铁的*Simāk*”。这第二个名字与他们给大角星起的名字*al-Simāk al-rāmiḥ*形成对比，后者的意思是“手拿长矛的*Simāk*”。根据亚利桑那大学的丹妮尔·亚当斯的说法，大角星和角宿一被称为两个擎天者，因为它们在最高点时似乎支撑着天空。波德在他的星图集上将这颗星星标记为Spica和Azimech，这是*al-Simāk*的变体。

室女座β星被称为Zavijava，它来自阿拉伯语名称，意思是角度；在《天文学大成》中，托勒密将这颗星星定位在室女座左翅膀的顶部。室女座γ星也位于其左翅膀上，以罗马女神的名字被命名为波里玛（中文名东上相，太微左垣二）。根据奥维德在《岁时记》中的说法，波里玛和她的妹妹波斯特威耳塔是女先知卡耳门塔的姐妹或同伴。波里玛歌唱往事，而波斯特威耳塔歌唱即将发生的事情。

位于室女座右翅膀上的室女座ε星，被命名为Vindemiatrix，这个词来自拉丁语，意思是葡萄采集者或酿酒师，因为每年8月太阳升起前它第一次出现在天空中，就意味着葡萄丰收季开始了。奥维德在《岁时记》中告诉我们，这颗星星纪念的是一个名叫阿姆培洛斯（在希腊语中的意思是藤蔓）的男孩，他深受酒神狄俄尼索斯喜爱。在从一棵缠绕着榆树的藤蔓上摘葡萄时，阿姆培洛斯从树枝上掉下来摔死了；狄俄尼索斯将他放在了群星之间。这颗星星最初的希腊名是Προτρυγητήρ，与拉丁语中的意思相同，也是指采摘葡萄的人。这颗星星作为日历星的重要性，体现在它是阿拉托斯命名的少数几颗星星之一；它是一颗3等星，比其他星星暗得多。

秋分点

顺便说一句，室女座包含秋分点，即每年的9月22日或23日太阳从北向南穿过天赤道的点。在古代，秋分点位于天秤座，因此秋分点有时仍被称为the first point of Libra（天秤座第一点）。然而，由于岁差的影响，秋分点在公元前730年前后从天秤座进入如今的室女座中。它还会继续移动，最终将在公元2439年到达狮子座。

对应的中国星座

在中国天文学中，室女座北部是一个名叫“太微垣”的区域的一部分，这是天帝的宫廷或宫殿，枢密院官员在那里会面，讨论行政和法律事务。这座宫殿包括后发座和狮子座的部分区域。太微垣本身并不是一个星官，而是一片天区，其中描绘了具有共同主题的事件或人物。太微垣有东、西两面垣墙，每面垣墙都用五颗顺次相连的星星标出。左垣（东垣）始于室女座η星，向北经过室女座γ星、室女座δ星和室女座ε星，到达后发座α星。另一面垣墙从室女座β星开始，经过狮子座，在狮子座δ星结束。在太微垣内，我们如今称为室女座“碗”的区域，许多暗弱的星星被用来代表一群官员和达官贵人，例如“三公”（三颗星星，代表三位大臣的席位）、“九卿”（九位大臣的席位，但它仅由三颗星星组成）和宫廷招待员“谒者”，谒者由一颗星星代表，可能是室女座16。

室女座α星和室女座ζ星组成“角”，也就是东方苍龙的角。角宿是中国二十八宿中的第一宿。由于黄道在角的两颗星星之间穿过，因此这对星星被视为通往太阳、月亮和行星的门户（中国天空中有许多这样的门户）。令人困惑的是，角宿二以南的两颗星星——室女座53和室女座69，也被描述为天上的大门，但它们几乎与黄道平行排列，因此太阳无法从它们之间穿过。

与角宿一和室女座ζ星之间的连线成直角的另外两颗星星，身份不确定，但靠近黄道；它们组成了星官“平道”，即一条平坦而笔直的道路，它通往太阳、月亮和行星。在其右边的星星（可能是室女座θ星）被称为“进贤”，代表有杰出成就的人被推荐，从而获得荣誉或奖赏。在室女座ζ星以北，有两颗星星（可能是室女座τ星以及室女座78或室女座σ星）组成了“天田”，即天上的田地，天帝每年春天播种前都会在那里犁地。

室女座λ星、室女座κ星、室女座ι星和室女座φ星组成了“亢”，即东方苍龙的脖子，亢宿是二十八宿中第二宿的名字。亢还以另一种与中国社会关系更密切的方式被形象化，被作为管理各种内政的政府部门。亢附近是“亢池”，代表一座有帆船的湖。根据孙小淳和基斯特梅克的说法，亢池最初由室女座110、室女座109和室女座μ星以及其他三颗位于天秤座的星星组成。然而，随着时间的推移，它向北移动，先是变成了跨越室女座和牧夫座边界的六颗星星，最后变成了仅在牧夫座中的四颗暗星。

Volans
—— 飞鱼座 ——

属格：Volantis

缩写：Vol

面积排名：第76位

起源：凯泽和德豪特曼的12个南天星座

飞鱼座是16世纪末由荷兰航海家彼得·德克松·凯泽和弗雷德里克·德

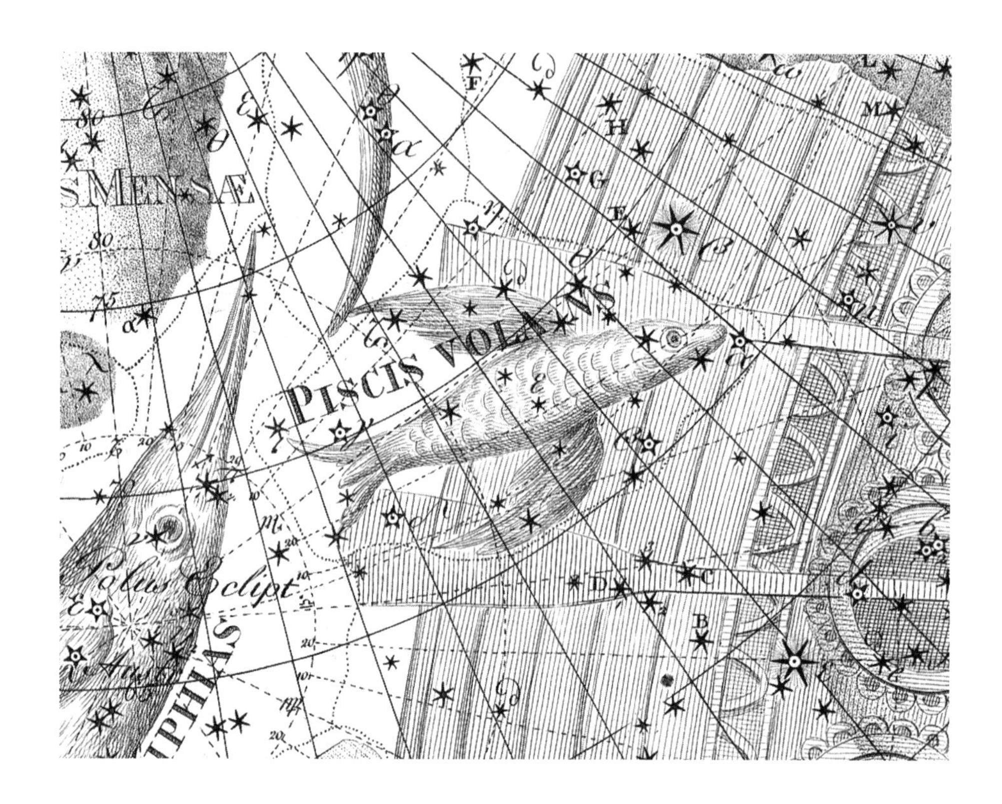

《波德星图》的第20幅图中，飞鱼座使用的是最初的名字Piscis Volans，它正在南船的一侧跳跃。（德意志博物馆收藏）

豪特曼引入的12个新星座之一。飞鱼座代表一种在热带水域中发现的真实鱼类，它们可以跃出水面，并用翅膀在空中滑翔。有时，这些鱼会落在船的甲板上，最终成为人们的食物。在天空中，飞鱼被想象成正在被掠食性的剑鱼追逐（见第125页）的样子，这和现实中的情况一样。

1598年，荷兰制图师彼得鲁斯·普兰修斯首次在天球仪上描绘了这个星座，名字写的是Vliegendenvis。拜尔在1603年称其为Piscis Volans，这个拉丁名称直到19世纪中叶才广为人知。1844年，英国天文学家约翰·赫歇尔提议将其缩短为Volans。弗朗西斯·贝利在1845年的《英国天文协会星表》中采纳了这一建议，此后它一直被称为Volans。

飞鱼座中最亮的星星只有4等，没有星星被命名，也没有与之相关的传说。

Vulpecula
—— 狐狸座 ——

属格： Vulpeculae

缩写： Vul

面积排名： 第55位

起源： 约翰内斯·赫维留的7个星座

狐狸座是波兰天文学家约翰内斯·赫维留于1687年引入的一个星座，他将其描绘为一只嘴里叼着大雁的狐狸。后来，大雁飞走了（或被吃掉了），只留下狐狸。赫维留将狐狸放在另外两种狩猎动物——鹰（天鹰座）和秃鹫（天琴座的另一种身份）附近。他解释说，狐狸正把大雁带到旁边的地狱犬那里，地狱犬座是赫维留创立的另一个星座——但这样一个大场景的这一部分已经被破坏了，因为地狱犬座现已废弃不用（见第285页）。

赫维留本人对这个星座命名的说法有些不一致。在星表中，他将这对组合命名为“狐狸与大雁座”，但在星图上，他将它们分别写为“狐狸座”和“大雁座”。弗拉姆斯蒂德等其他人更喜欢稍加修改后的名字“狐狸与雁座”。

狐狸座中没有被命名的星星，也没有星座传说。星座中最亮的星星是4.4等的狐狸座α星，它是狐狸座中唯一一个有希腊字母的星星，这个字母是由弗朗西斯·贝利在1845年的《英国天文协会星表》中分配的。贝利在星表中将星座名缩短为Vulpecula。

狐狸座因哑铃星云而闻名，哑铃星云是一个行星状星云，由一颗垂死的恒星抛出的气体组成。哑铃星云的名字来源于其双瓣结构，在长时间曝光的照片上看，它就像一只杠铃。

在狐狸座与天箭座的边界上，有一个名为布罗基星团的星群，它还有一个更为流行的名字——衣架星团，这是因为它具有独特的条钩形状。衣架星团由十颗5等及更暗的星星组成，在良好的条件下肉眼可见；阿拉伯天文学家阿尔·苏菲在他于公元964年所著的《恒星之书》中首次提到了它。

狐狸座当中的星星，没有一颗出现在中国的星座系统中，但它们确实曾短

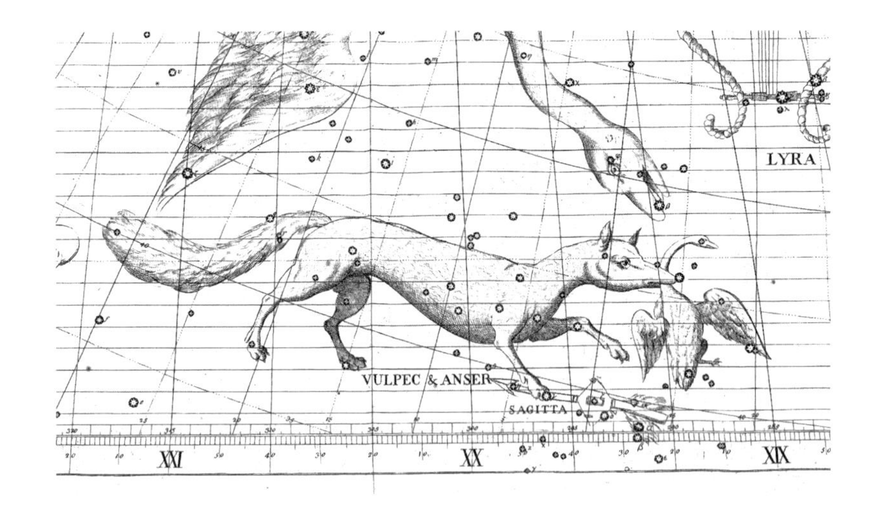

这是《弗拉姆斯蒂德星图》中的狐狸与大雁座。“狐狸与雁”是英国传统的酒吧名字。（密歇根大学图书馆收藏）

暂地构成了如今已被废弃的星座——底格里斯河座的一部分。底格里斯河座是17世纪早期由荷兰天文学家彼得鲁斯·普兰修斯创立的星座。

Milky Way
银河

银河当然不是一个星座，而是一道穿过天空的微弱光带，它由无数遥远的星星组成。阿拉托斯写道，天空“被一条宽阔的带子劈开”，他称之为Γάλα（希腊语中的牛奶）。埃拉托色尼称它为Κύκλος Γαλαξίας，即牛奶圈。托勒密在《天文学大成》中将其名字写为γαλακτίας。

罗马作家马尼利乌斯将银河比作一艘船的发光尾迹。奥维德在他的《变形记》中将其描述为一条道路，两旁是众神显赫的房屋——他称之为“高空中的帕拉蒂诺区”。[1]据说，众神沿着这条路前往宙斯的宫殿。

1 帕拉蒂诺为罗马七山之一，奥古斯都曾在此建造宫殿。

埃拉托色尼告诉我们，银河是宙斯对他妻子赫拉要花招的结果，这样她就可以给宙斯的私生子赫拉克勒斯哺乳，从而使他长生不死。在赫拉熟睡时，赫尔墨斯将婴儿赫拉克勒斯放在赫拉胸前，但当她醒来并意识到婴儿是谁时——也许是因为他吮吸的力量——她把他推开，乳汁喷向天空，形成了银河。

马尼利乌斯列出了当时流行的对银河的各种解释，包括科学的解释和神话的解释。有一种说法说它是两半天空的接缝处，也可能与之相反，两半天空像天花板上的裂缝一样分开，让外面的光线能进来。马尼利乌斯说，它还有可能是以前太阳走过的路径，现在，天空烧焦的地方被灰覆盖着。一些人认为，这可能标志着法厄同乘坐太阳神赫利俄斯的战车穿越天空、点燃天空时所经过的路线（参见第133—136页波江座）。另外，马尼利乌斯说它可能是一团微弱的星星，这是公元前5世纪希腊哲学家德谟克利特的想法，如今我们知道，他是对的。最后，在一条准宗教性质的注释中，马尼利乌斯说，银河可能是升天英雄的灵魂居所。

银河的一个常见阿拉伯语术语是*darb al-tabbānah*，即稻草之路，让人联想到农民从田间归来时一路掉下稻草的画面。中世纪的阿拉伯人将银河称作*al-madjarra*，这个词的意思是“拉过某些东西的地方”，例如马车轨道。似乎在望远镜问世之前，像阿尔·比鲁尼（973—1048）这样的阿拉伯科学家就已经将银河的真实性质理解为遥远的一团星星了。

对应的中国星座

在中国天文学中，银河是一道天河。天鹅座的九颗星星，包括天津四，代表河上的渡口“天津”，渡口处的水似乎特别浅；之所以这样，是因为我们银河系的旋臂中有一道被称为“银河大暗隙”的暗云遮蔽了这片区域的一部分银河。

Aurora
—— 极光 ——

奥维德在《变形记》中写道：“在深红色的东方，黎明的曙光将她闪亮的大门敞开，房间里满是玫瑰。”这就是我们在英国艺术家赫伯特·詹姆斯·德雷珀的画中所看到的场景。

奥萝拉是罗马的曙光女神（在希腊传说中相当于厄俄斯），但在天文学中，她的名字与北极光和南极光有关。

1616年，伽利略·伽利雷第一个将aurora这个名字应用于这一现象。后来，当库克船长等探险家在18世纪70年代首次远航南半球时，人们意识到，就像北方有极光一样，南方也有极光，所以出现了南极光和北极光之分。

因此，北极光一词实际上是指北方的曙光。这是一个很好的描述，因为处于英格兰等地所在的纬度，通常只能在北方地平线上看到极光的顶部，它就像假曙光一样。

在希腊神话中，厄俄斯是太阳神赫利俄斯的妹妹，她每天早上为太阳神赫利俄斯打开天堂之门，晚上为妹妹——月亮女神塞勒涅打开大门。据说她是晨星（金星的俗称）等众星的母亲。神话学家用“玫瑰色的手指”和“番红花长袍”来描述她，指的是黎明天空的粉红色调。她一度是俄里翁的情人。

如今我们知道，极光是来自太阳的粒子在两极周围高层大气中产生的辉光。但在罗马时代，极光被解释为灾难的预兆，类似于彗星，甚至比彗星更糟。公元1世纪的罗马作家老普林尼如此描述极光：“对人类来说，没有比这更可怕的灾难的预兆，天空中的火焰似乎随着血雨降临地球。”

这种描述乍一看可能令人费解，因为极光的颜色主要是绿色；但处于更偏南的纬度，比如地中海地区，在北部地平线上方只能看到极光上部的红色部分。红色在最强的极光中尤为突出，而且只在地中海这样靠南的地方才能被看到。

血红色的极光不可避免地会引起人们对战争和死亡的恐惧，但它也可能被误认为是火光。据说，在提比略皇帝（古罗马第二代皇帝）统治期间（公元14—37），罗马消防队犯了这样的错误，他们以为奥斯蒂亚港口着火了，赶紧冲了过去。但实际上那是一道红色的极光。在较近的时代，1938年1月有一次大极光，它让消防队在整个欧洲飞奔，寻找向南远至奥地利和瑞士的假想火灾。

极北地区的人们有很多关于极光的传说。在瑞典空间物理研究所已故的英格丽德·桑达尔的网站上，可以看到许多有趣的内容：

https://spider.irf.se/norrsken/Norrsken_history.html

第四章

废弃的星座

非天文学家经常对废弃星座的概念感到困惑——当然，星座要么存在，要么不存在。然而，我们在星星中看到的图案纯粹是人类想象力的产物，因此人类可以随意修改那些图案——而在17世纪和18世纪星图绘制的鼎盛时期，天文学家确实就是这样随意修改的。

这一章里描述的星座，是那些出于某种原因不再被天文学家认可的星座中的一部分，不过我们还能在旧星图中找到它们。我只介绍了那些至少达到了某种流行程度的星座，因为，一位天文学家为了成名或是为了讨好他的赞助人而创立的星座，可以被随意地引入，却被其他人完全忽略。例如，1754年，英国博物学家约翰·希尔（1714—1775）在他的天文学词典中引入了15个新星座，这些星座被塞进现有星座形象之间的空隙里，它们代表的是各种不吸引人的生物，包括蟾蜍、水蛭、蜘蛛、蚯蚓和蛞蝓。希尔是一位著名的讽刺作家，他可能一直试图对天文学家开一个玩笑，一个从未流行起来的玩笑。（顺便说一句，底波拉·吉恩·沃纳在她的经典著作《探索的天空》中，将希尔的星座总数写为13个，她漏掉了鳗鱼座和帽贝座。）

有些受雇的天文学家为了让他们的国王或政府永垂不朽，在天空中引入了几个星座，他们通常是希望以此推动自己的事业。1627年，奥格斯堡的德国天文学家尤利乌斯·席勒（约1580—1627）试图在他那名为《基督星图》的星图集中用圣经人物填满整片天空，例如，改用十二使徒来代表人们熟悉的黄道十二星座。这些对天空进行的政治化和基督教化的尝试，遭到了其他天文学家的拒绝。

Antinous
— 安提诺俄斯座 —

安提诺俄斯是罗马皇帝哈德良宠爱的男孩，他是一个真实存在的人物，而不是神话人物，尽管这个故事读起来像小说。安提诺俄斯于公元110年出生在如今位于土耳其西北部博卢附近的拜锡安城。当时这个地区是罗马的一个行省，据说，哈德良在一次正式访问期间遇到了安提诺俄斯。哈德良是第一位公开自己同性恋身份的罗马皇帝，他被这个男孩迷住了，把他培养成了自己永远的伴侣。

然而，哈德良的幸福并没持续多久。公元130年，安提诺俄斯在一次二溯尼罗河而上的旅行中溺水身亡，溺水地在如今的埃及马拉维镇附近。据说有神谕曾预言，皇帝会遇到危险，免于危险的办法是牺牲自己最喜爱的对象，安提诺俄斯意识到自己正好合适。

无论那次溺水是意外、自杀，还是祭祀仪式，哈德良都为此伤心欲绝。他在溺水地附近建了一座名为安蒂诺波利斯的城市，宣布安提诺俄斯为神，并在天空中用天鹰座南边的星星纪念他，那些星星以前从未被认为是任何星座的一部分。

托勒密的《天文学大成》中提及安提诺俄斯，称它是天鹰座的一部分，尽管它不包含在48个经典希腊星座中。托勒密在尼罗河口的亚历山大港工作，在发生著名的溺水事件后大约20年，他编写了《天文学大成》，因此他肯定知道这个故事；事实上，他可能应哈德良的要求，参与了创立这个星座的工作。

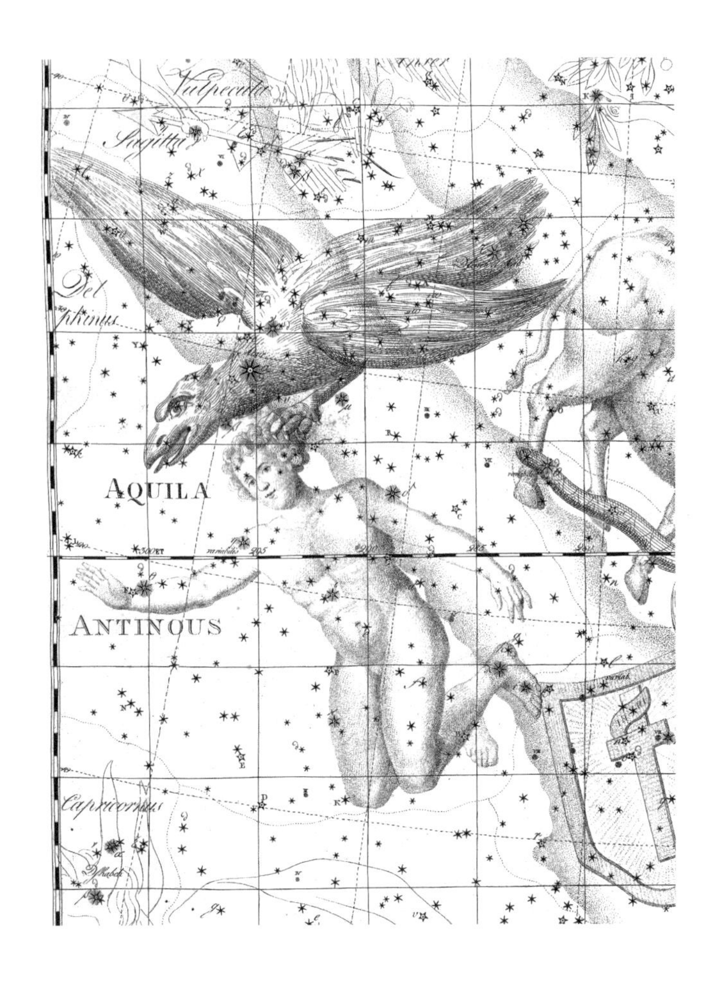

《波德星图》的第9幅图中，安提诺俄斯被天鹰的爪子抓着。在这里，上方的鹰以一个相当尴尬的视角呈现。然而，托勒密在《天文学大成》中的描述清楚地表明，鹰应该被想象成好像从下面看到的那样，即约翰·弗拉姆斯蒂德在他经典而正确的星图上展示的那样，尽管他没画安提诺俄斯。（德意志博物馆收藏）

据托勒密说，安提诺俄斯座由六颗3等到5等的星星组成，我们现在称它们为天鹰座η星、天鹰座θ星、天鹰座δ星、天鹰座ι星、天鹰座κ星和天鹰座λ星。在1515年的阿尔布雷希特·丢勒星图上，可以看到这六颗星星。

1536年，德国数学家、制图师卡斯帕·沃佩尔在一座天球仪上首次描绘了这个星座。1551年，赫拉尔杜斯·墨卡托在天球仪上再次展示了它。第谷·布拉赫在1602年的星表中将它列为一个单独的星座，从此它被人们广泛接受，直到19世纪，安提诺俄斯座的星星最终被合并到天鹰座中。

约翰·拜尔展示的安提诺俄斯座被天鹰的爪子抓着，波德在其星图中也是这样描绘的。然而，在其他星图上，安提诺俄斯座似乎是在自由飞行，就像一位年轻的神一样。赫维留为他配备了弓箭，或许象征着他参与了哈德良在利比亚猎杀食人马鲁西亚狮的行动。由于安提诺俄斯的位置在天鹰座下方，人们有时会把他跟另一位少年搞混。另一位少年叫甘尼米德，他被宙斯的鹰带走了，他代表的是宝瓶座。

Argo Navis
—— 南船座 ——
阿尔戈号船

南船座（希腊语为Ἀργώ）是一个没有被废弃但被拆分的星座。它是希腊天文学家已知的48个星座之一，由托勒密在《天文学大成》中列出，但18世纪的天文学家发现它又大又笨重，因此将其分成了三部分：船底座，指龙骨、船身；船尾座，指船的尾部；船帆座，指船帆。如果把这三部分重新组合在一起，它最终的面积将比目前全天最大的星座长蛇座大近28%。

现代的罗盘座占据了桅杆旁边的一片区域，但它不被视为原始南船座的一部分。1844年，英国天文学家约翰·赫歇尔提议，用南船座的第四个分区取代罗盘座，他称其为船桅座，但这个建议并未被广泛采用。

阿尔戈号的航行

南船座代表一艘有50支桨的帆船，伊阿宋和阿尔戈号船员乘着它航行，从科尔基斯（位于如今黑海东岸的格鲁吉亚）取回金羊毛。顺便说一句，这种羊毛来自一只公羊，如今公羊由白羊座代表。

伊阿宋是希腊东部伊俄尔科斯王位的合法继承人。但在伊阿宋还是个孩子的时候，王位就被他狂妄的叔叔珀利阿斯夺走了，伊阿宋似乎没有机会继承它。伊阿宋长大成人后，珀利阿斯骗他说，如果他能从科尔基斯那里取回金羊

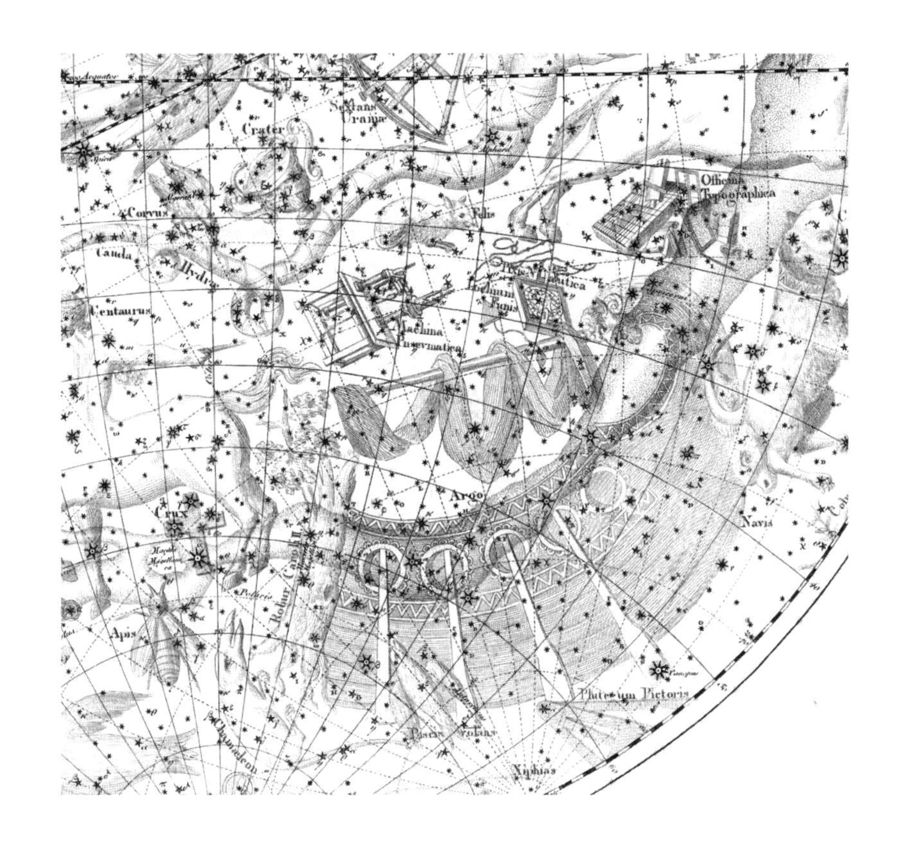

《波德星图》的第2幅图中，南船座占据着南天这片拥挤的区域。其中一片桨叶上是明亮的老人星，如今它属于船底座。船头通常被想象为消失在撞岩之间，或消失在银河的迷雾中，但这里的岩石被查理橡树（波德将其命名为Robur Caroli Ⅱ）取代，这是一个如今已被废弃的星座，由埃德蒙·哈雷创立。与其他版本对南船座的描绘有所不同，这个版本中没有从船体升起的主桅杆，包裹着帆的桅杆似乎从船尾露出来。由于南船座相当大，制图师很难在一张图上完整地画下它。波德的这次尝试可能是最好的。（德意志博物馆收藏）

毛，自己就放弃王位。这是一趟2 000多英里的往返旅程，珀利阿斯暗暗希望伊阿宋能在途中丧命。

首先，伊阿宋需要一艘能够进行这趟史诗般航行的船。伊阿宋将造船任务委托给阿尔古司，并以他的名字给船命名。阿尔古司在女神雅典娜的监督下，使用附近佩利翁山的木材，在帕伽塞湾（现代的沃洛斯）建造了这艘船。

雅典娜在船头安装了一根来自希腊西北部多多那宙斯神谕所的橡木横梁。这片地区与附近的科孚岛一样，曾经以橡树林而闻名，后来造船厂将橡木伐光了。作为神谕所的一部分，这根橡木梁会说话，在阿尔戈号离开港口时，它就呼唤着要采取行动了。

伊阿宋带了50位最伟大的希腊英雄，其中包括双胞胎卡斯托和波吕克斯、音乐家俄耳甫斯以及造船者阿尔古司。甚至赫拉克勒斯也暂停了手头的工作，加入进来。

罗德岛的阿波罗尼俄斯写下了这艘船往返科尔基斯的史诗般的故事，他将阿尔戈号描述为有史以来用桨在大海中航行得最好的船。即使在波涛最汹涌的海面上，阿尔戈号的螺栓也能将木板牢牢地固定在一起；当船员们拉桨时，船就像在风前面笑着奔跑似的航行。艾萨克·牛顿认为，黄道十二宫对阿尔戈号航行故事做了纪念，但很难看出其中有什么联系。

阿尔戈号船员在途中面临的最大危险之一是撞岩，它像一对推拉门一样守卫着黑海的入口，将过往的船只压碎。当阿尔戈号船员沿着博斯普鲁斯海峡划船时，他们可以听到可怕的岩石撞击声和海浪的轰鸣声。阿尔戈号船员放出一只鸽子，看着它在前面飞。岩石撞在鸽子身上时，夹掉了它的尾羽，但鸽子还是过去了。当岩石再次分开时，阿尔戈船员们用尽全力划船。雅典娜的神圣之手适时推动船只穿过了岩石，就在岩石再次撞在一起时，阿尔戈号船尾的吉祥物被夹掉了。阿尔戈号成为第一艘通过岩石挑战并幸存下来的船。此后，撞岩仍然稳如磐石。

安全进入黑海之后，伊阿宋和阿尔戈号的英雄们立即前往科尔基斯。他们从埃厄忒斯国王那里偷走了金羊毛，然后绕道返回希腊。他们返回后，伊阿宋将阿尔戈号留在科林斯的海滩上，并将其献给海神波塞冬。

埃拉托色尼说，这个星座代表有史以来建造的第一艘远洋船，罗马作家马尼利乌斯对此表示赞同。然而，这种说法肯定是错的，因为第一艘船实际上是由达那俄斯建造的，他有50个女儿（统称为达那伊得斯）。他在造船过程中得到了雅典娜的帮助，船造好后他和女儿们一起驾着它从利比亚航行到了阿耳戈斯。

天空中的阿尔戈号

阿尔戈号只有船尾出现在天空中。天体制图师将船被截断的原因解释为船头消失在了一片薄雾之中（如阿拉托斯所描述的那样），或是船在撞岩间穿行（如拜尔的星图集所示）。罗伯特·格雷夫斯讲了另一种解释：伊阿宋晚年回到科林斯，他坐在阿尔戈号腐烂的废船下，回想着过去的事情。就在这时，船头那根腐烂的横梁掉下来，砸死了他。波塞冬随后将船的其余部分放置在群星之间。不过，希吉努斯说，当这艘船首次下水时，雅典娜将阿尔戈号放在了星辰之中，但他没说船头发生了什么变故。

法国天文学家尼古拉·路易·德·拉卡耶在1756年出版的南天星表中首次将阿尔戈号一分为三，现在，它被永久地拆解开了。拉卡耶在其星表注释中写道："我将阿尔戈号分为三部分——船尾、船底和船帆。"罗盘座也是拉卡耶在这片区域引入的，但他将其单独列在自己创立的14个新星座中，因此罗盘座不被视为阿尔戈号的一部分，当然，偶尔也会有不同的说法。

不过，仍有人呼吁将南船座拼合起来。对于拜尔给南船座的星星分配希腊字母的方式，拉卡耶感到不满，于是决定改弦更张。不过，他只使用了一个希腊字母序列，从α到ω，就好像南船座整体仍然是一个星座一样。南船座最亮的两颗星星被赋予了α星和β星的名称，它们位于船底座中；因此，船尾座或船帆座中都没有标记为α或β的星星。同样，船尾座中最亮的星星是ζ星，船帆座中最亮的星星是γ星，但没有船底座ζ星或船底座γ星。

Cerberus
—— 地狱犬座 ——

地狱犬刻耳柏罗斯是三头怪物，它守卫着冥界的大门，阻止生者进入，阻止死者离开。赫拉克勒斯的十二项任务中的最后一项，也是最危险的一项，就是被派往冥界捕捉这头可怕的野兽（见第147页）。赫拉克勒斯赤手空拳将它从冥界的黑暗中拖到地上，它不习惯地上的光亮，扭动身体进行反抗。约翰内斯·赫维留在1687年的星表和星图集中将纪念这一壮举的星座添加到天空中，其中描绘了赫拉克勒斯伸出手抓住地狱犬的场景。

地狱犬座由四颗星星组成，这四颗星星如今被我们称为武仙座93、武仙座95、武仙座102和武仙座109（理查德·欣克利·艾伦错误地把武仙座96也辨认成了地狱犬座的成员）。尽管在神话中，刻耳柏罗斯被认为是一只三头犬，但赫维留和后来所有的制图师都用三颗蛇头来描绘它。

赫维留描绘的地狱犬，取代了约翰·拜尔所描绘的另一种形象——金苹果树的树枝。拜尔描绘的金苹果树枝位于赫拉克勒斯手中，由10颗星星组成。（顺便说一句，理查德·欣克利·艾伦在其著作《星名的传说与含义》中说，拜尔称苹果枝为Ramus Pomifer，但我在拜尔的《测天图》中找不到这样的提法；相反，Ramus Pomifer这个名字似乎是在亚历山大·贾米森的1822年星图的第8页中才开始出现的。）

大约在1721年前后，埃德蒙·哈雷的朋友，英国制图师兼雕刻师约翰·塞尼克斯（1678—1740）将地狱犬与拜尔的苹果树枝相结合，形成了地狱犬与苹果树枝座。这个组合图形最初出现在塞尼克斯的北天星图上，这份星图是他根据哈雷的星表完成的，当时，哈雷未经弗拉姆斯蒂德同意，拿到了其星表数据并擅自出版。约翰·波德随后在1801年的《波德星图》上以Cerberus et Ramus

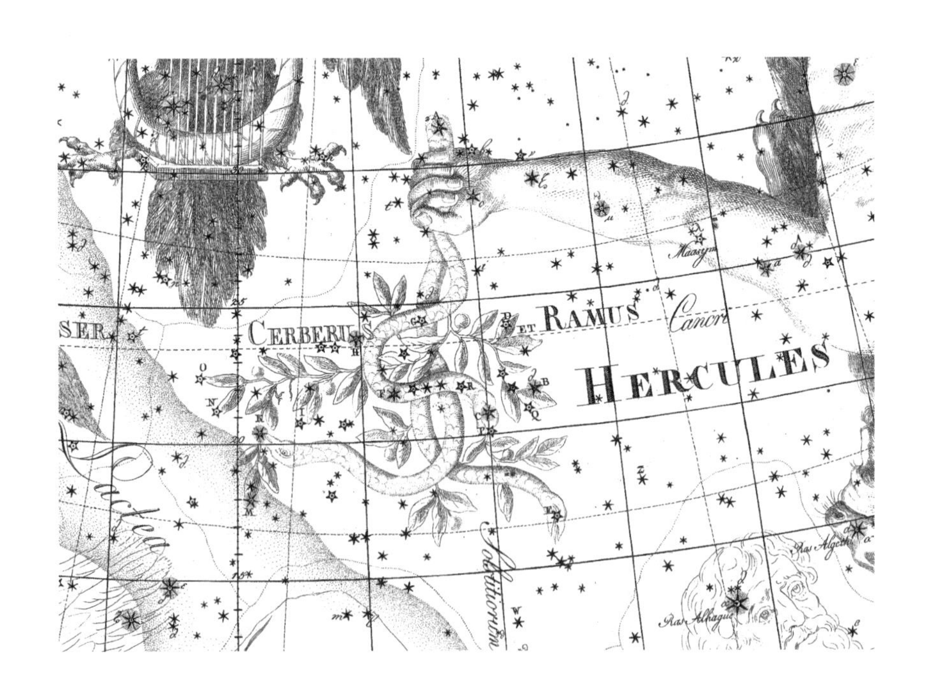

《波德星图》的第8幅图中，地狱犬与苹果树枝座呈现为三头蛇缠绕在苹果树枝上的样子。（德意志博物馆收藏）

的名字展示了地狱犬和苹果树枝，如图所示。然而，弗拉姆斯蒂德自己的武仙座星图，发表在1729年的《弗拉姆斯蒂德星图》中，上面既不包括地狱犬，也不包括苹果树枝。取而代之的是，赫拉克勒斯手上只抓了一团稀薄的空气。

Custos Messium
—— 彗星猎人座 ——

这个非常靠北的北天星座，是由法国天文学家约瑟夫·热罗姆·德·拉朗德于1775年在他的天球仪上引入的，他在随附的一份名为《关于新天球与

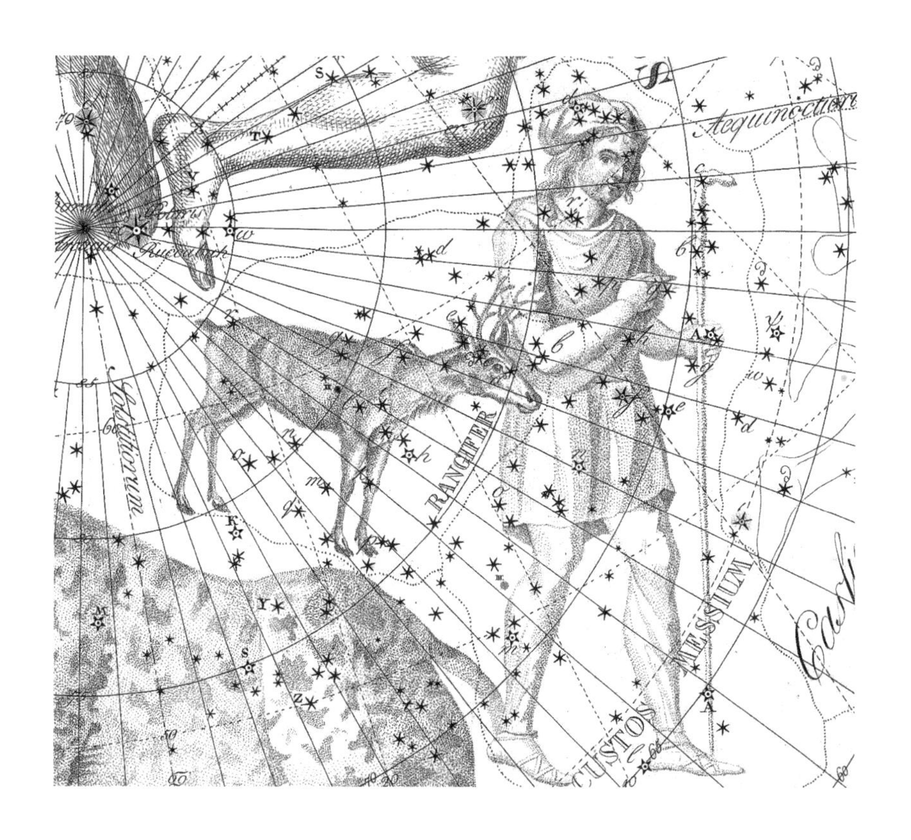

《波德星图》的第3幅图中，彗星猎人座位于另一个已被废弃的星座——驯鹿座旁边。彗星猎人被描绘成一个质朴的人物形象，左手拿着牧羊人的拐杖，右手神秘地指向仙后座的右脚。这个手势有什么隐藏的含义吗？（德意志博物馆收藏）

地球仪的说明》的小册子中对这个星座进行了描述。彗星猎人这个名字一语双关，拉朗德所指的是他的同胞——著名的彗星猎人夏尔·梅西叶，事实上，这个星座通常被简称为梅西叶座，特别是法国人会用这个简称。彗星猎人座中最亮的星星现在被称为仙后座50，星等为4等。

彗星猎人座如今位于仙王座和鹿豹座之间、仙后座北部，旁边是另一个后来被废弃的星座——驯鹿座。拉朗德之所以选择这片以前不为人知的天区，是因为1774年的彗星（现在称为C/1774 P1）是在这片区域首次被看到的。梅西叶对这颗彗星进行了长期观测，但具有讽刺意味的是，他并没有看见这颗彗星，发现者实际上是另一位法国人雅克·蒙泰涅。

英国科学家托马斯·杨（1773—1829）在其1807年发表于《自然哲学与机械工艺课程》一书中的北天星图上，将这个星座更名为“葡萄园守护者”，但即便这样也不足以增加它的吸引力。彗星猎人座日渐沉寂，最终默默无闻。

Felis
—— 家猫座 ——

家猫座是1799年由法国天文学家约瑟夫·热罗姆·德·拉朗德创立的，它由北边的长蛇座和南边的唧筒座之间散布的一些暗星组成。拉朗德本人并没有在任何天球仪或星图上描绘过这个星座，只是把它推荐给了约翰·波德；约翰·波德首次在1801年的《波德星图》第19幅图中展示了这个星座。家猫座中最亮的星星只有5等，如今属于长蛇座。

拉朗德为波德的星图集和星表提供了许多恒星位置信息，包括这片天区的恒星位置，拉朗德认为，这项工作也赋予了他提出一些新星座的权利。正如拉朗德在他的《天文学简史》中所说的那样：“天空中已经有33只动物了，我加上了第34只——家猫。”他说他的灵感来自克劳德-安托万·盖约特-德舍比尔新写的一首关于猫的诗。

美国历史学家理查德·欣克利·艾伦在其著作《星名的传说与含义》中引用了拉朗德的话：“我非常喜欢猫。我会让这个形象在星图上留痕。星空在我的生活中已经够让我担心的了，所以现在我可以拿它开玩笑了。”艾伦没给出这一说法的任何出处，但他的来源可能是路德维希·伊德勒的《星名由来及意义探析》（柏林，1809）第367页（感谢荷兰乌得勒支大学的罗伯特·范根特告知这一信息。）

原始引文（不完全是德语）来自拉朗德的一封信，这封信出现在《通用地理星历表》第3卷（1799）的第623页，比较完整且准确的翻译如下：

“我在船（南船座）和杯子（巨爵座）之间插入了一个新的星座，一只猫……我非常喜欢这些动物……我会把它刻在海图上；满天星斗的天空在我的生活中已经让我够累了（那时他已经60多岁了），现在我可以尽情享受它了。”

事实证明，其他天文学家并不太容易感受到猫的魅力，这只猫最终消失在了夜色中。不过，我们还是能找到它存在过的一丝痕迹。一颗位于猫身上的5等星，被波德标记为小写字母c，后来被赋予编号HR 3923；2018年，国际天文学联合会将这颗星星命名为Felis。自此，拉朗德纪念这只猫的愿望终于得到了正式认可。

《波德星图》的第19幅图中，家猫座是一只脾气暴躁的猫。它蹲在长蛇座（上方）蜿蜒的身体下，其下方是唧筒座，右下角是罗盘座。（德意志博物馆收藏）

Gallus
—— 公鸡座 ——

公鸡座是由荷兰神学家、制图师彼得鲁斯·普兰修斯设立的，1612年首次出现在他的天球仪上。它位于银河中，在天赤道以南，如今的船尾座北边。

十二年后，公鸡座首次出现在德国天文学家雅各布·巴尔奇的著作《恒星平面天球图的天文学应用》的星图上。巴尔奇热衷于寻找有关星座的《圣经》参考资料，他在随附的文字中说，公鸡座代表在彼得三次否认耶稣后打鸣的公鸡。这是否真的是普兰修斯的意图，我们不得而知，因为普兰修斯没有留下任何记录。更重要的是，巴尔奇甚至不知道普兰修斯是公鸡座的创立者。巴尔奇第一次看到公鸡座，是在他的同胞艾萨克·哈布雷希特于1621年制作的天球仪上，他错误地将这个星座的创立归功于哈布雷希特。1628年，哈布雷希特在他的著作《天图和地图》中呈现了另一个版本的公鸡座。

公鸡座被笨拙地放置在一片已被南船座船尾占据的区域，因此很多余。后来的天文学家，如约翰内斯·赫维留，将其中的星星归还给了南船座，公鸡座很快就被人们遗忘了。

Globus Aerostaticus
—— 热气球座 ——

这个星座于1801年首次出现在约翰·波德的星图集上，但它是1798年法国天文学家约瑟夫·热罗姆·德·拉朗德向波德提议设立的，拉朗德想纪念的是18世纪80年代蒙戈尔菲耶兄弟发明的热气球。气球飘浮在黄道星座摩羯座南边的天空中，紧挨着南鱼座的尾巴。拉朗德在他的《天文学简史》中回忆说，尼古拉·路易·德·拉卡耶曾将科学仪器和艺术工具放置在南天的星星中，并解释道："我认为法国人最伟大的发明也应该有一席之地。"

1798年8月，在德国哥达举行的国际天文大会上，拉朗德向波德提出了自己的建议。波德接受了拉朗德的想法，但也借此机会提出了自己的星座——印

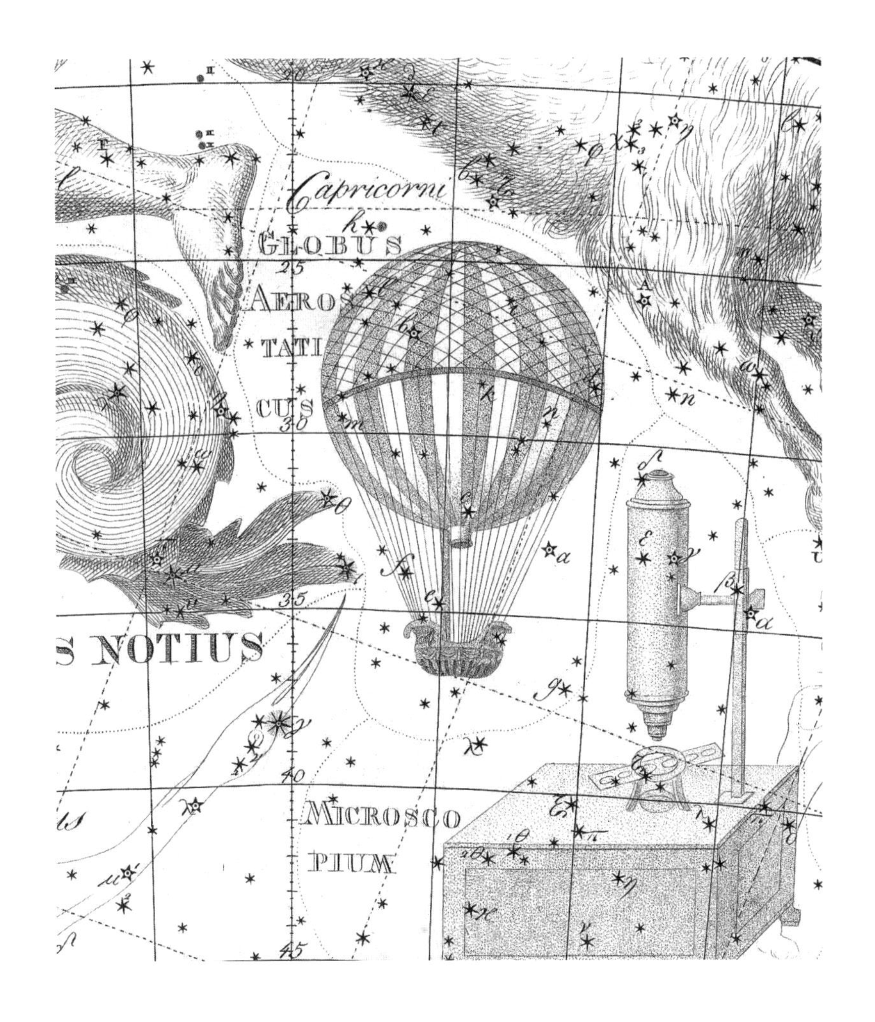

《波德星图》的第16幅图中，热气球座带着一只篮子升上天空。气球的左边是南鱼座的尾巴，右下方是显微镜座，上方是摩羯座。（德意志博物馆收藏）

刷室座，用以纪念古滕贝格发明的印刷机。在哥达会议期间，波德已经画完了星图集的第15幅图。热气球座出现在第16幅图上，印刷室座出现在第18幅图上。历史表明，印刷机比热气球更具影响力，但二者都不是得到公认的星座。

波德在《波德星图》（上图）上用小写字母“a”（但看起来像希腊字母）来标记热气球座中最亮的星星，它的星等只有4.7等。这颗星星最初被弗拉姆斯蒂德编录为南鱼座的一部分。此后，它被转移到旁边的显微镜座，叫作显微镜座ε星；波德的显微镜座ε星（上图右侧）如今没有字母编号。

Harpa Georgii
乔治竖琴座

出生于匈牙利的维也纳天文台台长马克西米利安·黑尔（1720—1792）在1789年引入了这个星座，星座名为Psalterium Georgianum，即“乔治的竖琴”这里的竖琴指一种形式古老的竖琴。引入这个星座，旨在纪念威廉·赫歇尔的赞助人英国国王乔治三世；1781年，赫歇尔发现了天王星。

天上的这架竖琴，位于金牛座的前蹄下方、波江座的一个拐弯上方。它首次出现在黑尔的一份名为《星星之间的空中纪念碑》的特别出版物上，这

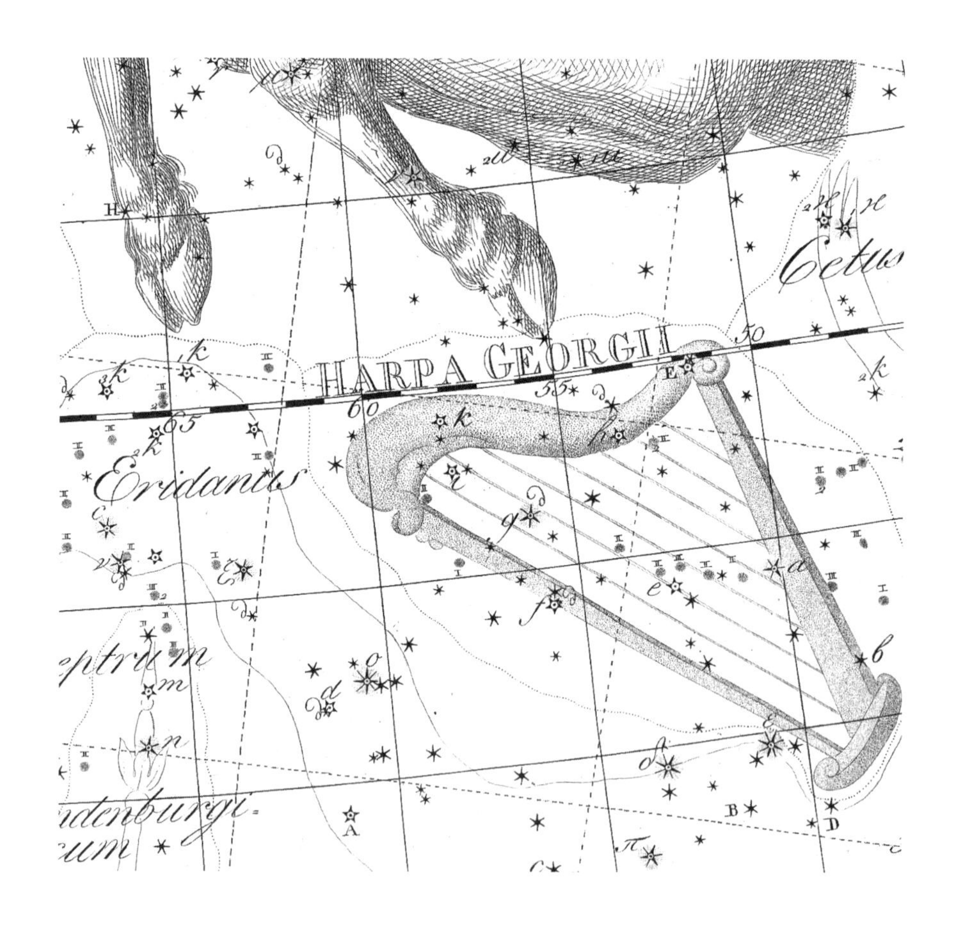

《波德星图》的第12幅图中，乔治竖琴座挤在金牛座的左蹄（上）、鲸鱼座的嘴巴（右上）和波江座（下）之间。（德意志博物馆收藏）

份出版物用于宣布乔治竖琴座和他创立的另外两个纪念威廉・赫歇尔望远镜的星座。

约翰・波德在1801年的《波德星图》上采用了黑尔的新星座，将其名称简化为Harpa Georgii。波德将其描述为一种形式更现代化的竖琴，并调整了竖琴的角度，以使其更好地适配周围的星座（见上页图）。几十年后乔治竖琴座从天空中消失，在此之前，这是它最广为人知的形象。

乔治竖琴座中最亮的星星被黑尔标记为γ，被波德标记为E，如今它的编号是金牛座10，星等为4.3等，几乎正好位于天赤道上。乔治竖琴座的其他主要星星，如今是波江座北部的一部分。

Honores Friderici
—— 腓特烈荣誉座 ——

这是约翰・波德于1787年引入的一个星座，用以纪念前一年去世的普鲁士国王腓特烈大帝。关于这个新星座的公告，发表在波德自己的《天文年鉴》（1787）中，随后他在柏林的《皇家科学院纪念文集暨优秀论文集》（1792年）中对其进行了描述，给出了星图。

波德最初以德语名称Friedrichs Ehre来称呼它，这个名字可以翻译为“荣耀”或“荣誉”，前者是更古老的用法，但波德在1801年的《波德星图》中将这个名称拉丁化为Honores Friderici。它在其他星图集上的名字写法包括Gloria Frederici和Frederici Honores，它们都有同样的含义。

这个星座挤在仙女座伸出的右臂和赫维留创立的蝎虎座之间，其中大部分星星位于如今的仙女座，但波德还从北边的仙后座、仙王座以及南边的飞马座中借用了一些星星。腓特烈荣誉座中最亮的成员，如今被称作仙女座ο星、仙女座λ星和仙女座κ星，它们都是4等星。

1679年，法国人奥古斯丁・鲁瓦耶在这片天区放上了自己创立的权杖座，它代表法国的权杖和正义之手，用以纪念法国国王路易十四。这两个星座都没能幸存下来。

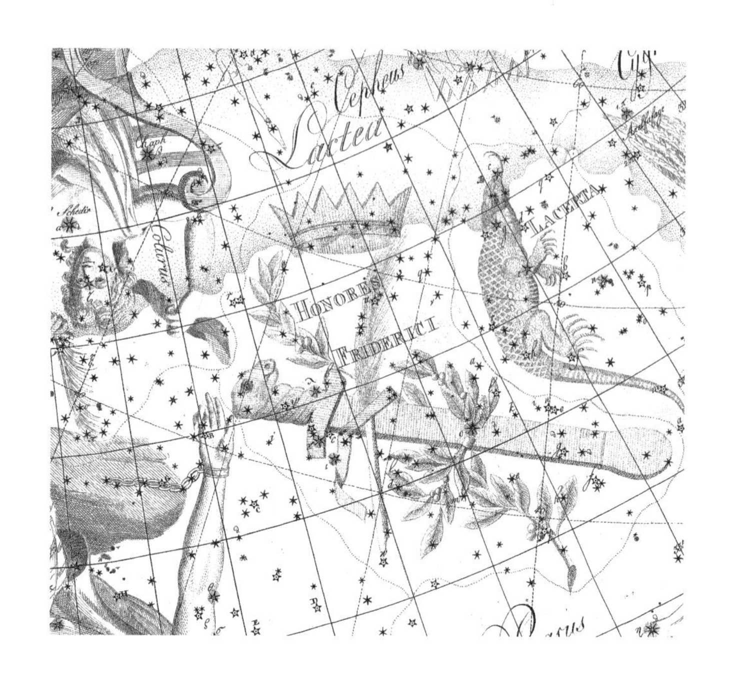

《波德星图》的第4幅图中，腓特烈荣誉座位于蝎虎座旁边。它由一把缠绕着月桂树的礼仪剑、一支羽毛笔和一顶高耸的王冠组成，象征着普鲁士国王腓特烈是英雄、圣人、和平使者。（德意志博物馆收藏）

Jordanus
— 约旦河座 —

约旦河座也被称为Jordanus Fluvius或Jordanis，代表约旦河。它是荷兰人彼得鲁斯·普兰修斯于1612年在他的天球仪上引入的星座。这条河始于大熊的尾巴下方（如今在猎犬座的位置）。

巴尔奇解释说，这条河有两个源头，分别是约河和旦河，但并非所有星图都以这种方式进行展示，包括他自己的星图。巴尔奇的导师艾萨克·哈布雷希特于1628年完成了一项工作，如图所示。哈布雷希特此前在1621年的天球仪上描绘了约旦河座和普兰修斯新设立的其他几个星座，巴尔奇最早从那里得知了这些星座的存在。

约旦河座以大熊座的尾部（那里现在属于猎犬座）为起始，流经大熊和狮子之间的区域（这片区域如今被赫维留后续创立的小狮座和天猫座占据着），

约旦河座在大熊座的脚下流动，如1666年版的艾萨克·哈布雷希特著作《天图和地图》所示，该书最初于1628年出版。左侧两道水流汇合处的亮星名为查理之心，如今位于猎犬座中。（柏林ECHO收藏）

约翰·路德维希·安德烈在1724年的平面天球图上颠倒了约旦河座的流向，将它的两个源头置于大熊的头和鹿豹座之间，末端置于大熊尾巴之下。

在普兰修斯创立的另一个星座——鹿豹座处终结。德国地球仪制造商约翰·路德维希·安德烈（1667—1725）在1724年的平面天球图上颠倒了这条河的流向，将它的两个源头放置在熊头旁边。

18世纪，当赫维留在这片区域引入了猎犬座、小狮座和天猫座之后，约旦河座就被人们遗忘了，波德在星图中也没有展示它。

Lochium Funis
—— 测速绳座 ——
原木和线绳

这是约翰·波德在1801年的《波德星图》中添加到南天的星座，代表航海原木和用于测量海上航行速度及距离的线。它盘绕在罗盘座周围，而罗盘座是法国人尼古拉·路易·德·拉卡耶先前创立的星座。该装置由一块加重的扁平木头（原木）组成，连接到一根长绳上，绳子上打着结；实际操作时，水手们将原木扔到船外，用沙漏计时，计算半分钟内放出的结数。

波德将罗盘座和测速绳座视为一个组合形象；在星图上，波德将它们都划在同一星座边界内，并在随附的星表中将二者的星星列在了一起。正如波德所说，原木测出了船的速度，而罗盘给出了关于航行方向的信息。

拉卡耶的罗盘座仍然存在，但波德的测速绳座很快就沉没了。

Machina Electrica
—— 电机座 ——

这是德国天文学家约翰·波德在1801年的《波德星图》中引入的星座，代表那个时代的机械奇迹之一——一种用于电学实验的静电发生器。他所描绘的设备，是英国乐器制造商杰西·拉姆斯登在18世纪后期设计的那种类型（见下文）。波德大概是想效仿法国人尼古拉·路易·德·拉卡耶，后者设立了许多代表科学和技术发明的星座。然而，与拉卡耶的星座不同，波德的新星座从

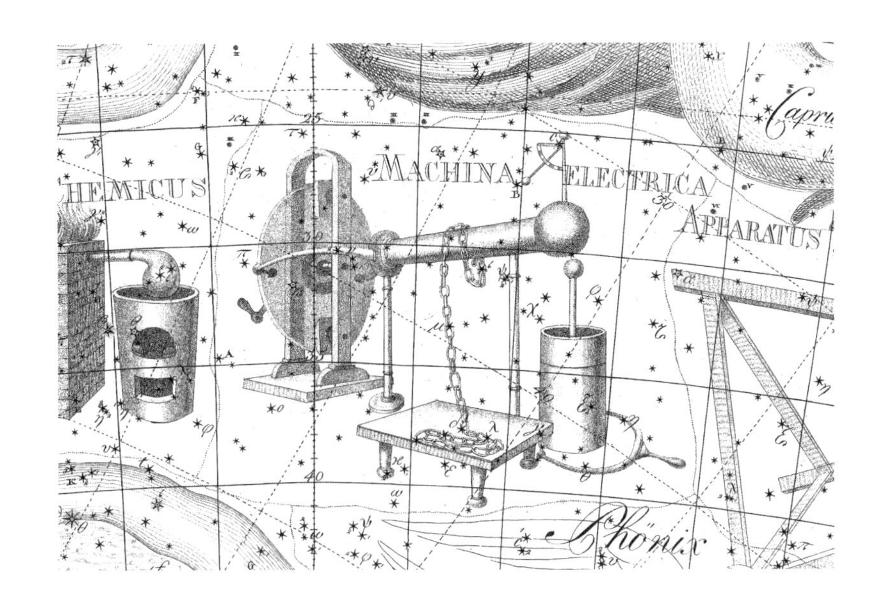

这是《波德星图》的第17幅图中的电机座。图中展示的设备是英国仪器制造商杰西·拉姆斯登在18世纪后期设计的类型。它由一只玻璃盘组成，左侧的手柄转动，通过摩擦产生电荷。由此，中心的圆柱形导体棒通向莱顿罐存储电荷。罐子旁边是一根U形放电棒，导体棒下方是一张用于做实验的桌子，带有连接链。这个如今已不复存在的星座所占据的大部分区域，取自这张图片右侧的玉夫座。（德意志博物馆收藏）

未获得持久的认可。电机座的大部分星星都非常暗弱，肉眼几乎看不见它们。

电机座位于南天的两个拉卡耶星座——天炉座和玉夫座之间。波德从这两个星座中征用了一些星星；受害最严重的是玉夫座，它的星座范围被减半了。那时两个星座被吞并的领土，如今已被归还。

Mons Maenalus
— 迈纳洛斯山座 —

迈纳洛斯山是伯罗奔尼撒半岛中部阿卡迪亚的一座山，1687年，约翰内斯·赫维留在《赫维留星图》中将其作为一个星座引入；星图中，牧夫座站在迈纳洛斯山上。迈纳洛斯山后来出现在许多星图上，但它始终被看作牧夫座的一部分，从未独立存在过。

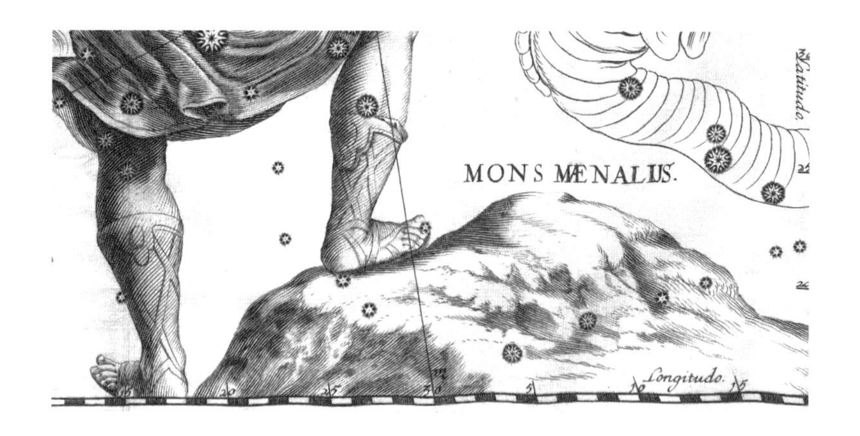

这是约翰内斯·赫维留在《赫维留星图》中描绘的迈纳洛斯山座。星表中的星座名原本写作Menalis，但后来在这里被替换成了Mænalus。参见第63页牧夫座。（波兰国家图书馆收藏）

这座山的名字来源于希腊神话中的一个人物。一些神话学家说，迈纳洛斯是阿卡迪亚国王吕卡翁的长子。这样一来，迈纳洛斯成了卡利斯托的兄弟，因此成为她儿子阿耳卡斯的叔叔，而阿耳卡斯代表牧夫座。然而，其他人说他实际上是阿耳卡斯的儿子，因此是卡利斯托的孙子。不管怎样，迈纳洛斯都以他的名字命名了阿卡迪亚的这座山和他建立的迈纳隆城。它的现代名称是迈纳洛。

迈纳洛斯山是潘神的圣地，潘神经常光顾这里。奥维德在他的《变形记》中说，迈纳洛斯山布满了野兽的巢穴，是狄安娜及其随行人员（包括卡利斯托）最喜欢的狩猎场。说到这里，奥维德显然明确否定了迈纳洛斯是卡利斯托之孙的说法，因为那时这座山还没有得名。

Musca Borealis
—— 北蝇座 ——

这个被废弃的星座，位于如今的白羊座北边，它拥有一段令人困惑的历史。1612年，荷兰人彼得鲁斯·普兰修斯在天球仪上引入了它，起名为Apes（蜜蜂）。普兰修斯用托勒密的四颗未划定的星星创造了它，这些星星在《天文学大成》中被描述为位于白羊座的“臀部”。德国天文学家雅各布·巴尔奇

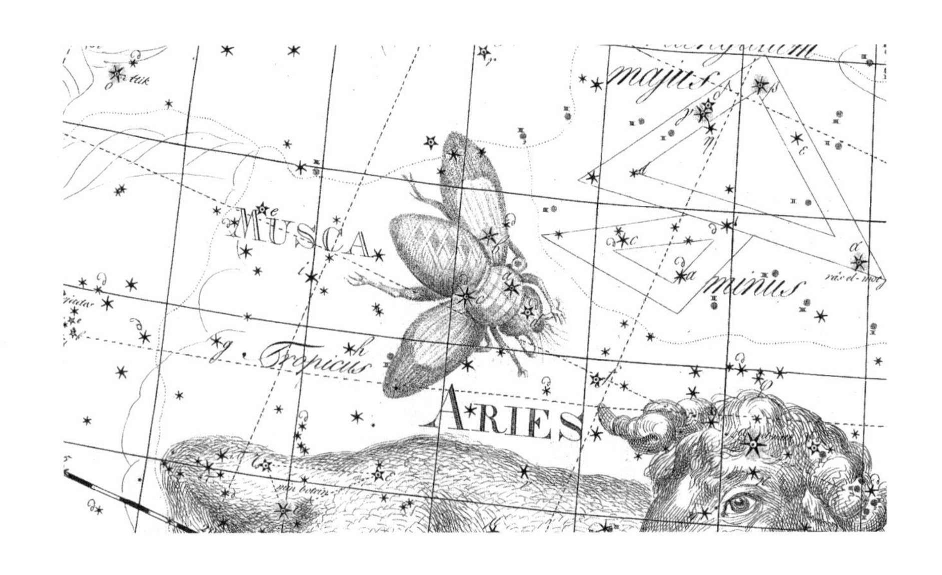

《波德星图》的第11幅图中，北蝇座在星图上爬过。（德意志博物馆收藏）

在1624年的星图上将它的名字改为黄蜂座，但在随附的文字中保留了Apes的写法。

约翰内斯·赫维留在1687年的《赫维留星图》上彻底改变了这只昆虫的种类，将其重命名为Musca，即苍蝇。这件事令人困惑，因为南天已经有一只苍蝇了，它是根据凯泽和德豪特曼的观测在将近一个世纪前创立的。赫维留并没有在他随附的星表中将北蝇座列为一个单独的星座，而是将它的四颗星星保留在白羊座的条目中。我们如今称它们为白羊座33、白羊座35、白羊座39和白羊座41。约翰·波德在他的《波德星图》上展示了这只苍蝇，但将它划在白羊座的边界内（见上图）。

这个星座后来被称为北蝇座，以区别于南天的苍蝇。北蝇座的拉丁名很长，这个名字似乎最早出现在1822年的亚历山大·贾米森星图上。最终，南天的苍蝇保留下来，但北天的苍蝇被天文学家拍死了。

更令人困惑的是，法国人伊尼亚斯-加斯东·帕尔迪（1636—1673）用这些星星组成了百合花座，用以代表法国百合花。百合花出现在帕尔迪的名为《简化平面天球图》的星图中，这份星图出版于1674年，也就是他死后的第二年，但百合花座只是天空中昙花一现的新增星座。

Officina Typographica

—— 印刷室座 ——

约翰·波德在1801年的《波德星图》中引入了这个星座，以纪念他的德国同胞约翰内斯·古滕贝格，古滕贝格在大约350年前发明了西方活字印刷术。印刷室座位于如今的船尾座北边，大犬座和麒麟座的后腿之间。这个星座中最亮的星星如今被称作船尾座16，视星等为4.4等，由波德标记为大写字母C，位于活字盒的下部。

正如波德所描绘的，印刷室座包括以下物品：一个带有排字盘的活字盒；一个有四个窗口的框架，折叠在印刷用纸上；放置纸张的压纸格；两只墨垫，用于给活字着墨；背景中的一堆纸。用来将油墨压在纸上的机器，即印刷机本身，并没有展示出来。

正如波德所述，引入这个星座的想法，是他在1798年8月德国哥达举行的一次国际会议上遇到法国天文学家约瑟夫·热罗姆·德·拉朗德时产生的。波

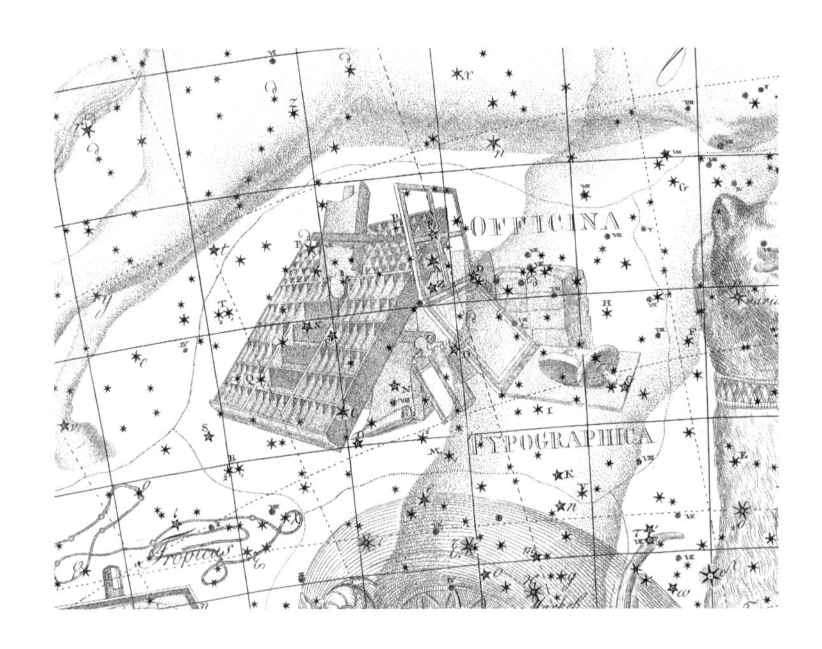

《波德星图》的第18幅图中，印刷室座被描绘为印刷工坊的样子。在其上方，可以看到麒麟座的后躯局部。（德意志博物馆收藏）

德当时仍在研究他的星图集，并画完了第15幅图。拉朗德建议，在接下来的星图上可以找一些新星座的空间，并提议设立热气球座，以纪念蒙戈尔菲耶兄弟发明的热气球。作为回应，波德提出设立一个新的星座来纪念印刷术的发明。波德的星座变成了印刷室座，蒙戈尔菲耶兄弟的气球变成了热气球座，两个星座庆祝了德国和法国的两项伟大发明。

这两个新的法德星座在1801年首次亮相于《波德星图》。尽管它们后来出现在许多流行的星图上，但最终并没有被人们接受，这也许是因为它们的创立动机具有过于明显的民族主义色彩。

Quadrans Muralis
—— 象限仪座 ——

象限仪座是最著名的废弃星座之一，因为每年1月从这片区域辐射出来的流星雨被称为象限仪座流星雨。象限仪座占据了现在的牧夫座北部区域，靠近北斗斗柄的末端（或者说，在大熊尾巴的尖端）。

象限仪座是由法国天文学家约瑟夫·热罗姆·德·拉朗德在18世纪90年代创立的，他是巴黎军事学院天文台的台长。这个星座纪念的是天文台的壁挂式象限仪（muralis在拉丁语中的意思是墙），拉朗德和他的侄子米歇尔·勒弗朗索瓦·德·拉朗德（1766—1839）用象限仪测量恒星的位置。拉朗德从他的同胞尼古拉·路易·德·拉卡耶那里得到了启发，四十年前拉卡耶在南天星空中设置了许多代表科学仪器的星座。拉朗德效仿拉卡耶，在北天星空中放置了一座象限仪。

象限仪座首次以Le Mural的名字出现在另一位法国人——让·福尔坦（1750—1831）的1795年版《天体图集》中，该书第一版于1776年出版，此修订版由拉朗德和他的同事皮埃尔·梅尚编辑。新星座出现在星图集的第二张图版上，但未在随附的星表中被提及，与第一次印刷保持一致。拉朗德于1796年在《时代知识》中发表了一张拱极星表，他在其中列出了属于这个星座的9颗星星，其星等为5等至7等，但在星图集上显示的星星并不止这些。

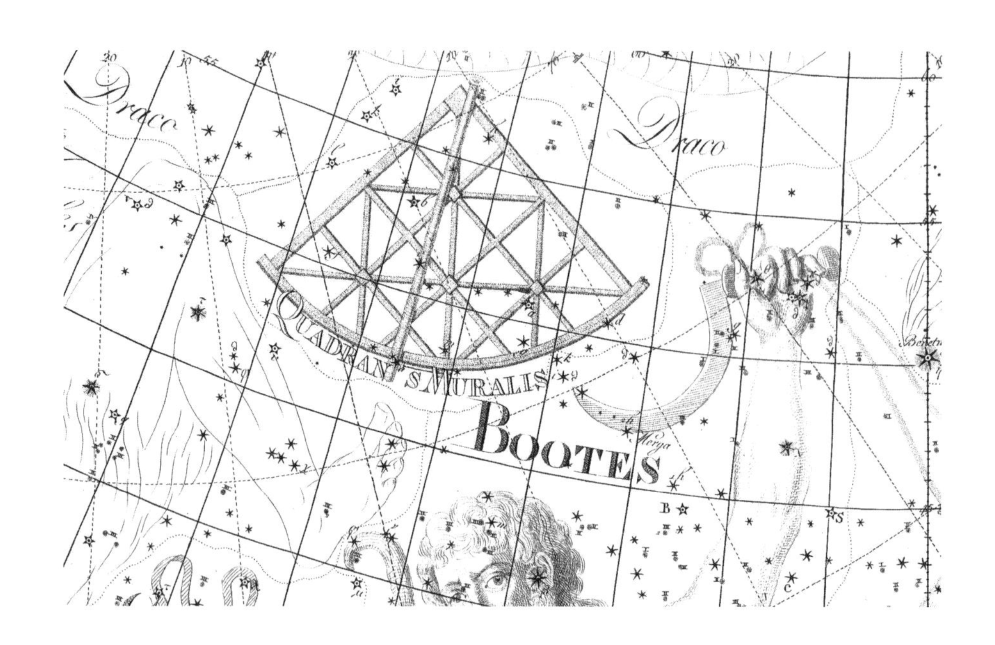

《波德星图》的第7幅图中，象限仪座就位于牧夫座伸出的胳膊上方，再往北是天龙座的身体。（德意志博物馆收藏）

约翰·波德于1801年在自己的星图中将星座名称从Le Mural拉丁化为Quadrans Muralis。与拉朗德的原始星座相比，波德将星座略微缩小了一些，以避免它与已有的邻居重叠。19世纪30年代，象限仪座流星雨首次被人们认识并被命名时，这个星座按说已经比较稳固了，但即使这样，它也没能在19世纪末免于灭绝。

Rangifer
—— 驯鹿座 ——

1743年，法国人皮埃尔·夏尔·勒莫尼耶（1715—1799）在其著作《彗星理论》中发表的星图上引入了一个暗弱的、靠近北天极的星座。这幅图显示了1742年彗星穿过天空北极地区的轨迹，勒莫尼耶受到启发，在彗星的轨道上放置了一个代表驯鹿的新星座，其所在位置靠近仙王座和鹿豹座之间的

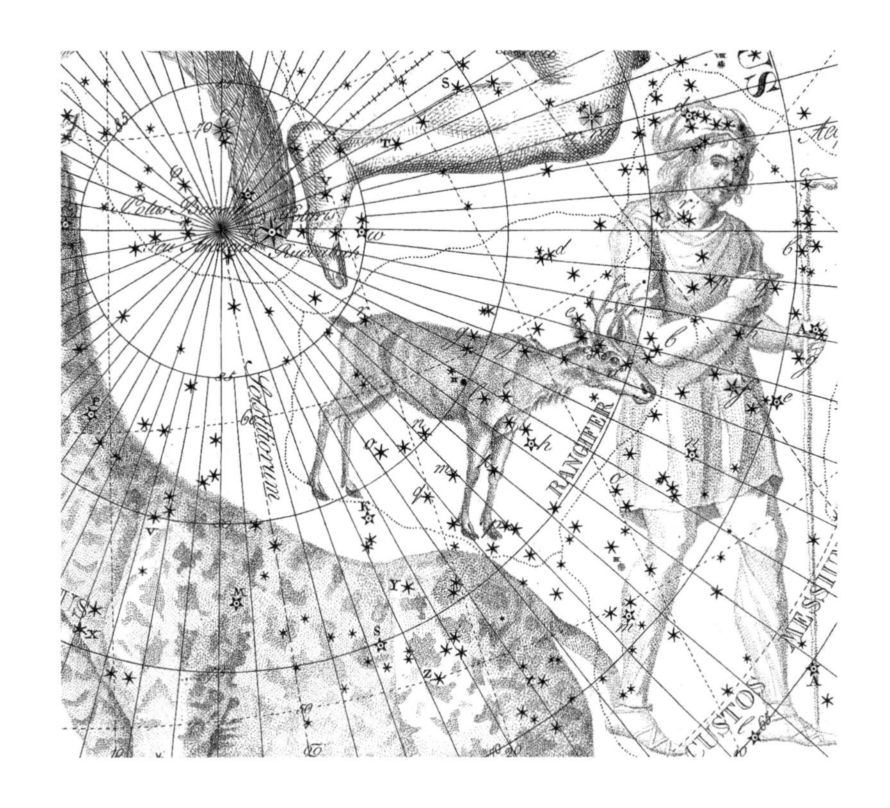

这是《波德星图》的第3幅图中的驯鹿座。它的脚几乎站在左下角鹿豹座的背上，而它的头和鹿角则擦过另一个现已过时的星座——彗星猎人座的右臂。驯鹿的尾巴指向左上角的北天极。（德意志博物馆收藏）

北天极。勒莫尼耶选择了一只驯鹿来纪念他在1736年至1737年与皮埃尔·路易·德莫佩尔蒂斯远征拉普兰的旅行，那次旅行的目的是测量遥远北方的一段纬度。

同样的图于1746年在勒莫尼耶的《天文机构》一书中重新发表，但这本书没有进一步解释出现在其中的新星座。勒莫尼耶似乎从未公布过这个星座所包含的恒星的列表，但波德在1801年的《波德星表》中为其分配了46颗星等为5等至7等的星星，以及一个深空天体，即星系NGC 1184。其中大部分星星现在位于仙王座的北部边界以内。

在勒莫尼耶的星图上，这个星座被命名为le Réene，他的法国同胞让·福尔坦在1776年的《天体图集》中采用了这个写法；然而，更准确地说，这个名字应该是le Renne，福尔坦在1775年的修订版中改变了它的写法。波德在

1801年的星图中将星座名拉丁化为Rangifer。这个星座有时也被称为Tarandus，该写法来自驯鹿的学名*Rangifer tarandus*。

Robur Carolinum
—— 查理橡树座 ——

这个星座是埃德蒙·哈雷于1678年在南天星空中设立的，他以此对英国君主查理二世表达自己的爱国姿态。查理橡树座纪念的是一棵橡树，1651年，查理国王在伍斯特战役中被奥利弗·克伦威尔的共和党军队击败后，藏身在那棵橡树下。哈雷用原本属于南船座的一些星星组成了这个星座。

查理橡树座的创立，源于1676年哈雷对南大西洋圣赫勒拿岛的访问，他在那里对南天星空进行了观测。1678年，哈雷返回伦敦后，向伦敦皇家学会提交了他的研究结果，并于次年出版了自己的《南天星表》，还附上了一张星图，星表和星图中都包含了这个新星座。哈雷的朋友，波兰资深天文学家约翰内斯·赫维留是第一个采用这个新星座形象的人，在1690年出版的《赫维留星图》中，他在南船座的区域展示了这棵皇家橡树。

哈雷在查理橡树座中列出了12颗星星。其中最亮的一颗位于树的根部，它是我们如今所知的船底座β星，一颗2等星，β是拉卡耶分配给这颗星星的字母。哈雷列表中的第四颗星星位于树枝之间，它现在被称为船底座η星，是特殊的爆发变星，η是拉卡耶分配的另一个字母；哈雷星表是最早记录到这颗星星的。

哈雷将他的新星座描述为对国王的“永久记忆”，但结果证明，这个星座并不像他们希望的那样永久。在哈雷之后又过了75年，法国天文学家尼古拉·路易·德·拉卡耶更全面地绘制了南天星图，并将这棵皇家橡树连根拔起。拉卡耶写道，他不赞成哈雷用南船座的星星塑造新星座的方式，毫无疑问，他也不赞成哈雷的民族主义动机。大多数天文学家纷纷效仿拉卡耶，无视了对一位英国国王的这种屈膝礼；一个值得注意的例外是约翰·波德，他在1801年的星图集上将其列为Robur Caroli Ⅱ。然而，即便是波德的支持，也没能阻止这棵橡树最终走向灭绝。

《波德星图》的第20幅图中，查理橡树座的名字显示为Robur Caroli Ⅱ。它位于南船座的船体（图片底部）被切断的地方，这片区域在其他星图里被描画为撞岩或一片云。（德意志博物馆收藏）

Sceptrum Brandenburgicum
—— 勃兰登堡权杖座 ——

德国天文学家戈特弗里德·基尔希（1639—1710）于1688年引入了这个星座，以纪念普鲁士的勃兰登堡省，或者更有可能是为了纪念同年成为普鲁士公爵的统治者腓特烈三世。勃兰登堡权杖座位于波江座的一个大拐弯处，在猎户座足部附近。在初始构造中，勃兰登堡权杖座包含五颗星等为4等至6等的星星，它们由北向南排成一排，组成一根仪式权杖。

1688年，基尔希在科学期刊《学报》发表的一张星图上首次出现了勃兰登堡权杖座，但近一个世纪以来，这个星座一直被忽视，直到另一位德国人——约翰·波德于1782年在他的星图集中恢复了它。在那部星图集中，波德称这个星座为Der Brandenburgische Scepter；后来，在1801年的星图集中，他采用了基尔希的原始拉丁名称Sceptrum Brandenburgicum，并为之添加了更多的星星。

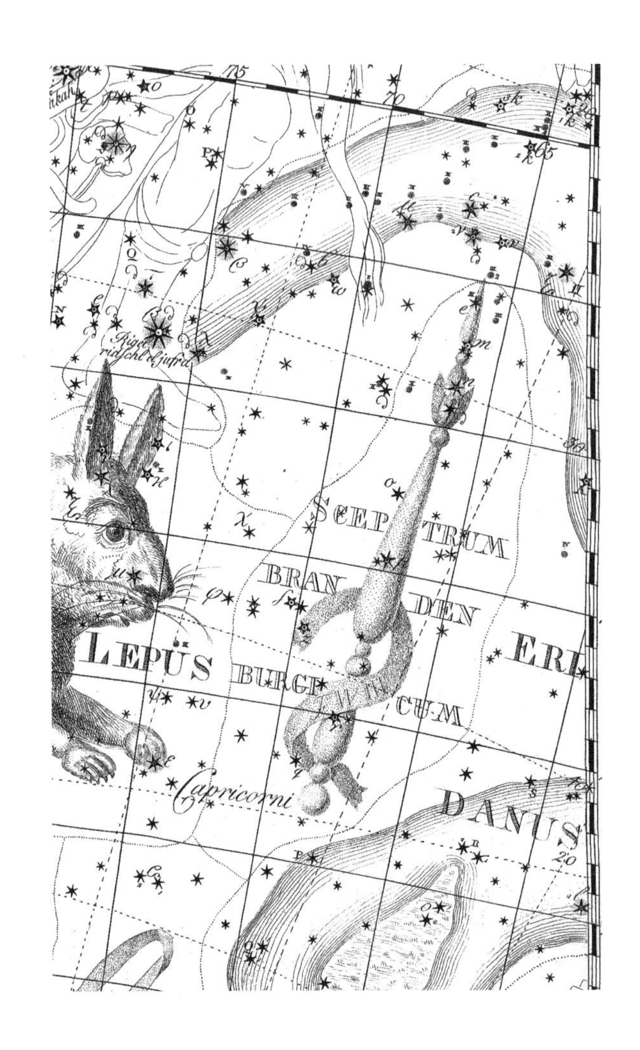

《波德星图》的第18幅图中，勃兰登堡权杖座位于波江座的一个大拐弯处。波德在权杖下部周围的缎带上刻上了首字母FW Ⅲ，以纪念腓特烈·威廉三世，后者于1797年成为普鲁士国王。星座中最亮的星星位于权杖的中间附近，星等为3.9等。这颗星星现在被称为波江座53，并且有一个通俗的名字Sceptrum（权杖）。（德意志博物馆收藏）

然而，即使是波德的认可，也无法阻止这种公开的政治创造最终走向灭亡。勃兰登堡权杖座的恒星现在是波江座的一部分，但它过往的存在依然还有回响：波江座53仍被称作Sceptrum（权杖），这是意大利天文学家朱塞佩·皮亚齐在1814年的巴勒莫星表中首次给它起的名字。这颗星星以前是勃兰登堡权杖座中最亮的成员，在基尔希的原始图上被标记为D。星座中的其他四颗星星，如今分别被称为波江座46、波江座47、HR 1483和波江座54。

Taurus Poniatovii
—— 波尼亚托夫斯基金牛座 ——

这头小公牛笨拙地夹在蛇夫座和天鹰座之间，并与巨蛇的尾巴重叠，它是1777年由维尔纳（现立陶宛维尔纽斯）皇家天文台台长马丁·波佐布特（1728—1810）创立的。波佐布特创立它，是为了纪念他的国王斯坦尼斯瓦夫·奥古斯特·波尼亚托夫斯基，后者是波兰和立陶宛的君主。斯坦尼斯瓦夫国王是一位著名的艺术和科学赞助人，公牛是其家族纹章的一个特征。

小公牛的脸由蛇夫座右肩和巨蛇尾之间的V形星群构成。这群星星让波佐布特想起了毕星团，毕星团勾勒出黄道十二星座中的公牛——金牛座的脸。小公牛中有五颗被托勒密列为蛇夫座外“未划定”的星星，它们如今被称为蛇夫座66、蛇夫座67、蛇夫座68、蛇夫座70和蛇夫座72。托勒密列出的第五颗未划定的星星，位于小公牛的右角上，它是星座中最亮的星星，视星等为3.7等。在1515年的阿尔布雷希特·丢勒星图中，可以看到这些未划定的星星。小公牛身体的其余部分被较暗的星星填充。

波佐布特于1773年在《维尔纳皇家天文台天文观测笔记》（出版于1777年）中发表了一份包含16颗恒星的列表。这份列表在1785年由约翰·波德在他的星图集中重印，供人们更广泛地使用。在让·福尔坦于1778年修订再版的《天体图集》（令人困惑的是，这个修订版仍然带有1776年的原始出版日期）中，这个星座首次被描绘为le Taureau Royal de Poniatowski。后来，波德在1801年的《波德星图》中将星座名拉丁化为Taurus Poniatovii。

波佐布特没有意识到，他这个短暂的创造物包含了一颗被称为巴纳德星的暗弱红矮星，它现在是距离太阳第二近的恒星，离太阳5.9光年远。它位于公牛的头部，靠近如今的蛇夫座66。可悲的是，波尼亚托夫斯基的公牛在被赶走之前并没有在天空中待多久，它的星星如今是蛇夫座和巨蛇座蛇尾的一部分。

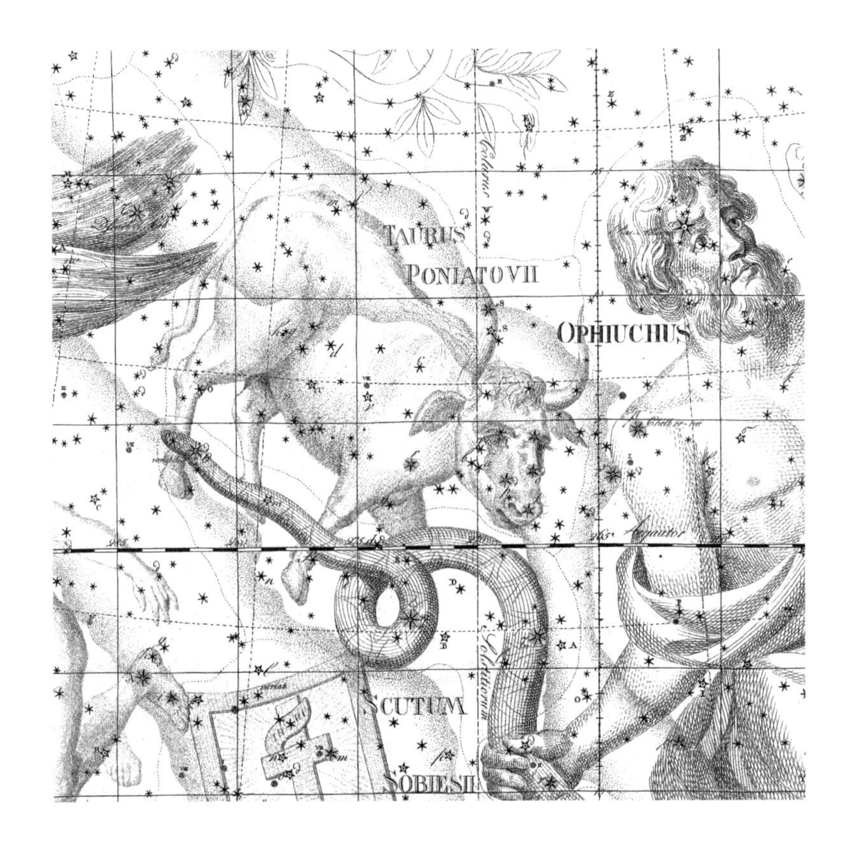

《波德星图》的第9幅图中，波尼亚托夫斯基金牛座位于蛇的尾巴上方。公牛的脸上有一组排列成V形的星星，让人联想到黄道上的公牛——金牛座的毕星团。这组星星曾经被纳入另一个星座——底格里斯河座，在波佐布特的那个时代，底格里斯河座已经被废弃了。（德意志博物馆收藏）

Telescopium Herschelii
— 赫歇尔望远镜座 —

最初有两个以赫歇尔望远镜为名的星座，它们都是由出生于匈牙利的天文学家、维也纳天文台台长马克西米利安·黑尔于1789年引入的，用以纪念威廉·赫歇尔在八年前（1781年）发现天王星。黑尔首次在名为《星星之间的空中纪念碑》的特别出版物中展示了它们，在这份出版物中，他还公布了自己创立的第三个星座——乔治竖琴座（见第292页乔治竖琴座）。这两台望远镜分别位于赫歇尔发现新行星的那片区域的两侧，靠近金牛座ζ星。

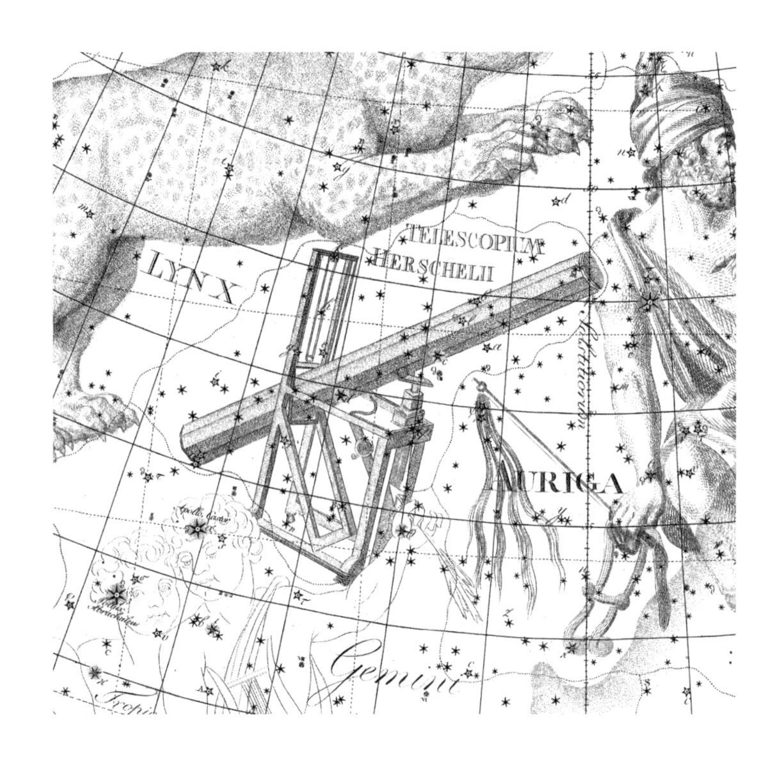

《波德星图》的第5幅图中，赫歇尔望远镜座被描绘为威廉·赫歇尔在1781年发现天王星时使用的反射望远镜。望远镜有一根7英尺长的木管，还有一面口径为6.2英寸的镜子，这面镜子安装在赫歇尔自己设计的地平基座上。在那个时代，望远镜是用镜筒长度，而不是用口径来描述的。（德意志博物馆收藏）

被黑尔称作赫歇尔大望远镜座的星座，代表赫歇尔的20英尺长的望远镜，它位于双子座、天猫座和御夫座之间。被黑尔称作赫歇尔小望远镜座的星座，笨拙地挤在猎户座和金牛座的头部之间，代表赫歇尔的7英尺长的反射望远镜。然而，从其不准确的表述来看，黑尔并没见过其中任何一种望远镜——拿赫歇尔小望远镜座来说，黑尔甚至把望远镜的类型都搞错了，将其描述成了折射望远镜，而赫歇尔只使用过自己制造的反射望远镜。

约翰·波德在1801年的《波德星图》中将这两个星座简化为一个，称其为赫歇尔望远镜座，并把它置于黑尔设定赫歇尔大望远镜座的位置。波德从赫歇尔那里购买过望远镜，所以他知道那些望远镜是什么样，他在星图上非常真实地描绘了赫歇尔实际发现天王星时所用的7英尺长的反射望远镜。

在波德的描述中，星座中最亮的星星是如今的御夫座50，其星等为4.8等，他用小写字母a标记它。最终，赫歇尔望远镜座的星星被归还给御夫座、双子座和天猫座，这些星星最初就是从那几个星座里借来的。

Tigris
—— 底格里斯河座 ——

这个星座所代表的底格里斯河是一条真正的美索不达米亚河流，如今在伊拉克与幼发拉底河汇合。1612年，荷兰人彼得鲁斯·普兰修斯在天球仪上首次引入了底格里斯河座与约旦河座。

天上的底格里斯河始于飞马座的颈部，流经天鹅座和天鹰座之间，这片区域现在由约翰内斯·赫维留后来创立的狐狸座占据着。底格里斯河座在蛇夫座右肩处结束，其末端是托勒密列出的位于蛇夫座外的V形星群；这些星星后来被纳入了另一个短命的星座——波尼亚托夫斯基金牛座。

与约旦河座一样，底格里斯河座最早出现在印刷品上，是在1624年德国天文学家雅各布·巴尔奇的著作《恒星平面天球图的天文学应用》的星图上。与约旦河座一样，它没有被赫维留用在他那富有影响力的1687年星图集上。这两个星座在18世纪都被人们遗忘了，波德也没有在1801年的《波德星图》上展示它们。

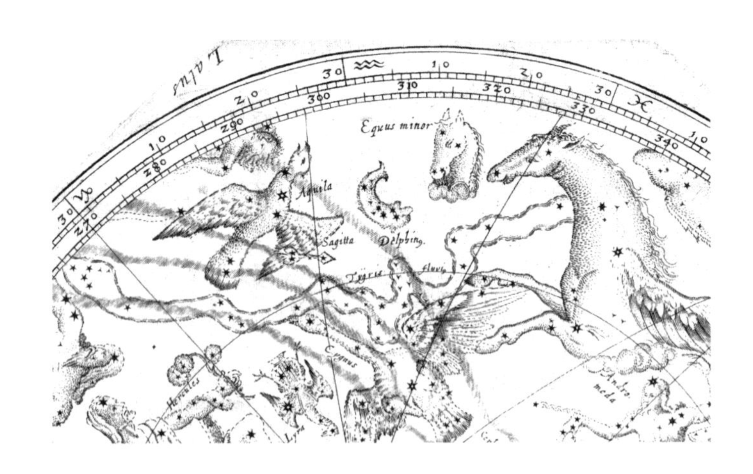

在艾萨克·哈布雷希特所著的1666年版《天图和地图》的平面天球图上，底格里斯河座始于右侧飞马座的颈部，一直延伸到左侧的蛇夫座肩部。（柏林ECHO收藏）

Triangulum Minus
—— 小三角座 ——

小三角座是最缺乏想象力的星座之一，由约翰内斯·赫维留于1687年创立。它是由赫维留本人首次编录的三颗5等星组成的。小三角座位于现在的三角座南边，当时赫维留将三角座重新命名为大三角座。

这个小三角形出人意料地得到了天文学家的广泛认可，其中包括约翰·波德，他在1801年的《波德星图》上展示了它。在一些星图上，大、小三角形这对组合被称为三角座。然而，最终确立星座正典时，人们认为这个小三角形是多余的。小三角座的星星被转移到三角座中，它们如今被称作三角座6、三角座10和三角座12。

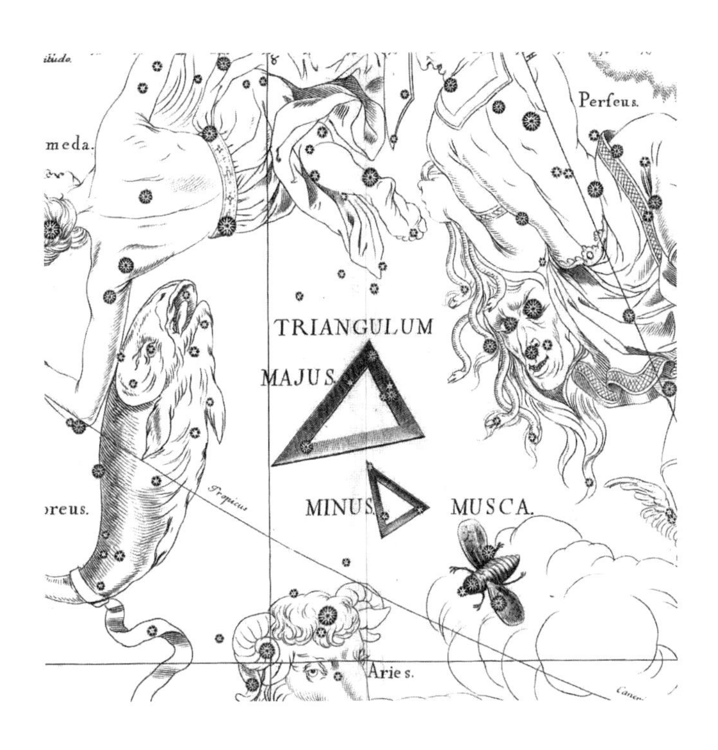

这是1690年约翰内斯·赫维留去世后出版的《赫维留星图》上展示的小三角座。赫维留描绘的星座与它们在天球仪上的样子一样，所以是它们在天空中真实模样的镜像。有关两个三角形的正确视图，参见第252页。小三角座旁边是另一个注定要被废弃的星座——北蝇座（见第298页），它是由彼得鲁斯·普兰修斯创立的。（波兰国家图书馆收藏）

Turdus Solitarius
—— 鸫鸟座 ——

1776年，法国天文学家皮埃尔·夏尔·勒莫尼耶在《法国皇家科学院纪念文集暨优秀论文集》上发表了一篇题为《鸫鸟座》的论文，文中介绍了这个反复无常且最终注定被废弃的星座。他列出了组成星座的22颗星星，并将它描述为"印度和菲律宾的鸟"，显然，勒莫尼耶没有意识到自己描述的是两种不同的鸟。鸫鸟座栖息在长蛇座的尾端，头部笨拙地重叠在天秤座靠南的那只秤盘上。

勒莫尼耶说，他引入这个星座是为了纪念另一位法国科学家亚历山大·居伊·潘格雷，后者曾前往印度洋罗德里格斯岛，于1761年在那里观测了金星凌日。据推测，勒莫尼耶打算用他的星座来代表罗德里格斯孤鸽（*Pezophaps solitaria*）；这是一种与渡渡鸟有亲缘关系且不会飞的鸟，潘格雷曾在岛上狩猎，但没找到这种鸟，因为那时它们正走向灭绝。

然而，勒莫尼耶的星座图上显示的这只鸟，类似于一只雌性蓝矶鸫（*Monticola solitarius*，属于鸫科），它被法国鸟类学家马图林·雅克·布里森称为"菲律宾的鸫鸟"。这是一只与罗德里格斯孤鸽截然不同的鸟，所以当勒莫尼耶阐释他的新星座时，他似乎选择了错误的鸫鸟。

鸫鸟座最亮的星星是3等星，位于鸟的下胸部。勒莫尼耶将其编录为γ，因为它曾是约翰·拜尔标记为天蝎座γ的星星；但托勒密在《天文学大成》中将其列入天秤座，如今，它又回到了原来的星座中，被称为天秤座σ星。

约翰·波德在1801年的《波德星图》中，将星座名更改为Turdus Solitarius。

另外两种身份——知更鸟和猫头鹰

英国科学家托马斯·杨在1807年发表于《自然哲学与机械工艺课程》的星图上，将星座更名为知更鸟座，而英国业余天文学家亚历山大·贾米森在他出版于1822年的星图集上将其更名为猫头鹰座，并把鸟身子转向与勒莫尼耶创作的形象相反的方向。贾米森说，"考虑到它（猫头鹰）在所有埃及纪念碑

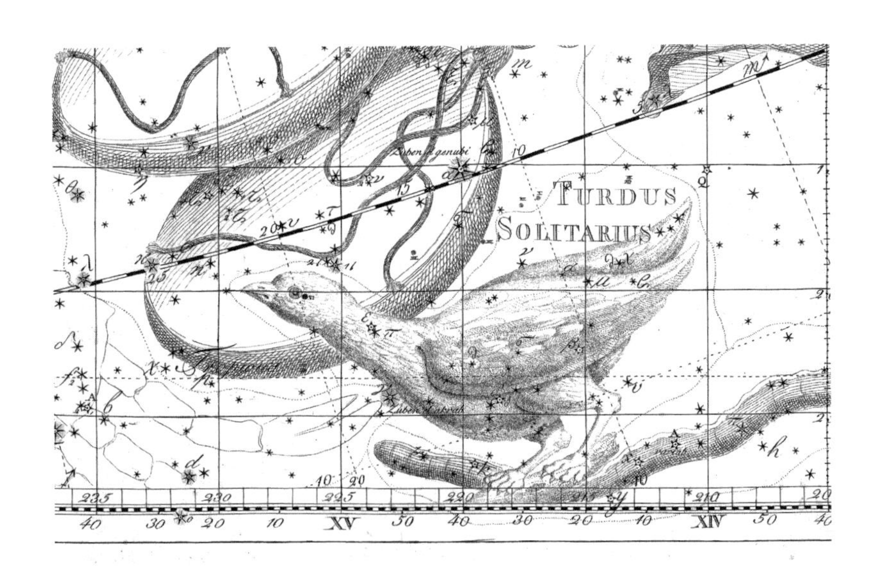

这是《波德星图》的第14幅图中展示的鸫鸟座。（德意志博物馆收藏）

上出现的频率”，以前的星座中没有这种猫头鹰真是非常奇怪。贾米森描绘的那只鸟有耳簇，可能是荒漠雕鸮之类的埃及猫头鹰，它侧着身子，但头朝向观众，就像象形文字中的鸟一样。

资料来源与致谢

对任何一个进入希腊神话领域的人来说，罗伯特·格雷夫斯的两卷本《希腊神话》（企鹅出版社）都是丰富资料的精妙综合，其中包含大量的参考文献。另一本概要性质的书也非常有用，那就是H. J. 罗斯的《希腊神话手册》（梅休因出版社），书中列出了很多注释和参考文献。关于其他一些背景信息，我查阅了《牛津古典词典》（牛津大学出版社）和皮埃尔·格里马尔的《古典神话词典》（布莱克威尔出版社），尤其是后者，那里面包含了大量的参考资料。

所有对希腊星象知识的研究，都始于一首写于公元前275年的诗，诗名叫《物象》，作者是索利的阿拉托斯。《物象》是基于前一个世纪希腊科学家欧多克索斯的同名书写成的。欧多克索斯的这本书没有任何副本保留下来，我们只有阿拉托斯的诗。G. R.迈尔翻译的英译本，可在洛布古典丛书（哈佛大学出版社和海尼曼出版社）中找到。道格拉斯·基德的《阿拉托斯的〈物象〉》（剑桥大学出版社，1997）对这首诗做了最新翻译和全面的评论。

对阿拉托斯著作所做的拉丁语改编，据说是由格马尼库斯·恺撒在公元1世纪早期完成的，已由D. B. 盖恩翻译，参见《格马尼库斯·恺撒改编的阿拉托斯著作》（阿斯隆出版社，1976）。罗马诗人马库斯·马尼利乌斯写于公元1世纪早期的《天文学》，是一部与阿拉托斯著作有许多相似之处的拉丁语作品。它已被G. P. 古尔德翻译成英语，收录在洛布古典丛书中。

另一部早期希腊文献是公元前2世纪埃拉托色尼的《星座》——尽管根据现代专家的看法，这部著作并不是他写的。在编写《星座的故事》第一版时，我找不到《星座》的任何英译本；于是，我参考了阿贝·哈尔马于1821年出版的法语版本。后来，英译本才出现在西奥尼·孔多斯的《星星神话》（大急流城：帕涅司出版社）和罗宾·哈德的《星座神话》（牛津大学出版社，2015）中。

玛丽·格兰特的《希吉努斯的神话》（堪萨斯大学出版社，1960）包含了希吉努斯的《传说集》和《诗情天文》的宝贵英译本，这是星座神话方面最具影响力的著作之一，如今却很少有人读过。《诗情天文》的其他译本收录在西奥尼·孔多斯的《星星神话》和上文提到的《星座神话》中。

阿波罗多洛斯是一位希腊作家，他创作了一本百科全书式的希腊神话摘要，名为《书藏》；我参考了J. G. 弗雷泽爵士的洛布译本。许多流行的神话在罗马作家奥维德的作品中得到了权威的复述；关于他的《变形记》，我参考了玛丽·英尼斯的企鹅译本和J. G. 弗雷泽爵士的洛布版《岁时记》。关于罗德岛的阿波罗尼俄斯的资料，我参考的是E. V. 里乌翻译的版本（企鹅出版社出版）。

对于托勒密的《天文学大成》，我参考了G. J. 图默经过深思熟虑后翻译的版本（达克沃思出版社，1984）。

一位名叫盖明诺（他很可能是公元前1世纪的人）的希腊作家在他的《现象导论》（书名通常写作*Isagoge*，取自其希腊标题*Eisagoge eis ta phainomena*的第一个单词）一书中，让我们瞥见了喜帕恰斯时代和托勒密时代之间的希腊天空。这本书的第一个英译本是由詹姆斯·埃文斯和J.伦纳特·伯格伦于2006年出版的。

关于恒星名称的起源，我参考了保罗·库尼奇和蒂姆·斯马特合著的小册子《现代星名词典》（天空出版社，2006）。在1983年1月的《天空与望远镜》杂志上，保罗·库尼奇发表了一篇关于恒星名称的文章，为我提供了很有用的背景参考。库尼奇的科学论文集已被再版为《阿拉伯人与星星》（“集注本研究”书系，1989）。格威妮丝·霍伊特有一篇关于恒星名称起源的论文很有启发性，这篇文章可在《天文学展望》1986年第29卷第237页中找到。

中国星座的资料来源，是何丙郁（1966）的书、孙小淳和基斯特梅克（1997）的书，以及陈己雄（2007）的书。何丙郁翻译了公元7世纪中叶与敦煌星图同时期的中国重要天文观测。孙小淳和基斯特梅克试图从更早的时间（公元前1世纪）复原天空。陈己雄的书展示了两个时代的星图：其一是18世纪的星图，那时中国的星空划分已基本定型；其二是更古老（11世纪）的宋代星图。很多人都知道理查德·欣克利·艾伦的经典著作《星名的传说与含义》；

他介绍的中国星座，主要来源是约翰·威廉姆斯的彗星观测[1]，其中包括中国的天体图集，但它如今已经过时了，我在书中没有使用。

底波拉·吉恩·沃纳的《探索的天空》（纽约：阿兰·R.李斯出版社，阿姆斯特丹：奥蕾斯·泰拉伦出版社，1979年）对天体制图学的历史和发展做了许多调查，这些调查是无价的；书中还包含了许多关于星群历史的附带材料。吉姆·富克斯在2003年出版了一本关于现代星座的著作《填充天空》，当我为本书第二版修订文稿时，《填充天空》给我提供了有用的附加信息和参考。莫顿·韦格曼的《失落的星星》（麦克唐纳与伍德沃德出版社）是关于不同星表之间星名变化及星座边界变化的细致调查，也是对星座历史进行的很好的研究。

阿奇·罗伊关于星座起源的推测，可在他发表于《天文学展望》1984年第27卷第171页的论文中看到。布拉德利·E.舍费尔关于更晚的起源日期的论点可以在《天文学史期刊》2004年第35卷第161页找到。E. B. 诺伯尔对弗雷德里克·德豪特曼的星表的分析，发表于《皇家天文学会月报》1917年第77卷第414页。

理查德·欣克利·艾伦的《星名的传说与含义》（多佛出版社）和威廉·泰勒·奥尔科特的《各个时代的星星传说》（帕特南出版社）都很有趣，但我没把它们作为星座神话的主要来源。

在《星座的故事》第二版中，我用改进的版本替换了所有的插图。我要感谢世界各地的图书馆和机构，他们对各种免费提供的历史天体图集和星表进行了高质量的扫描；这些资料的来源，都单独标注在本书的每幅插图下面。此外，我要感谢俄罗斯圣彼得堡的伊利亚·A. 舒雷金，感谢他允许我使用他的法尔内塞天球的精美图片。

---

1 论文发表于1871年，标题为Observations of Comets from B.C. 611 to A.D. 1640, extracted from the Chinese Annals, translated, with Introductory Remarks, and an Appendix comprising Tables for reducing Chinese Time to European Reckoning, and a Chinese Celestial Atlas。——译注

参考文献

Baily, Francis, *The Catalogues of Ptolemy, Ulugh Beigh, Tycho Brahe, Halley, Hevelius..., Memoirs of the Royal Astronomical Society*, vol. 13, 1843.
弗朗西斯·贝利,《托勒密、兀鲁伯、第谷·布拉赫、哈雷、赫维留等人的星表，皇家天文学会论文集》，第13卷，1843年。

Condos, Theony, *Star Myths* (Phanes Press, Grand Rapids), 1997.
西奥尼·孔多斯,《星星神话》(大急流城：帕涅司出版社)，1997年。

Dekker, Elly, *Der Globusfreund*, nos. 35—37, pp. 211—230, 1987.
埃利·德克尔,《世界之友》第35—37号第211—230页，1987年。

Dekker, Elly, *Annals of Science*, vol. 44, pp. 439—470, 1987.
埃利·德克尔,《科学年鉴》第44卷第439—470页，1987年。

Dekker, Elly, *Annals of Science*, vol. 47, pp. 529—560, 1990.
埃利·德克尔,《科学年鉴》第47卷第529—560页，1990年。

Evans, David S., *Lacaille: Astronomer, Traveler* (Pachart, Tucson), 1992.
戴维·S. 埃文斯,《拉卡耶：天文学家与旅行者》(图森：帕查特出版社)，1992年。

Evans, James, and Berggren, J. Lennart, *Geminos's* Introduction to the Phenomena (Princeton University Press), 2006.
詹姆斯·埃文斯与J. 伦纳特·伯格伦,《盖明诺的〈现象导论〉》(普林斯顿大学出版社)，2006年。

Frazer, J. G., Apollodorus (2 vols: Loeb Classical Library), 1921.
詹姆斯·乔治·弗雷泽,《阿波罗多洛斯》(两卷本，洛布古典丛书)，1921年。

Frazer, J. G., *Ovid's* Fasti (Loeb Classical Library), 1931.
J. G. 弗雷泽,《奥维德的〈岁时记〉》(洛布古典丛书)，1931年。

Fuchs, Jim, *Filling the Sky* (privately published), 2003.
吉姆·富克斯,《填充天空》(私人出版)，2003年。

Gain, D. B., *The Aratus Ascribed to Germanicus Caesar* (Athlone Press, London), 1976.
D. B. 盖恩,《格马尼库斯·恺撒改编的阿拉托斯著作》(伦敦：阿斯隆出版社)1976年。

Goold, G. P., *Manilius Astronomica* (Loeb Classical Library), 1977.
G. P. 古尔德,《马尼利乌斯的〈天文学〉》(洛布古典丛书)，1977年。

Grant, Mary, *The Myths of Hyginus* (University of Kansas Publications, Lawrence), 1960.
玛丽·格兰特,《希吉努斯的神话》(劳伦斯：堪萨斯大学出版社)，1960年。

Graves, Robert, *The Greek Myths* (2 vols: Penguin), 1960.
罗伯特·格雷夫斯,《希腊神话》(两卷本，企鹅出版社)，1960年。

Grimal, Pierre, *The Dictionary of Classical Mythology* (Blackwell, Oxford), 1985.
皮埃尔·格里马尔,《古典神话词典》(牛津：布莱克威尔出版社)，1985年。

Hard, Robin, *Constellation Myths* (Oxford University Press), 2015.
罗宾·哈德,《星座神话》(牛津大学出版社)，2015年。

Heuter, Gwyneth, *Vistas in Astronomy*, vol. 29, p. 237, 1986.
格威妮丝·霍伊特,《天文学展望》第29卷第237页，1986年。

Innes, Mary M., *Ovid Metamorphoses* (Penguin), 1955.
玛丽·M. 英尼斯,《奥维德的〈变形记〉》(企鹅出版社)，1955年。

Kidd, Douglas, *Aratus: Phaenomena* (Cambridge University Press), 1997.
道格拉斯·基德,《阿拉托斯的〈物象〉》(剑桥大学出版社)，1997年。

Knobel, E. B., *Monthly Notices of the Royal Astronomical Society*, vol. 77, p. 414, 1917.
E. B. 克诺贝尔,《皇家天文学会月报》第77卷第414页，1917年。

Kunitzsch, Paul, *Sky & Telescope*, vol. 65, p. 20, 1983.
保罗·库尼奇,《天空与望远镜》第65卷第20页，1983年。

Kunitzsch, Paul, *The Arabs and the Stars* (Variorum, Northampton), 1989.
保罗·库尼奇,《阿拉伯人与星星》("集注本研究"书系，北安普顿)，1989年。

Kunitzsch, Paul, and Smart, Tim, *A Dictionary of Modern Star Names* (Sky Publishing), 2006.
保罗·库尼奇与蒂姆·斯马特,《现代星名词典》(天空出版社)，2006年。

Mair, G. R., *Aratus* (Loeb Classical Library), 1955.
G. R. 迈尔,《阿拉托斯》(洛布古典丛书)，1955年。

Oxford Classical Dictionary (second and third edns: Oxford University Press), 1970, 1999.
《牛津古典词典》(第二版和第三版，牛津大学出版社)，1970年，1999年。

Rieu, G. V., *Apollonius of Rhodes The Voyage of Argo* (Penguin, London), 1971.
G. V. 里乌,《罗德岛的阿波罗尼俄斯的〈阿尔戈英雄纪〉》(伦敦：企鹅出版社)，1971年。

Rose, H. J., *A Handbook of Greek Mythology* (Methuen, London), 1958.
H. J. 罗斯,《希腊神话手册》(伦敦：梅休因出版社)，1958年。

Roy, Archie, *Vistas in Astronomy*, vol. 27, p. 171, 1984.
阿奇·罗伊,《天文学展望》第27卷第171页，1984年。

Schaefer, Bradley E., *Journal for the History of Astronomy*, vol. 35, p. 161, 2004.
布拉德利·E. 舍费尔,《天文学史期刊》第35卷第161页，2004年。

Toomer, G. J., *Ptolemy's* Almagest (Duckworth, London), 1984.
G. J. 图默,《托勒密的〈天文学大成〉》(伦敦：达克沃思出版社)，1984年。

Volkoff, Ivan, et al., *Johannes Hevelius and his Catalog of Stars* (Brigham Young University Press, Provo), 1971.
艾文·沃尔科夫等人,《约翰内斯·赫维留和他的星表》(普洛佛：杨百翰大学出版社)，1971年。

Wagman, Morton, *Lost Stars* (McDonald & Woodward, Blacksburg), 2003.
莫顿·韦格曼,《失落的星星》(布莱克斯堡：麦克唐纳与伍德沃德出版社)，2003年。

Warner, Deborah Jean, *The Sky Explored* (Alan R. Liss, New York, and Theatrum Orbis Terrarum, Amsterdam), 1979.
底波拉·吉恩·沃纳,《探索的天空》(纽约：阿兰·R. 李斯出版社；阿姆斯特丹：奥蕾斯·泰拉伦出版社)，1979年。

Wender, Dorothea S., *Hesiod and Theognis* (Penguin), 1973.
多罗西娅·S. 温德,《赫西俄德与塞奥格尼斯》(企鹅出版社)，1973年。

神话人物词汇表

希腊人和罗马人拥有相似的神与神话人物，但他们的名字各不相同。因此，有些名字（例如宙斯和朱庇特）乍一听像是两个独立的个体，实际上指的是同一个神。这张表里列出了本书中提到的主要希腊人物的拉丁名。

希腊名	拉丁名
Aphrodite 阿佛洛狄忒	Venus 维纳斯
Ares 阿瑞斯	Mars 马尔斯
Artemis 阿耳忒弥斯	Diana 狄安娜
Asclepius 阿斯克勒庇俄斯	Aesculapius 埃斯库拉庇乌斯
Athene 雅典娜	Minerva 密涅瓦
Cronos 克洛诺斯	Saturn 萨图恩
Demeter 得墨忒耳	Ceres 刻瑞斯
Dionysus 狄俄尼索斯	Bacchus 巴科斯
Eros 厄洛斯	Cupid 丘比特
Hades 哈得斯	Pluto 普卢同
Hephaestus 赫菲斯托斯	Vulcan 伏尔甘
Hera 赫拉	Juno 朱诺
Heracles 赫拉克勒斯	Hercules 海格立斯
Hermes 赫尔墨斯	Mercury 墨丘利
Persephone 佩耳塞福涅	Proserpina 普罗塞耳皮娜
Polydeuces 波吕丢刻斯	Pollux 波吕克斯
Poseidon 波塞冬	Neptune 内普丘恩
Zeus 宙斯	Jupiter 朱庇特

译名对照表

Acamar 天园六（波江座θ）
Achernar 水委一（波江座α）
Acrab 房宿四（天蝎座β）
Acrux 十字架二（南十字座α）
Acta Eruditorum《学报》
Acubens 柳宿增三（巨蟹座α）
Aeschylus 埃斯库罗斯
Aetos 托勒密给牛郎星起的名字
Aigokeros 摩羯座
Aix 阿拉托斯给五车二起的名字
Albireo 辇道增七（天鹅座β）
al-Bīrūnī 阿尔·比鲁尼
Alchiba 右辖（乌鸦座α）
Alcor 辅，开阳增一（大熊座80）
Aldebaran 毕宿五（金牛座α）
Alderamin 天钩五（仙王座α）
Algedi 摩羯座α（包括牛宿二、牛宿增六）
Algenib 壁宿一（飞马座γ）
Algieba 轩辕十二（狮子座γ）
Algol 大陵五（英仙座β）
Alhabor 天狼星在14世纪时的名字
Alioth 玉衡，北斗五（大熊座ε）
Alkaid 摇光，北斗七（大熊座η）
Allen, Richard Hinckley 理查德·欣克利·艾伦
Allgemeine Beschreibung und Nachweisung der Gestirne《波德星表》
Almach 天大将军一（仙女座γ）
Almagest《天文学大成》
Alnair 鹤一（天鹤座α）
Alnasl 箕宿一（人马座γ）
Alnilam 参宿二（猎户座ε）
Alnitak 参宿一（猎户座ζ）
Alphard 星宿一（长蛇座α）
Alphecca 贯索四（北冕座α）
Alpheratz 壁宿二（仙女座α）
Alrescha 外屏七（双鱼座α）
Alshain 虚宿一（宝瓶座β）
al-Ṣūfī 阿尔·苏菲
Altair 河鼓二，牛郎星，牵牛星（天鹰座α）
Alula Australis 下台二，三台六（大熊座ξ）
Alula Borealis 下台一，三台五（大熊座ν）
Alya 徐，天市左垣七（巨蛇座θ）
Amorphotoi 没有正式拉丁名的恒星
Andromeda 仙女座，安德洛墨达
Andromeda galaxy 仙女星系
Antares 心宿二，大火（天蝎座α）
Antecanis 小犬座的另一个拉丁名
Antinous 安提诺俄斯
Antlia 唧筒座
Apian, Peter 彼得·阿皮安
Apis 蜜蜂座（苍蝇座曾用名）
Apollodorus 阿波罗多洛斯
Apollonius 阿波罗尼俄斯
Apparatus Chemicus 波德给天炉座起的另一个名字
Apus 天燕座
Aquarius 宝瓶座
Aquila 天鹰座
Ara 天坛座
Aratus 阿拉托斯
Arctophylax 牧夫座
Arcturus 大角（牧夫座α）
Argelander, Friedrich Wilhelm August 弗里德里希·威廉·奥古斯特·阿格兰德
Argonautica《阿尔戈英雄纪》
Argo Navis 南船座
Aries 白羊座
Aristotle 亚里士多德
Arkab 人马座β
Arktos Megale 大熊座
Arktos Mikra 小熊座

Thuribulum 天坛座在18世纪之前比较常用的拉丁名
Thymiaterion 天坛座
Tigris 底格里斯河
Toxon 天箭座
Toxotes 人马座
Triangula 三角座和小三角座在某些星图中的合称
Triangulum 三角座
Triangulum Australe 南三角座
Triangulum Minus 小三角座
Trigonon 三角座（意为三角）
tropic, of Cancer 北回归线
tropic, of Capricorn 南回归线
Tucana 杜鹃座
Turdus Solitarius 鸫鸟座
Tycho's Star 第谷新星

unformed stars 未划定的恒星
Unukalhai 天市右垣七，蜀（巨蛇座α）
Urania's Mirror 乌拉尼亚之镜
Uranographia《波德星图》
Uranometria《测天图》
Uranometria Argentina《阿根廷测天图》
Ursa Major 大熊座
Ursa Minor 小熊座
Usus Astronomicus Planisphaerii Stellati《恒星平面天球图的天文学应用》

van den Keere, Pieter 彼得·范登基尔

Vega 织女一，织女星（天琴座α）
Vela 船帆座
vernal equinox 春分点
Vespucci, Amerigo 阿梅里戈·韦斯普奇
Vindemiatrix 东次将，太微左垣四（室女座ε）
Vineyard Keeper 托马斯·杨星图中彗星猎人座的名字
Virgil 弗吉尔
Virgo 室女座
Volans 飞鱼座
Vopel, Caspar 卡斯帕·沃佩尔
Vulpecula 狐狸座

Water 水
Whirlpool Galaxy 涡状星系
winter solstice 冬至点
Works and Days《工作与时日》

Xiphias 波德星图中剑鱼座的名字

Yed Posterior 楚，天市右垣十（蛇夫座ε）
Yed Prior 梁，天市右垣九（蛇夫座δ）
Yildun 勾陈二（小熊座δ）
Young, Thomas 托马斯·杨

Zavijava 右执法，太微右垣一（室女座β）
Zodiac 黄道带
Zosma 西上相，太微右垣五（狮子座δ）
Zubenelgenubi 氐宿增七（天秤座α1）
Zubeneschamali 氐宿四（天秤座β）

译后记

古星图收藏，是小众收藏中的小众。幸好我认识几位喜欢收藏中西方古星图的朋友，有时，我们会各带几件藏品在午后小聚，讨论其中有趣的细节，共同寻觅画中的星空，常常不知不觉地从下午聊到凌晨。如今，我们打开电脑就可以轻松调取各种天文观测的数据库，找到海量天体数据；而古代画纸上的那些星点，亮度通常只有4等、5等，数量也只有几千颗，在量级上根本无法与数据库相提并论。不过，如果说我们只是沉迷于古画星空的精美，那可能过于简单。

几百年前的星图中，那些本无生命的恒星被串连成星座，配以风格化的形象绘画，经手工上色、描金，就连恒星本身也因星等不同而拥有了繁复精细的装饰。星图旁边有时还会留下一些赞美的诗句。进行天文观测时，用简单的星点和位置坐标来做记录，岂不是更加迅速且简洁？为何会舍简取繁呢？这是因为喜爱呀。喜爱繁星满天，怎能不将心爱之物置于苍穹？我记得，曾经有位天文学家因喜欢猫而在星空中为家猫找了一处位置。

可惜并不是所有天文学家都喜欢猫，不然这个星座八成会被传承下来。其实，历史上也曾有很多“私人星座”未能长久地留名于夜空。回溯星座的形成历史，我们会发现，各个民族，各个地方的人，甚至每一个人，都有勾勒自己心中的星座的权利。夜空中的星星或明或暗，或密或疏，那些原始的星群组成一个又一个迥异的形象，也承载了每一个人的想象。

2015年，我开始做中国民间星座调查。何为民间星座？严格来说，应该称之为民间星群文化。世界各地几乎都有这种文化现象，毛利人有毛利人的星座，因纽特人有因纽特人的星座，阿拉伯人有阿拉伯人的星座。至于我们的近邻日本，早在100年前就有业余天文学家对本土民间星座进行了详尽的调查。日本的民间星座，丰富度相当高，他们用以介绍黄道星座的邮票甚至将天蝎座替换成了他们自己的星座——鱼钩星。

中国民间星座的存储量也相当富饶，近八年的调查证实了这一点，目前已有上百个民间星座被参与这项工作的调查员和研究者们挖掘并整理出来。这是一项颇费心力的持久战。我们既享受到了互联网的福利，也遭受了来自互联网的压力。如果没有互联网，我们很难快速将这些信息收集起来，但也正因现代年轻人逐渐走离乡村，渐渐淡忘了本土的星空文化，早期一些口口相传的故事逐渐被遗忘在时间里，被淡忘在角落中。

这些可爱的民间星座，确乎保留了星座最原始的模样：没有系统，只是几颗亮星的勾连。它们或与农耕物候相关，或与季节时令相关，还有的来自以前流传的神话故事，当然，也有些星座的创立仅仅是为了“好玩儿”。然而，再周密的调查也只不过是星座发展史上的一个切片。一个星座从开始出现到消失不见，时间短暂的甚至不过百年。

回看如今大家比较熟悉的中西方两大星座体系，其实它们也一直在变。目前用作国际通用星座的西方星座体系发源于两河流域，人们熟知的黄道星座的雏形亦形成于此。无论是春天的牛羊、发芽的植物，还是秋天起伏的麦浪，一些非常原始的意象仍能在如今的星座中找到踪影。中国的星座体系始于先秦，完善于三国时期，集结了三家占星术对星空的命名。然而，当抛开烦琐的星占去窥视原始星座的意味，我们依然能发现上古天文观测者对自然的淳朴记录。中国古人似乎更加关注夜空中那些模糊而神秘的天体，因此银河中有“鱼”畅游，夏至点附近有“积尸”聚集，这些暗弱而特殊的星云或星团并没有引得西方观测者的注意，却令东方观测者们情有独钟。

东西方的星座体系几经交融，也曾默默独立发展演变。西方星座在古希腊时期达到第一个巅峰，之后被阿拉伯人发现并继承，自此融合了阿拉伯文化的部分，至文艺复兴后再次传回欧洲；航海时期绘制南天星座，开启了西方古典星图的黄金时代。东方星座体系拥有世界上最为古远完整的敦煌星图，传承稳定而有序，之后随西学东渐而发生变化。转眼几千年，数百个星座经历了创立、流变的过程。

与星座演变过程相伴，流传了上千年的星座神话也在时间的长河中形成了各种不同的版本。对有的星座故事来说，有多少位神话学家，就有多少个版本的故事。故事本身无分对错，也无法比较，但若想探寻最早的星座起源于何时何地，了解它们在历史上都留下了哪些零碎信息，我们还是得全面地认识这些故事。

为将所有迷人的星座神话集于一体，英国著名天文学家伊恩·里德帕思把自己多年来挖到的天文学与古典神话宝藏进行整合，配以几百年前留下的一幅幅精美的古星图，撰写出了一本讲故事的星座现代指南书——《星座的故事》。

《星座的故事》是纯粹的幻想、丰富的历史和科学事实的完美结合，是一本星座故事集，一部星空演化史，一部回溯人类夜空认知旅程的影片。书中选用的100余幅插图，或来自西方古典星图黄金时代最具代表性的作品之一《波德星图》，或来自当年为天文学设立新标准的《弗拉姆斯蒂德星图》，它们没有绚丽的色彩，但以非常耐看的层次和细节描画了人类与天空互动的历史故事。

《星座的故事》英文版推出之后，伊恩·里德帕思对其中的内容细节也曾做过多次修订和更新，他将这些图文内容全部放在了自己的个人网站上，供爱好者们查阅学习，世界各地关注星座历史和古星图的爱好者们都将这些内容视作专业而权威的资料库。

国内喜爱星座、星图和神话传说的人也非常多，但像《星座的故事》这样的书却是我们所缺少的。译林出版社将这本经典书籍引进出版，对国内天文爱好者甚至天文学界来说，都是一件好事，意义非凡。对于喜爱古典神话的朋友们来说，这本书也是一份极好的参考资料，一份绝佳的礼物。

更为难能可贵的是，中文版《星座的故事》获得作者授权，增补了与西方星座对应的中国星座内容。东西方星座对照，更能体现不同地方的人们所见的天空形态有何异同，以及东西方交融曾对星座产生了怎样的影响。当然，中国星座体系其实并不被西方人所熟知，再加上资料来源有限，作者对个别中国星官的细节阐述难免存在微小的错误，翻译过程中我们对此类问题适当做了修正，并请徐刚老师对有关中国星座的内容做了审订。书中有若干论述提及中国星座中的对应星不确定是哪颗，这主要是不同时代的对应星不同造成的。实际上目前的中国星名都以《仪象考成》为依据，绝大多数对应星是确定的，反映的是明清以来的恒星观测。作者提到的其他说法基本是研究者参考宋代星表对中国星座所做的还原，因观测精度和数据有限等原因，不同人的还原有一定的区别。作者在论述中没有区分这两种情况，可能会让读者以为中国星座的对应星比较混乱。针对这类容易使人产生误解的情况，我们在书中以注释的形式稍做了说明。

天文学因星空的美丽而美丽，也因星空的遥远而充满神秘的距离感。似乎所有人都会对两类事物感兴趣：一类就在身边，随处可见；另一类远在光年之外，遥不可及。这两者确乎无法连通，但星座做到了。极远和极近，在瞬间交汇，妙不可言。而当我们读懂星座的故事之后再去仰望夜空，感受与最古老的文明之间通过星座建立起的真实联系，我们便会发现，那些原本难以想象的时空鸿沟早已被跨越，夜空这本巨大的图画书里写满了有趣的故事，值得一读再读。

张超

“天际线”丛书已出书目

云彩收集者手册
杂草的故事（典藏版）
明亮的泥土：颜料发明史
鸟类的天赋
水的密码
望向星空深处
疫苗竞赛：人类对抗疾病的代价
鸟鸣时节：英国鸟类年记
寻蜂记：一位昆虫学家的环球旅行
大卫·爱登堡自然行记（第一辑）
三江源国家公园自然图鉴
浮动的海岸：一部白令海峡的环境史
时间杂谈
无敌蝇家：双翅目昆虫的成功秘籍
卵石之书
鸟类的行为
豆子的历史
果园小史
怎样理解一只鸟
天气的秘密
野草：野性之美
鹦鹉螺与长颈鹿：10½章生命的故事
星座的故事：起源与神话